こうして絶滅種復活は現実になる

古代DNA研究とジュラシック・パーク効果

エリザベス・D・ジョーンズ　野口正雄 訳

ANCIENT DNA

The Making of a Celebrity Science

原書房

こうして絶滅種復活は現実になる

古代DNA研究とジュラシック・パーク効果

ANCIENT DNA
by Elizabeth D. Jones

パトリック、ドーソン、コルトンへ

目次

はしがき

古生物、とりわけ絶滅した古代生物のＤＮＡ探索にわたしが関心を抱いたのは、ノースカロライナ州立大学で歴史と哲学を専攻する学部生であった10年以上前のことである。学業の一環として科学の選択科目をひとつ取る必要があったため、「恐竜の世界」という科目を選んだ。他の多くの学生と同様、簡単そうだと思ったからだ。担当教員はメアリー・シュワイツァー博士だったが、授業はとても簡単とは言えなかった。だがわたしは気に入ったのである。その後数年にわたってモンタナ州のバッドランズ（荒れ地）で恐竜を発掘し、研究室に帰っては化石の処理をし、他にも恐竜の解剖学、生理学、進化に関する多くの科目を取ることになった。

ある日の授業の終わりに、わたしはシュワイツァー博士に質問をした。ある大手の科学チャンネルで、古代の恐竜のタンパク質の証拠を発見した科学者について近々放送されることを知り、博士がその研究についてご存じなのか、ご存じならどう思われるのかを知りたかったのである。古代の恐竜のタンパク質？　ほんとう？　彼女はほほえみ、まずは番組を見るつもりだから、また後日話しましょうと答えた。そういうわけで番組を見てみると、なんとシュワイツァー博士こそがその番組の主役であり、６０００万年前のティラノサウルス（学名 *Tyrannosaurus Rex*）から古代のタンパク質の証拠を抽出したとする科学者その人だったのである。

博士の発見は、サイエンス誌からネイチャー誌に至る一流の学術雑誌に発表され、まさに驚くべきものだった。発見はまたたくまにマスコミの注目を集めて何度も取り上げられることになったが、いっぽうで世間の人々の憶測を呼んだ。この研究について学んでいくにつれ、分子古生物学分野の先駆的取り組みについて、博士が、受けた賞賛以上にとは言わないまでも、同じくらい批判も受けたことをわたしは知った。１９９０年代初頭から、彼女はジャック・ホーナーのもとで学生として化石中の分子の保存状態の限界について研究を続けていた。ジャック・ホーナーは異端の恐竜古生物学者であり、マイケル・クライトン原作でスティーヴン・スピルバーグが映画化した『ジュラシック・パーク』の科学アドバイザーを務めた人物である。タンパク質であれＤＮＡであれ、分子が何千万年もの間もとの状態のまま保存され得るというアイデアについて、長年にわたって彼女は忠実な支持者を得ていたが、同時にそれをあり得ないことだと頑強に疑う人々もいた。

本書は、化石分子の探索、特に化石ＤＮＡの探索が、１９８０年代初頭から現在まで、ＳＦ的アイデアから実際の研究分野へと発展していく様子を歴史的に検討するものである。いまではこの分野は科学コミュニティにも一般社会にも「古代ＤＮＡ研究」の分野として広く知られるようになっている。本書を通じ、わたしは、化石ＤＮＡの探索に伴って生じただけでなく、実はこの新たな科学分野の形成を、非常に注目すべき形で導き、定義づけることになった論争と〝セレブリティ〟について詳細に検討する。

謝辞

多くの方から示唆や助言をいただいた。まず、ご指導いただいたノースカロライナ州立大学のメアリー・シュワイツァーとフロリダ州立大学のグレゴリー・エリクソンというふたりの古生物学教授に、古生物学とその遺伝学との交点を研究するよう勧めてくださったことに感謝する。またノースカロライナ州立大学のウィル・キムラー、ノースカロライナ自然科学博物館のポール・ブリンクマンには、科学史の分野に導いてくださったことに、サム・シュミッツには、絶えず化石発見の最新情報を教えてくださったことに感謝する。フロリダ州立大学のフリッツ・デイヴィス（現在はパーデュー大学）とマイケル・ルース（先ごろ退職された）に、修士課程の研究にアドバイスをいただいたことに特に感謝する。それが本書の着想の源になったのである。

次に、この研究はユニヴァーシティ・カレッジ・ロンドン（ＵＣＬ）から得た次の３つの奨学金によって可能となった。ＵＣＬ大学院研究奨学金、ＵＣＬ海外研究奨学金、ＵＣＬ学際的トレーニング奨学金。またＵＣＬの科学技術論部門に対し、面接やプレゼンテーションを行うための研究旅行費を提供していただいたことにも感謝する。

またＵＣＬの遺伝・進化・環境部門の古生物学者や遺伝学者の方々に、本研究を進める中でアドバイスや批評をいただいたことにも感謝申し上げる。アンジャリ・ゴスワミ研究室のマルセラ・ランダウ、カルヴァーリョ・バージェス、アンドリュー・カフ、トマス・ハリデイ、リャン・フェリス、渡邉彰伸、カーラ・バーデュアに特に感謝する。またマーク・トーマスと分子文化進化研究室、特にズザナ・ファルティスコワ、アナ・ラドジンスキー、エリザベス・ギャラガー、キャサリン・ブラウン、キャサリン・ウォーカー、パスカル・ジェルボー、ルーシー・ヴァン・ドープ、ヨアン・ディークマン、エイドリアン・ティンプソン、スチュアート・ピーターズ、ダヴィッド・ディエス・デル・モリーノにも感謝申し上げる。UCLの学際的トレーニング奨学金の一環として自然史博物館のセリナ・ブレイス、イアン・バーンズ、トム・ブースと研究する機会を得たことについてさらに感謝申し上げる。

UCLの科学技術論部門の職員、教員、同僚のみなさんの支援に感謝する。特にラケル・ヴェーリョ、エルマン・ソズドグル、オリヴァー・マーシュ、トビー・フレンド、ジュリア・サンチェス゠ドラドからは貴重な見識と励ましをいただいた。さらに博士課程の指導教官だったジョー・ケインに感謝申し上げる。その知的導きは本書の議論の展開に欠かせないものだった。

全体として、本書の強みは科学者たち、とくに古代DNA研究の分野を築き、前進させる力となった科学者たちと協力して生み出された点にある。多くの時間を割いてこの分野の歴史について話したり、書いたりしてもらった被面接者一人ひとりにお世話になった。多くの方から自身の研究に関する文書を使わせてもらったり、寄付してもらったことで、今後のためのアーカイブを作るのに役立った。このような被面接者とその記憶は大変貴重なものである。彼らの経験が本書の中に息づいていると願いたい。

本書を世に送り出してくれたのはイェール大学出版局のジーン・トムソン・ブラックだ。彼女の先見の明、忍耐力、また優秀なチームとの作業により出版する機会を得たことについて感謝の言葉もない。マイケル・デニーン、エリザベス・シルヴィア、フィリップ・キング、マーガレット・ホーガンには編集過程を通じて本書の原稿を巧みに導いてくれた。さらにデイヴィッド・セプコスキー、エイドリアン・キュリー、ケイトリン・ワイリー、数名の匿名の校閲者のコメントのおかげで原稿ははるかによいものとなった。

最後に、わたしがこれまで科学史研究者としての経歴を積んでこられたのもドブソン家とジョーンズ家の家族、とりわけわたしの両親であるアレンとマーサのおかげである。彼らは本書の研究を多くの段階で支えてくれた。何より、わたしの一番の友人で夫であるパトリックに感謝したい。わたしたちが物事を成し遂げるまでの道筋は決してまっすぐなものでも、孤独なものでもなかった。本書をこの世に出すのを手伝ってくれたことについて夫に感謝する。

序章

2015年、ユニヴァーシティ・カレッジ・ロンドンとインペリアル・カレッジ・ロンドンの科学者たちが、7500万年前の恐竜の骨から古代の組織構造を取り出したとの報告を行った。この発見は2015年6月9日にネイチャー・コミュニケーションズ誌に発表されたが、その日は映画『ジュラシック・ワールド』がハリウッドで封切られた当日だった。[1] 映画は3日後に60か国で一般公開され、世界中で5億5000万ドルの収益を上げ、史上4番目の興行収入を記録した。このタイミングの一致が見過ごされることはなかった。ロンドンのインディペンデント紙がその経緯を伝えている。「スティーヴン・スピルバーグによる大ヒット恐竜映画の最新作『ジュラシック・ワールド』――シリーズ4作目――公開のわずか数日前に、科学者が7500万年前の恐竜の化石に保存されていた赤血球とタンパク質の証拠を発見したとの発表を行った」[2]。マイケル・クライトンとスティーヴン・スピルバーグによる映画第1作『ジュラシック・パーク』の背景となった恐竜のDNAを示す証拠はなかったものの、科学者たちはタンパク質が保存されている証拠を見つけたのである。彼らはさらに赤血球の名残とおぼしきものの証拠も見つけた。

恐竜時代の生体分子や軟部組織構造が保存されている可能性について報告した研究はこれが初め

てというわけではなかった。１９９３年代から同様の報告が存在する。さらに言えば、マスコミの関心を集め、超大ヒット映画の評判と重ね合わされる点も、カリフォルニアのラウル・Ｊ・カノの研究チームが琥珀の中に保存されていた1億３５００万〜1億２０００万年前の昆虫からＤＮＡを抽出し、その配列を決定したと発表した１９９０年代の出来事そっくりだったのである。ラウルらの発見は１９９３年6月10日にネイチャー誌で報告されたが、その日はシリーズ1作目の『ジュラシック・パーク』が封切られた翌日であり、世界中で一般公開される前日だったのである。[3] ニューヨーク・タイムズ紙の「恐竜時代のＤＮＡが発見される」と題した記事は、映画の封切りと同時の論文発表のタイミングを指摘したが、著者らは偶然の一致だと主張した。[4] 偶然の一致かどうかはさておき、過去30年にわたり、マスコミと大衆は、化石中の分子の探索、とりわけ化石からのＤＮＡの探索に大いに関心をもってきた。化石から採取したＤＮＡには非常に高い世間の注目《パブリシティ》が集まる。その結果、著名性《セレブリティ》が高まり、論争が巻き起こり、それがひいてはひとつの科学分野を方向づけたのである。

　本書では、古代ＤＮＡ研究として知られる比較的若い科学分野の発展について記し、この分野がマスコミとの強い関わり合いの中で、推測的、秘儀的なアイデアから進化史研究のための信頼に足る革新的アプローチへと発展していく様子を明らかにする。こんにちの古代ＤＮＡ研究は、テンポが速く、コストがかかり、リスクの大きい、技術的側面の強い学問となっており、過去に関するわたしたちの理解と過去を解明するための手段に絶えず異議を申し立てている。研究者たちは数千万年前の恐竜のＤＮＡを探索し、絶滅したマンモス、古代の病気、初期の人類、またわたしたちの古代の祖先（ネアンデルタール人やデニソワ人）のゲノムを回収し、現在に至るまでの生命の変化に関する理解を深め、場合によっては書き換えることで、専門家や大衆の関心を引きつけてきた。古代ＤＮＡ研究における発見は重大な意味を持っていて、その歴史をみることで、化石の研究が進化生物学や進化史に関するわたしたちの考え方にいかに影響を及ぼしてきたかがわかるだろう。さらに興味深いのは、この分野がマスコミと大衆の高い注目を集める独特の性質にある。科学とマスコミ間の複雑なやり取り、そしてマスコミが科学の実践、プロセス、コミュニケーションにいかに影響を与えたかもわかるだろう。

本書で示すのは、１９８０年代から現在まで30年にわたって学問的発展を遂げてきた、化石ＤＮＡの探索についての、マスメディア、セレブリティ文化、現代の科学コミュニケーション運動を切り口とした初めての歴史的、哲学的、社会学的報告である。歴史資料や記録資料、また北アメリカ、ヨーロッパ、オーストラリアの50人以上の科学者へのインタビューから、絶滅種を復活させる科学技術を意味する〝ディエクスティンクション〟との深い結びつきを調べることで、古代ＤＮＡ研究という学問の形成について検討し、そのマスコミとの関係を明らかにする。その中で、化石ＤＮＡの探索が、とりわけこの新たな研究分野が小説版と映画版の『ジュラシック・パーク』の登場と時期を同じくし、マスコミの注目を浴びる存在へと変化したことで、マスコミと大衆からの強い関心の影響下でいかに学問分野へと発展したかを明らかにする。

１９８０年代から現在まで古代ＤＮＡの探索が進展する中で、当事者である研究者たちはこの分野の技術的課題と強まりゆく著名《セレブリティ》な科学としてのアイデンティティという問題に向きあった。この年月を通じ、彼らは「汚染」について、文字通りの意味と比喩的な意味の両方で懸念するようになった。汚染とは、文字通りの意味では、環境、細菌、さらにはヒト由来の外因性ＤＮＡにさらされる可能性のことをいう。例えば、試料が長い時間のうちに、あるいは博物館の収蔵庫や研究室で取り扱われる際に他のＤＮＡソースにさらされる可能性がある。この汚染の問題は、絶滅した古代生物のＤＮＡの化学組成がすでに劣化、断片化しているためにさらに厄介なものとなる。その遺伝的配列が研究対象の実際の試料のものかどうかを研究者が判定するのが困難になるのだ。古代ＤＮＡの真正性は、初期の科学者にとって特に問題となった。真正性に、学問の成功と学問を推し進める研究者の評判の両方がかかっていたのである。

それと同時に科学者にとってはセレブリティ（パブリシティを超えた持続的な著名性）の影響も気がかりだった。実際、この学問の内部にも外部にも、化石ＤＮＡの探索をめぐるハイプ（根拠のない不相応な関心や期待、過剰な宣伝、またその対象となっていること）も別の形の汚染だと考える研究者がいた。一部の科学者に言わせれば、不釣り合いで不相応なマスコミの関心や影響力のために、自分たちの信用性が損なわれた。だが興味深いことに、一見するとマスコミの関心はこの歴史の浅い学問分野を損なっているようにも見えるが、それと同時に力をもたらしもしたのである。それどころか、マスコミはこの学問分野の成長に、きわめて重要な役割を果たしてきた。長年にわたってマスコミは一貫してこの生まれたばかりの科学を取り上げたが、科学者の側も意図的にマスコミの関心を引いてきたのだった。このような科学者とマスコミ間の意図的なやり取り――特に恐竜やマンモスといった世界で最も古くカリスマ性のあるいくつかの生物からＤＮＡを発見するというアイデアをめぐるやり取り――は、論文発表のタイミング、助成金獲得、研究課題、専門的人材の補充に影響を及ぼした。本書では、古代DNAの真正性とセレブリティの影響という両方の意味での汚染に対する科学者の懸念、そして彼らがその懸念をどのように表現したかが、古代DNA研究を突き動かし、この学問を定義するうえで根本的な役割を果たしたことについて論じる。

古代DNA研究

本書では古代DNA研究を、数百年から数十万年、さらには数千万年前に死んだ生物からの劣化、損傷したDNAの抽出、配列決定、分析の実践と広く定義している。数千万年前のDNAの長期的保存を示す説得力のある証拠は存在しないものの、科学者たちは、いつだって太古の昔に触れる希望を抱いてそれを探索してきたし、現在でも一部の科学者は探索を続けている。これまでのところ、最古のDNA――最古の全ゲノムの記録は、アラスカに接する現在のカナダのユーコン・テリトリーの永久凍土中で凍結していた70万年前のウマの骨から得られたものである。[5] このもう少しで100万年に届こうかという古さは、この分野の最初期の画期的研究のひとつが、かつて南アフリカの平原を歩きまわっていたウマに似た絶滅哺乳類の皮膚と組織の試料から得られた140年前のわずかなDNA配列についてのものであったことを考えれば、とりわけ注目に値する。[6] このふたつの研究を並べて考えれば、まとめてこのような試料を古代のもの、あるいはその遺伝物質を古代ＤＮＡと呼ぶのは奇妙にも思える。だが古代ＤＮＡ研究の歴史について語る場合に、科学者たちは、近い過去の試料も遠い過去の試料も含めている。それはこの研究分野の主目的のひとつが、長期的な分子保存の不安定な性質の理解を深めることにあるためである。

実際、「古代ＤＮＡ」という言葉は必ずしもＤＮＡの古さを示すのではなく、生物が死んだ後に遺伝物質が分解する際に生じる特徴的な損傷パターンを強調するために用いられている。生物が死ぬと、その遺骸は体内の化学的過程や体外の分解過程によって腐敗し、大昔に死んだ生物では骨格ぐらいしか残らない。ＤＮＡが残っているとしても、多くの場合、化学的に変性しており、配列は断片化している。このため、現代の遺伝物質と比べれば配列の質は低くなり、量も少なくなる。さらにどれほどの期間にわたり生物が腐敗する状態にあったか、またどのような種類の環境で腐敗する状態にあったかによって、どれほどのＤＮＡが保存されるのか変わってくる。この点を考慮すると、死んだ生物のＤＮＡを研究するにはそのための特殊な技能、知識、技術が必要となる。このため、多くの研究者は、死後数百年の生物のものであれ、数千年の生物のものであれ、古代ＤＮＡの回収を最適に行うために、最先端の分子生物学的テクニックとハイスループット（一定時間内に処理できる量）のシーケンシング技術を応用することに力を入れている。

古代ＤＮＡ研究の定義に該当する生物には大きな時代的幅があることに加え、ＤＮＡを抽出することのできる生物にも多くの種類がある。例えば、古代ＤＮＡは植物、動物、ヒト、細菌から回収することができ、皮膚、組織、さらには化石が完全に鉱化していなければ骨にも保存されている場合がある。なんらかの細胞構造や分子構造が保存されている可能性を考えれば、生物の状態が化石であるか半化石であるかは大きな意味を持つ。化石が完全に鉱化している場合、その有機物成分は腐敗し、生物が死んで埋もれた堆積物中の鉱物に置き換わっているため、DNAが保存されているとは考えにくい。これに対し、半化石の場合は部分的に鉱化しているだけなので、いくらかの有機物成分が残っている可能性がある。その場合、細胞や分子の成分がもとの状態のまま残っていることも考えられる。この点に関しては、研究対象の試料が皮膚片なのか、組織片なのか、または骨片なのかを検討することも非常に重要となる。このように物質が違えば分子の保存能力も違ってくるため、科学者が遺伝物質を分離、抽出する手法に影響を与えることがあるのだ。[7] このような違いは重要であるため、方法論的意義や概念的意義の説明に関わってくる場合は、研究対象の試料の種類、またそれに応じた知見の詳細情報を示す。そうでない場合は、さまざまなソースから得た劣化、損傷したDNAの一般的研究を指すにあたり、「古代DNA研究」、「絶滅した古代生物のDNAの探索」、あるいは「化石DNAの探索」という幅広い表現を同じ意味で用いている。

これまでの30〜40年にわたり、古代DNAの探索を指す多くの表現が科学者、またマスコミのジャーナリストたちによって使われてきた。例えば、1970年代末から1980年代初頭に、少数の人々が大昔に死んだ生物からDNAを回収する可能性について語り始め、その中でさまざまな表現を用いている。彼らが使った表現には「古いDNA」、「絶滅DNA」、「化石DNA」、「古DNA」などがあった。[8] また「古代DNA」という表現も使われており、これが後に代表的な名称となり、1990年代にイギリスで開催されたこのテーマに関する一連の専門家会議で採用され、広く宣伝された。[9] こんにちでも「古代DNA研究」は広く普及した表現となっているが、

「分子考古学」、「分子古生物学」、「考古遺伝学」、「古遺伝学」と呼ばれることも多く、それぞれ用法に独自のニュアンスがある。[10]

方法とソース

１９８０年代から現在までの道のりで、古代ＤＮＡ研究者のコミュニティは国際的、学際的性質を帯びるようになってきた。この学問を推進し、普及させた最初期の研究室はアメリカとイギリスにあったが、現在ではこのニッチの研究分野を専門とする研究センターは南北アメリカ、ヨーロッパ、アジア、オーストラリアにまたがってたくさん存在する。研究者にもさまざまな科学分野の出身者がおり、独自の研究方法、疑問、流儀を身につけていることから学問的に多様である。従って、古代ＤＮＡ研究コミュニティは多くの研究の副専門分野からなっており、この分野の歴史はさまざまな学問の視点から語ることができる。例えば、研究とその研究者の話を古生物学的観点から語ることも、あるいは考古学的、人類学的アプローチに関心を絞って語ることも可能であり、それぞれの研究の焦点に特有の貢献、課題、論争が浮かび上がってくる。実際、古代ＤＮＡ研究のテーマに関する著作のほとんどは後者のものであり、古代ＤＮＡ研究者自身による直接の報告である。[11]

しかし、最近になって、科学史研究者で『古代ＤＮＡを研究する（*Doing Ancient DNA*）』を執筆したエルスベート・ボズルが、古代ＤＮＡ研究の成長の跡を、ヨーロッパを中心に、この分野の考古学との関係に学問的焦点を絞ってたどっている。科学論文や一般向け書籍を幅広く検討し、またドイツの研究機関の科学者に面接を行うことで、ボズルは考古学に応用した古代ＤＮＡ探索を詳細に検討した。中でも彼女は、遺伝学者と考古学者がヒトの進化と移住に関する文化的、社会的、歴史的仮説を解明するにあたり、遺伝的配列や古代の人工遺物という、自分たちのデータソースの説明能力や階層性に折り合いをつける際に彼らがどのような議論に直面したかを検討している。[12]

これに対し、本書でははるかに対象を広げ、進化生物学の枠組みの中で古代ＤＮＡ研究の歴史を検討している。そのために世界的な絶滅生物と現存生物の起源、進化、移動の研究を主目的とし、広範なソースから古分子を発見するという取り組みを共通項として、自らを古代ＤＮＡ研究コミュニティの一員と捉えている研究者の出来事と経験を対象にした。また、絶滅した生物の復活などの、古分子をより奇抜な形で活用しようとする研究者も対象としている。この分野をそのように捉えることはエキサイティングなだけでなく、古代ＤＮＡ研究が真に学際的性質を帯びたものであり、マスコミからの人気が高まる一方であることを考えれば、必要なことなのである。古代ＤＮＡ研究を広く捉えることは、全体としてのこの分野の発展に影響を与えてきた重要なアイデア、出来事、人物、経験をより深く理解するために不可欠なのだ。

研究方法として、歴史資料、記録資料の検討、また北アメリカ、ヨーロッパ、オーストラリアの50人以上の科学者本人との面接を行った。歴史資料としては、古代ＤＮＡ研究に関する科学論文とそれに対応する新聞、雑誌、学術雑誌、ウェブサイトのメディア記事、一般向けの書籍や映画を利用した。またカリフォルニア大学バークレー校のバンクロフト図書館のアラン・ウィルソンアーカイブの保管資料も参考にした。さらに、助成金申請書の原本、原稿、ニュースレター、書簡、回想録などの多数の未発表文書、また科学者から提供を受けた会議やワークショップのプログラムも利用している。

科学史の研究法として、古代DNA研究分野とその周辺で研究を行っている50人の科学者との面接ではオーラル・ヒストリーの手法を用いた。対象者は、古生物学、考古学、人類学、植物学、疫学、進化遺伝学、集団遺伝学、分子生物学、微生物学、計算生物学などの進化生物学に含まれる別個の学問分野の研究者を代表している。これらの対象者の研究場所はアメリカ、カナダ、イギリス、アイルランド、オーストラリア、ドイツ、デンマーク、スウェーデン、ノルウェー、フランス、スペイン、イスラエルである。研究者のインタビューにあたっては、古代DNA研究の実践に関して多様な科学的、認識論的、世代的観点を代表する研究者を対象とするよう努めた。さらに博士課程学生と博士研究員を対象に5回の集団インタビューも行った。個人と集団のインタビューいずれも、半構造化的に行い、長さは平均して2時間で、分析のために部分的に書写を行った。被対象者は無作為に選んだわけではなく、北アメリカ、ヨーロッパ、オーストラリアの研究者集団の標本とした[13]。

すべての科学者が、引用する場合は匿名化するという条件で面接に同意した。匿名化を選択したのは研究者の身元や評判を守るためであり、そのおかげで研究者は自身の経験をより率直に伝えることができるようになった。科学者たちは、たいていは自分たちの達成、また遭遇した問題について語るのを楽しむ。彼らは隠し立てせず話すことが多い。だが科学とは、わたしたちを取りまく世界を理解しようとする好奇心に影響を受けると同時に、パーソナリティ、野心、政治体制、文化的圧力、資本主義的利害の影響を受ける社会的プロセスでもある。古代DNA研究は議論に満ちた競争の激しい分野である。この学問では――人類学、考古学、古生物学という関連学問と大いに似ているが――化石と資金が希少なため、そのいずれを得るための競争も激しい。このため、古代DNA研究者の多くは、個人情報が匿名化されて職業的反発を招くことがなくなると知ってより気楽になったのである。

加えて、わたしは古代DNA研究の学問的発展を、マスコミ、セレブリティ文化、現代の科学コミュニケーション運動の文脈の中で理解する狙いを持ってこの研究に取りかかった。具体的には、この学問分野とマスコミとの、また絶滅種を復活させるというアイデアに対するマスコミの強い関心との関係を検討することにしたのである。被面接者には自身の経歴と学歴、専門的、理論的関心、古代DNA研究に関する見方、マスコミに関する見方、絶滅種復活の科学に関する見解について尋ねた。

本研究を通じて、論争の争点を取り込み、それぞれの被面接者の経験による見解を記すように努めた。にもかかわらず、時間と空間を超えて科学者たちの間で、この分野の歴史に関する明白で包括的なテーマが共有されていた。それは古代DNAの真正性と関わる汚染、そしてさらに興味深いものとして、ときにセレブリティ、また一部の科学者がいうところの過剰、あるいは好ましくないタイプのマスコミの関心という形の汚染の役割である。すべての被面接者が、程度の差こそあれ、マスコミ、また科学者のマスコミとの相互作用が古代DNA研究の発展に直接、間接的に影響を及ぼす因子としての役割を果たしたことを認めている。

注目を集める科学

本書に記すのは、1980年代から現在にかけて、化石DNAの探索がSFから現実の研究へと発展する中で科学とマスコミの間で生じた相互作用である。過去数十年で、古代DNA研究は社会を向いた、科学をはるかに超える存在へと成長した。わたしはこの分野がセレブリティ科学へと成長したと考えている。この新たな用語——「セレブリティ科学」——は、わたしが歴史的、記録文書的、また面接の結果について行った分析の成果であり、後続の各章で詳述し、また本書の最後にさらに詳しく概略を示している。広い意味で、わたしはセレブリティ科学を、大衆の高い関心とマスコミに過剰に取り上げられる状況下で発展する科学のテーマと定義する。マスコミという舞台が、関心の分野内やその周辺で研究を行っている科学者にパブリシティ（世間の注目、知名度、評判のこと）を得る機会をもたらす一方で、科学者も実利的に社会の関心を得るために自ら機会を作り出している。概して言えば、セレブリティ科学は長期的なパブリシティの結果生じるものである。それはある科学のテーマをめぐって長期的に持続する科学とマスコミ間の相互作用の過程であり、産物なのである。

4つのポイントが重要である。まず、パブリシティとセレブリティを区別する必要がある。『オックスフォード英語辞典』によれば、「パブリシティ（publicity）」の定義は「メディアにより人または物に与えられる注意または関心」であるのに対し、「セレブリティ（celebrity）」の定義は「有名である状態」となっている。[14] 誤解のないように言えば、セレブリティはパブリシティ以上のものである。ほとんどの科学と技術は、メディアの見出し、特集記事、または特別インタビューなどの形でときおりのパブリシティを享受するが、すべての科学がセレブリティの対象となるわけではない。言い換えるなら、あらゆるセレブリティにはパブリシティが伴うのに対し、あらゆるパブリシティがセレブリティへとつながるわけではないのである。

第二に、この「セレブリティ科学」という新しい言葉を用いる場合に、個人の科学者のマスコミとの関わりや彼らが浴びる注目を取り上げて、個人レベルのセレブリティに言及しているわけではないということである。[15] むしろ、集団レベルのセレブリティとある科学のテーマをめぐって存在する関心について、そのような関心がそのテーマに関わる研究者の集団全体にいかに影響を及ぼすかという観点から言及しているのである。[16] セレブリティ科学においては、マスコミ、研究者、彼らが所属する各機関の集合的な促進活動を通じて社会に消費される商品として売り込まれるのは科学のテーマなのである。例えば本書の事例では、化石ＤＮＡの回収の実践、進化生物学上の疑問に対するその応用、さらには『ジュラシック・パーク』の小説や映画で具体化されているような、それを利用して絶滅生物を復活させるアイデアを取り巻いているのがセレブリティなのである。

第三に、セレブリティ科学は、わたしの考えでは肯定的なものである。「セレブリティ」には歴史的、社会的に否定的なニュアンスがあることは承知している。この言葉は富や名声を意味することもあるが、同時に虚栄心、浅はかさ、まがいものという否定的な意味合いも帯びている。それどころか、しばしば軽蔑的な意味合いで用いられている。このことを考えると、セレブリティ科学という概念にはさまざまな読者の間で誤解を受けたり、違う解釈をされたりするリスクがあり、この歴史的考察の対象となった科学者の一部を遠ざけてしまう可能性があるが、わたしとしては否定的なものとして意図しているわけではない。

　最後に、古代ＤＮＡ研究の物語をセレブリティ科学の事例研究として執筆する中で、わたしは自分がセレブリティ科学の形成にさらに寄与していることに気づいている。本書を執筆することでマスコミの関心が強まり、この学問の内部や周辺で研究を行っている研究者に影響を及ぼす可能性が高いだろう。さらに、セレブリティ科学について執筆することでわたしもその産物の一部となる。自身の研究をこの文脈に置くことには、良い面と悪い面、両方の影響がある。それでも、こんにちの社会の中でマスコミとセレブリティ文化がますますその存在感を強めていることから、本書に記した物語と議論はタイムリーなだけでなく必要なものでもある。古代ＤＮＡ研究を科学コミュニケーション運動や、他の、科学論の研究者が科学の「メディアタイゼーション（研究内容のメディア化）」、「メディアライゼーション（科学そのもののメディア化）」、「セレブ化」と呼ぶものへの流れに位置づけることで、わたしはこの研究分野の歴史がいかにこれらの現象の産物であり、従ってこの分野が科学とマスコミ間の強まる一方の結びつきの影響を取り込んでいるかを明らかにする。[17]

第1章 『ジュラシック・パーク』以前

恐竜のタイムカプセル

チャールズ・ペレグリーノは博識家だった。彼は作家、科学者、未来派であり、その関心は古生物学や考古学から、宇宙科学や宗教に至るまでさまざまな学問分野に及んでいた。ロケットの設計にアイデアを出し、ポンペイの発掘やタイタニック号の探査に参加している。長年にわたってフィクション、ノンフィクションを交えて十数冊の書籍を執筆し、アイザック・アシモフやアーサー・C・クラークらの他の未来派の作家とも密接な親交を結んでいる。つまり、ペレグリーノの関心は広範にわたり、そのアイデアには先見の明があった。型破りな人物で活動の場は科学の辺縁ではあったが、しばしば論争を引き起こし、特に数千万年前のＤＮＡを利用して恐竜を復活させるというアイデアを出した際には大いに議論を呼んだ。

ペレグリーノは１９５３年にニューヨークで生まれ、後にニュージーランドに移ってヴィクトリア大学ウェリントンで学んでいる。本人は１９８２年に純古生物学の博士号を取得したとしているが、大学側はそれを否定している。伝えるところによれば、ペレグリーノと資格審査を行った委員会は進化論をめぐって激しく仲たがいしたとされるが、彼の学業証明書が疑問視されたのは、その数十年後、第二次世界大戦で広島の原爆投下を生き延びた人々に関する彼の著作の出版が、資料に不正があるとの批判により差し止められたときのことである。[1] 著作がほとんど相手にされなかったり、公然と批判されたりするなどの不幸な出来事が続くことで、ペレグリーノの生涯は激しい対立、少なくとも不運に満ちたものとなっている。

なかでもペレグリーノが１９８５年に発表した、恐竜を復活させる方法に関する思考実験の論文は、非常に魅力的だったが顧みられることはなかった。ペレグリーノは、琥珀標本――粘り気のある樹脂の中に生物が閉じ込められ、硬化して琥珀化したもの。しばしば生物がまるごと保存されている――が、人類が登場するよりはるか昔に絶滅した過去の生物を再発見し、再生する究極の手段となると考えた。彼は、いつか誰かがどこかで、６５００万年以上前の恐竜の全盛期に生息していた昆虫の遺骸が琥珀の中にもとの姿のまま保存されているのを発見するだろうと想像した。「ハエの体内や体表に存在する古代の細菌はなおも増殖できる可能性があり」、またハエの「胃の中に未消化の最後の食事、つまり数千万年前に地上を歩きまわっていた恐竜を含む動物由来の食事のかけらが存在する可能性がある」と。彼はさらにそのような琥珀の化石から遺伝物質を取り出す可能性にも思いをめぐらせた。そのＤＮＡは間違いなく長大な年月により損傷、劣化しているだろうが、こんにち現存する生物の遺伝物質を利用することで足りない部分を補うことができる。また「恐竜」を「孵化」させるために、その遺伝情報を「卵黄と卵殻」を持つ「細胞核」に挿入するアイデアも論文で示した。そのような標本が存在するなら、科学者は「先史時代の動物を復活させる」ことができるだろう。[2] ペレグリーノによれば、恐竜の復活は、理論的には可能なはずだった。

このアイデアは数年前のふたつの特別な出来事から刺激を受けたものだという。最初の出来事は1977年で、ある地方の化石ハンターであったジェラード・ケースが、ペレグリーノのもとに、ニュージャージー州の発掘現場から出た古代の貴重な琥珀の発掘物を持ち込んだのである。その琥珀は中生代最後にして最長の時代区分である白亜紀に遡るものだった。ペレグリーノによれば、二度の発掘と2年の後に、彼らは琥珀の中に保存されていた2匹の9500万年前のハエを手に入れたという。ふたつ目の出来事は彼が野外で琥珀探索を始めてからまもなくのことだった。当時ワシントンDCのスミソニアン協会にいたペレグリーノとニューヨークのアメリカ自然史博物館の昆虫学者ポール・ウィゴジンスキーが研究室で驚くべきものを見つけたのである。彼らは顕微鏡をのぞき込み、琥珀の中に、ほんの「前日まで生きていたかのような」、「顕微鏡で細部まで内臓が保存されているように見えるミイラ化した」昆虫を発見したのである。このふたつの出来事から、ペレグリーノは琥珀により絶滅した古代生物を研究できる可能性について思いをめぐらせるようになった。[3] 細胞の構造が時の試練に耐えられるのなら、おそらくはDNAなどの分子成分も耐えられるのではないか。もしそれが可能なら、恐竜をよみがえらせて、「じかに研究する」手段となるのではないかと彼は考えた。[4] 野外と研究室での琥珀に閉じ込められた昆虫に着想を得て、ペレグリーノは絶滅生物の理論的な保存、抽出の可能性、そして復活の可能性に関するアイデアを盛んに説くようになった。

だが彼のアイデアは強い批判と抵抗に合う。彼は後に回想録で、このアイデアについて同僚たちはあまりに思索的あるいは「突飛すぎる」、「全くのでたらめ」と考えているのがわかったと記している。[5] 同僚を説得するのにさえ手を焼いたペレグリーノが、このアイデアを専門的に発表するにあたりさらなる困難に遭遇したのは当然だろう。未発表の一連の書簡によれば、ペレグリーノは１９８１年以降、自らの琥珀に関する論文についてスミソニアン・マガジンとやり取りしたが、編集者と査読者はいずれも論文が思索的に過ぎ、掲載できないと考えた。当時同誌の編集者だったジョン・ワイリーはペレグリーノに手紙を出し、同誌はオーソドックスな路線を志向しており、主流的論文を掲載しても多くの異議を受けているので、妥当なものであっても推測となると擁護しにくいと説明している。[6]

ペレグリーノのアイデアがこのような抵抗に合ったことにはふたつの理由があった。ひとつは理論的なものだった。当時の一般的な科学的コンセンサスでは、軟部組織の構造や分子（アミノ酸、タンパク質、核酸）などの有機的成分が化石記録中に保存されていることはないとされていた。[7] 生物が死ぬと、有機的成分は化学的、環境的過程によりやがて腐敗すると科学者は考えていた。自己融解などの内的過程が、死後まもなくの生物の細胞の自壊の原因となった。化石生成過程も生物の分解速度と化石化の可能性に一定の役割を果たした。例えば、水や高温または低温などの外的要因にさらされることで、確実に細胞や分子の分解が生じる。このような作用が組み合わさることで、生物が死ねば往々にして骨格しか残らない。だが、１９５０年代という早い時期から、細胞や分子の保存に関するそれまでの考え方に異を唱える研究が現れ始めた。[8] 例えば、多数の研究で、生物の死後もアミノ酸やタンパク質が数百万年にわたって残る可能性を示す証拠が発見されている。このような発見は重要なものではあったが、デオキシリボ核酸（ＤＮＡ）がこれほど長期にわたって保存される可能性を示す証拠はなかった。このことはペレグリーノの仮説にとって問題となった。それでも彼は琥珀によって生物が通常の化学的、環境的な分解プロセスから守られ、従って時の試練を経てもＤＮＡが保存され得ることに確信を持っていた。

ペレグリーノのアイデアが抵抗に合ったもうひとつの理由は技術的なものである。ＤＮＡが琥珀のような特殊な環境下で保存されたとしても、現時点の技術では、劣化している可能性が非常に高いＤＮＡを抽出し、その配列を決定することはできないだろうというのである。ペレグリーノが自らのアイデアを理論づけて公表し始めるまで10年と離れていない１９７０年代初頭に、研究者はそれまで不可能だった方法で、ＤＮＡを直接分離、複製、操作することのできる最初の分子クローニング法をいくつか開発していた。[9] その数年後には、ＤＮＡに含まれるヌクレオチド（アデニン、グアニン、シトシン、チミン）の順序、つまり配列を決定するための最初の分子シーケンシング技術が発明されている。[10] この技術はサンガー法と呼ばれ、正確かつ効率的であることから世界中の研究者にすぐに採用され、生物医学研究やバイオテクノロジー研究を革新することになる。事実、サンガー法の影響力は極めて大きかったため、その発明に寄与した研究者のひとり、フレデリック・サンガーは１９８０年にノーベル化学賞を受賞している。[11] 当時は革新的であったものの、この技術が最も適していたのは、クローニングや配列決定用に非常に長いＤＮＡ鎖が容易に得られる現代の物質に用いる場合であった。もし化石中にＤＮＡが保存されているのが発見されたとしても損傷し、断片化している可能性が高いはずであり、従ってそのような短鎖のクローニングや配列決定は困難となる。
ペレグリーノは化石ＤＮＡの探索と研究が本格的な技術的進歩にかかっていることを理解していたが、いつか研究者が古代の昆虫の胃からＤＮＡを取り出し、恐竜を復活させる日が来るだろうと確信していた。このため、ペレグリーノは先手を打って自らの貴重な９５００万年前の琥珀に閉じ込められた昆虫を冷凍庫に入れて20年ほど安全に保管し、技術的発展を待つことにした。彼は確かに技術の必要性を軽視してはいなかったが、現時点で技術が存在しないからといって将来の可能性まで否定することもなかった。ペレグリーノにとっては、それは「絶滅という言葉の再定義が目前に迫った」未来であった。[12]
同僚を説得したり、専門雑誌に発表したりするのが難しいことを悟ったペレグリーノは、自らの恐竜復活のレシピを別の方面に持ち込んだ。最終的に、大衆向けＳＦ雑誌であるオムニ誌が恐竜を復活させる方法に関する彼の論文を受け入れた。そして１９８５年についに「恐竜のタイムカプセル」が発表されたのである。

絶滅ＤＮＡ研究グループ

ペレグリーノだけが化石ＤＮＡの回収について考えていたわけではない。１９８０年の夏、アメリカ、モンタナ州ボーズマンの皮膚科医であったジョン・トカーチは、自転車に乗って職場に向かう途中で恐竜の絶滅について考えていたようである。[13] トカーチは普段から免疫学に関心があり、恐竜にも魅了されていた。彼は他の科学者と同じように、なぜ恐竜が、こんにち現存している鳥類につながる系統を別として、約6500万年前に絶滅したのかあれこれ考えていた。これは古生物学の分野では長年の疑問であり、10年前から恐竜の進化と絶滅に関するさまざまな仮説が新たに出回り始めていたが、トカーチにはいずれの仮説も物足りなかった。

その夏、自転車で職場まで通う道すがら、彼は恐竜の絶滅の謎に対する答えを思いついた。トカーチの個人的メモによれば、恐竜は、現代の鳥類の免疫系において極めて重要な器官である「ファブリキウス嚢《のう》」を持たなかった可能性がある、という仮説を立てたのである。恐竜にはこの器官がなかったため、「感染症に対処することができず」、そして「恐竜が自らの身を守ることのできない新たな病原体が現れたはず」であり、そのため「数百万年をかけて」恐竜は「死に絶えた」に違いないと彼は考えた。[14] このアイデアを練っていく中で、トカーチは仮説の一部を当時すでに激しい議論を呼んでいたテーマ、つまり現存の鳥類が絶滅した恐竜の直接の子孫であるという説とも整合させた。トカーチのアイデアはそもそも議論を呼ぶものだったが、証拠がなかったために議論は一層激しいものとなった。証拠としてDNA、特に恐竜のDNAが必要だった。

同年の秋にトカーチはあるアイデアを思いついた。「蚊が恐竜の血を吸い、胃の中に2倍体の染色体を含む恐竜の白血球」を残すというシナリオを思い描いたのである。その「昆虫が琥珀に保存されていれば、その白血球から染色体を取り出し、核を取り除いた両生類の卵に入れ、恐竜を成長させることができるのではないか」。それは「可能性は低いが、理論的には可能だろう」と考えた。[15]

彼は協力を得られることを願って、何人かの科学者にそのアイデアを伝えている。科学者たちの反応には悲観論も楽観論もあり、評価は賛否入り交じっていたものの、トカーチはそのアイデアをディヴェロップメンタル・アンド・コンペラティヴ・イミュノロジー誌に投稿した。だが仮説を裏づける証拠がないとの理由で原稿の掲載は見送られる。[16] 彼は自らのアイデアが行き詰まったように感じた。

1980年、トカーチが恐竜の絶滅と復活について思索を始めたのと同じ年、カリフォルニア大学バークレー校の昆虫学者ジョージ・ポイナーと電子顕微鏡学者のロバータ・ヘス（後のロバータ・ポイナー）が、いつもと変わらない研究室で一日を過ごすべく出勤した。彼らの回想録によれば、この日はいつもとは違う日となった。顕微鏡で琥珀中に保存されていた4000万年前の昆虫の内部を見て衝撃を受けたのである。「わたしたちは互いを見合うと、同じ考えが相手の表情に浮かんでいた――きっとこのハエの細胞構造ももとのままの状態を保っているに違いない！」彼らは比類ないものと見られる発見について調べ始めた。まず記録のために化石の写真を撮った後、化石を半分にスライスした。次に、さらに詳しく調べるために、琥珀の中の昆虫の薄片を作製するという長く単調な作業に取りかかった。数週間に及ぶ作業と試行錯誤を経て、手はずが整った。ポイナーとヘスは、バルト海地域産の琥珀の中に閉じ込められた4000万年前のハエの有機物が保存されていることを示す異例の証拠を発見したのである。その有機物には「核と細胞小器官」、また「原線維やミトコンドリアなどの成分が容易に識別できる筋束全体」が含まれていた。さらには「昆虫の呼吸器である気管小枝」の証拠も確認された。[17]

彼らが言うには、これは先史時代に遡るミイラ化の珍しいケースだった。彼らはＤＮＡの証拠を見つけたわけではなかったが、非公式にその可能性について推測している。「琥珀に閉じ込められた４０００万年前の昆虫の組織がこれほど良い状態で保存されているのが見つかるのなら、他に何が見つけられるだろうか？」とポイナーとヘスは回想録に記している。「核酸はどうだろうか？」[18]もしＤＮＡの保存がわずかでも可能なら、それは琥珀樹脂の保存特性によるものだろうと彼らは考えた。

１９８２年、サイエンス誌——最も歴史があり、広く読まれ、権威のある学術研究雑誌のひとつ——が、生物の死後数千万年後までその軟部組織構造がほぼ完全にもとのままの状態で残り得ることを示す初めての証拠として、ポイナーとヘスの研究結果を掲載した。[19]トカーチは自身の論文の掲載を拒否されてまもなくこの論文を目にし、恐竜復活への関心、特に琥珀に保存されていた昆虫から発見されるＤＮＡによる復活への関心を再びかき立てられた。個人的な回想録で、彼はポイナーとヘスの論文を「極めて重要なもの」として振り返っている。彼自身のアイデアがそれほど突拍子もないわけではなく、むしろ極めて「現実的」なものであることを示していたからである。[20]実際、「それはまったく心躍らせるものだった」[21]。トカーチにとって、ポイナーとヘスが古代の琥珀の中に細胞が保存されていたことを論文にし、そして重要な点としてその論文がサイエンス誌という評価の高い雑誌に掲載されたことは、彼が必要としていた経験的証拠だったのである。１９８２年12月にトカーチはポイナーに手紙を出し、翌年1月に返事を受け取っている。返事の中でポイナーは一緒に研究グループを作ることを提案した。

１９８3年にトカーチ、ポイナー、ヘス、そして同志の研究者たちにより絶滅ＤＮＡ研究グループ（Extinct DNA Study Group）が立ち上げられた。同年2月には、トカーチは最初の「絶滅ＤＮＡニュースレター（Extinct DNA Newsletter）」を執筆し、アメリカ中のひと握りの科学者たちに配布している。その前書きで、彼は新たなグループの主目的を次のように述べている。「絶滅した生物からの遺伝子の回収、ならびに組換えＤＮＡテクノロジーによるその転写および翻訳に関する研究」。グループはタンパク質の進化、また種の絶滅に寄生虫、病原体、細菌が果たした役割を研究することにも関心を持っていた。さらに彼らは「絶滅生物から得た組織の培養」および「単数体や2倍体の染色体の回収による絶滅生物のクローニング」にも関心を寄せていた。全体として、トカーチは絶滅ＤＮＡ研究グループを、「幅広い教養」と「確固たる分子生物学的見解」を備えた「成熟した科学者」のグループと表現している。[22] 同グループによれば、古生物学と進化生物学において最も興味深い疑問に対する答えのいくつかは、分子生物学の手法と技術を用いて発見されるだろうとのことだった。

最初のニュースレターに続き、１９８３年3月にトカーチの自宅でグループの初会合が行われた。その時のレポートで、彼らは真正性と汚染の問題について検討を行っている。絶滅した古代生物のＤＮＡの長期的保存に懐疑的な同僚を説得しようとするなら、化石物質から抽出したＤＮＡなどの分子情報が古代のもので、本当に対象とする生物のものであり、他の生物や外部環境からの混入物ではないことを実証する必要があると彼らは考えた。また未知の領域と彼らが考えた分野に乗り出すにあたっての、「純古生物学」や「古遺伝子」、「古ゲノム」といった用語の重要性についても検討している。[23]

この初会合で、トカーチは琥珀中の昆虫の胃の中に保存されていたＤＮＡを利用して恐竜を復活させる自身の仮説について披露している。彼は2通目のニュースレターでそのアイデアの概略を文章でも記し、またそれが絶滅ＤＮＡ研究グループのメンバーに受け入れられたことも記している。[24] 伝えるところによれば、メンバーは興味を示したが、ＤＮＡがその生物を生き返らせることができるほどもとのままの状態を保つ可能性があるのか、実際のところは疑っていたという。[25] いくぶん孤立した思索から仲間による共同研究へと、絶滅ＤＮＡ研究グループは、化石中のＤＮＡの保存と抽出や絶滅種の復活に関するアイデアを研究者が検討することのできる最初の公式の場となったのだった。

グループには自分たちの型破りなアイデアが批判を招くだろうことがわかっていた。案の定、彼らは参加する研究者を募集する際に批判に遭遇している。ポイナーとヘスが後に記した回想録で、「進んで自らのキャリアを危険にさらしたり、同僚のもの笑いの種になろうとしたりする研究者はほとんどいなかった」と振り返っている。彼らが言うには、「実際のメンバーは勇気ある少数の研究者に限られていた」。[26] だがその「勇気ある」研究者ですら慎重だった。トカーチ本人の話として、「グループのメンバー全員が評判について気にしていた」と言う。なぜなら「彼らは真正性について十分な証拠もなしに勇み足で情報を発表すれば」、「自分たちの評判を下げることになると心配していた」からである。「主張を行うにあたっては、真正性を証明できたと思えるまでは慎重に行くことで合意した」。[27] 最初のニュースレターによれば、トカーチはこの懸念について次のように記している。「ポイナー博士はこの研究について」、「悪評が立てば自らの研究に大打撃を与えかねない」との理由で「わたしたちにマスコミに話さないよう求めている」[28]。現役の研究者としての彼らの考えでは、推測を行うことは創造的で、健全な科学的方法の一部だった。しかし証拠がほとんどない状況で推測に走りすぎ、なおかつそれが時期尚早に報道されれば、関わる研究者の研究と評判に傷がつきかねない。タイミングと証拠がすべてだった。

ポイナーとヘスは当初は自分たちだけが数千万年前の琥珀に閉じ込められた昆虫の細胞や分子の探索を行っていると考えていた。トカーチもそうだった。しかし彼らの孤独な知的探索は長くは続かなかった。事実、ポイナーとヘスの論文——サイエンス誌という人気のある一流研究雑誌に発表された——は多くの関心を呼んだ。トカーチは、ほぼ同じ推論にたどり着いていたため、彼らの研究について読むと、はやる気持ちで連絡を取り、研究グループが立ち上げられることになったのである。「驚くべきことですね。いかに違った観点から別の人間が同じアイデア（琥珀の中の昆虫からのDNAの抽出）にたどりつけるのかを考えれば」とポイナーとヘスは語っている[29]。

『ジュラシック・パーク』

1980年代初頭のほぼ同じ時期に、医師から小説家に転じたマイケル・クライトンが遺伝子操作された恐竜に関する脚本を執筆していた。ハーヴァード大学医学部出身のクライトンは医学の道を捨ててSF作家になっていた。10年の間に彼は世界的な著名作家として名声を博し、『アンドロメダ病原体』［浅倉久志訳、早川書房、1976年］などのベストセラー小説や『ウエストワールド』が映画化されて大きな成功を収めていた。クライトンは次に恐竜を題材にしてさらなるSFスリラーを執筆しようと考えていたが、彼の言う「恐竜に関するとてつもない熱狂」を考えれば、その作品があまりに流行を追いかけたものに見えはしないかという点が気がかりだった。[30]

確かに、それまでの10年で恐竜に関する学問的、大衆的関心は高まる一方だった。この「恐竜ルネッサンス」は、恐竜の解剖学的構造、生理学、進化、そして絶滅に関する従来の見方に疑問を投げかける研究が多数出てきたことが発端となったものだった。[31] 例えば古生物学者の中から、ほとんどの恐竜は絶滅したが、ある特定の系統が生き延びて現在の羽を持って飛ぶことのできる鳥類へと進化したという説が出された。[32] 恐竜は、それまでのイメージの、メディアでもしばしば描かれてきた冷血の爬虫類ではなく、温血動物であったと主張する研究者もいた。[33] また新たに恐竜の骨格化石が巣と卵の化石とともに発見されたことで、科学者たちはこの古代の動物が子育てをしていた可能性が高いとの説を唱えた。[34] だがおそらく最も画期的だったのは、巨大な隕石が地球に衝突し、それが約6500万年前の恐竜の絶滅を含む、地球上の生命の約80パーセントの絶滅の主因となったとする新たな仮説であった。[35]

大衆は長らく先史時代の生物、とりわけ恐竜に魅了されてきた。というのも19世紀末と20世紀を通じ、古生物学という誕生したばかりの分野を世間に広めるべく、初期の科学者たちが努力してきたからである。1970年代の「恐竜ルネッサンス」には、このような先史時代への熱中の続きという側面が大いにあった。[36]クライトンは恐竜への熱狂が一時的なものではないこととともに、この点に気づいた。このような「恐竜への関心は永続的なもの」で、彼はその関心を十分に生かすことにしたのである。[37]

クライトンが物語を執筆している頃に、ポイナーとヘスが琥珀中の昆虫の細胞の長期的保存に関する研究を発表している。この件について後に振り返り、ポイナーはマスコミ記者やブロガーに、１９８３年にクライトンがバークレー校の彼のもとを訪ねてきたときのことを語っている。ポイナーによれば、自分が研究について詳しく話している間、クライトンはメモを取っていたという。ポイナーが覚えている限りでは、クライトンは遺伝子工学で生み出された恐竜について小説を書いていることにひと言も触れなかった。[38]この出会いの後、ポイナーとヘスは自分たちの研究、特に絶滅ＤＮＡ研究グループとの共同研究を続け、何年も後になるまでクライトンについて考えることもなかった。[39]

次にクライトンのことを思い出したのは、ユニバーサル・ピクチャーズ社から電話がかかってきた時のことである。電話の主から、彼らと絶滅ＤＮＡ研究グループが『ジュラシック・パーク』と題する新刊書の巻末の謝辞に記されることを告げられた。[40]１９９０年11月に刊行されたこのＳＦスリラーの内容は、はるか昔に死んで琥珀の中に閉じ込められた蚊の体内に保存されていた恐竜のＤＮＡを科学者が取り出し、遺伝子操作により復活させるというものだった。小説では、科学者たちが世界的な恐竜テーマパークとすべく設計した『ジュラシック・パーク』の中で、科学実験がたちまち暴走を起こしてしまう。この小説でクライトンは遺伝子工学の可能性と懸念をきわめて意図的に利用し、専門家にも大衆にも訴えかけた。[41]『ジュラシック・パーク』〔酒井昭伸訳、早川書房、1993年〕はすぐさまベストセラーとなり、ユニバーサル・ピクチャーズ社が数百万ドルの製作費をかけて映画化を進めた。監督は『ジョーズ』や『E.T.』などの大ヒット作を何本も手がけ、作品的にも商業的にも評価の高いハリウッドの映画監督スティーヴン・スピルバーグが務めた。[42]書籍の最後でクライトンは作品に影響を与えたアイデアと人物に謝辞を述べている。電話の主が述べたように、ポイナー、ヘス、そして絶滅DNA研究グループが明らかな貢献者とされた。

ポイナーとヘスの研究は謝辞の対象となったが、「恐竜のタイムカプセル」に記され、1985年のオムニ誌に発表されたペレグリーノのアイデアは、少なくとも当初は触れられることはなかった。[43]1991年のある版の謝辞では、クライトンは「古生物DNA学」についての「ある種のアイデア」は「バークレーにて絶滅DNA研究グループを組織する、ジョージ・O・ポイナー・ジュニアおよびロバータ・ヘスによって初めて発表された」と記している。[44]同年に出た別のペーパーバック版の謝辞では文言が少し異なっている。この版では、クライトンは「ある種のアイデア」が「チャールズ・ペレグリーノにより初めて発表された」が、「バークレーにて絶滅DNA研究グループを組織する、ジョージ・O・ポイナー・ジュニアおよびロバータ・ヘスの研究に基づいている」となっている。[45]

こんにちに至るまで、クライトンの『ジュラシック・パーク』に対するインスピレーションとして、ペレグリーノの「恐竜のタイムカプセル」がどのような役割を果たしたのか、あるいは何の役割も果たさなかったのかははっきりしない。しかしはっきりしているのは、ペレグリーノがだまされたと感じた相手は必ずしもクライトンではなく、ポイナーだったことである。ペレグリーノが、『ジュラシック・パーク』が出版される約10年前に、琥珀中の昆虫の体内に保存されていたＤＮＡから恐竜を復活させるという仮説についてスミソニアン・マガジンとやり取りしていたことを思い出していただきたい。同誌の編集者だったジョン・ワイリーは、ペレグリーノに宛てた手紙で、ペレグリーノの論文が思索的に過ぎると査読者が判断したことを釈明していた。その手紙は、ポイナーがその査読者のひとりであり、論文が掲載に至らなかった一因であったことも明らかにしている。ワイリーの手紙から判断するなら、ポイナーはそのアイデアについて自らが書き、自分の手柄にしたいようであった。[46]

当時、ペレグリーノはポイナーが自分の論文を知っており、何らかの理由でその掲載に反対していたことも知っていた。しかし、ペレグリーノが怒りを抱いたのは、『ジュラシック・パーク』が出版され、その謝辞とマスコミ記者がポイナーを同作品のインスピレーションの源泉として言及した後のことである。確かに、ここに至ってポイナーが自分が却下したアイデアを自らの手柄にしようとしているように見えたのである。例えばニューヨーク・タイムズ紙の記事は、同書の「レシピ」がポイナーのものであることを明確に記している。「確かに、現時点では絶滅した動物を復活させることは、そのＤＮＡ全体を手に入れたとしても不可能でしょう」と同紙のインタビューでポイナーは語っている。「しかし、白亜紀、さらにはもっと古い時代の琥珀に閉じ込められたサシバエの体内には恐竜の細胞が存在しているとわたしは考えています。これは恐竜のＤＮＡを見つけ、それを取り出す問題に過ぎないのです」[47]。この記事を受けて、ペレグリーノは同紙に事実関係をはっきりさせるよう求める手紙を送っている。「科学には、新しいアイデアの受容について古くからのルールがある」とアーサー・C・クラークの有名な次の言葉を引いて彼は主張している。「そのアイデアは最初は誤りとして退けられ、それを思いついた者は異端者、狂人、またはその両者としてみなされる。そして最後には誰もが最初から知っていたことにされるのだ」[48]。ペレグリーノからすれば、ポイナーは明らかにルールに反していた。このためペレグリーノは自分の論文、つまり科学者がいつの日か琥珀の中に保存された昆虫から恐竜のＤＮＡを発見し、復活させられるかもしれないという自身のアイデアを盗用したとして法的措置を取るとポイナーを脅した[49]。

可能性の低い始まり

１９７０年代後半から１９８０年代を通じ、未来派やマニアから科学者、ＳＦ作家に至るまで、多くの人物が化石ＤＮＡの探索の初期の文化史に貢献している。この時期には３つのアイデア――化石中にＤＮＡが保存されている可能性、それが抽出できる可能性、そして古代物質中のＤＮＡから絶滅生物を理論的に復活させること――が化石に関する新たな発想の登場を後押しした。これらのアイデアは４つの別個の観点から、さまざまな人物によりばらばらに生み出されたようにみえる。例えば、ペレグリーノは科学者かつ未来派であり、空想家としてこれらのアイデアにアプローチしたため、科学コミュニティの同僚は彼の復活可能説にためらうか、ときには率直に退けている。トカーチは科学マニアであり、やはり思索的だったが、最終的には専門家に自らの仮説を研究するよう協力を求めるのに成功した。ポイナーとヘスは研究室で比較的伝統的な方法を用い、サイエンス誌という一流雑誌に研究結果を発表することでこれらのアイデアにたどり着いたとみられる。進行中のクライトンの小説もこの初期の歴史の一翼を担った。このような筋書きは、科学的イノベーションが従来の研究室という領域の外のアイデアや個人から生じ得ることを示唆するものである。

このような独特だが互いに関係がないわけではない出来事の発生を理解するのに、「古代ＤＮＡ」を「境界的オブジェクト」として捉える方法がある。この境界的オブジェクトという概念は、科学論研究者のスーザン・リー・スターとジェームズ・Ｒ・グリーゼマーが、いかに情報や物がさまざまな人々により、さまざまな方法で使用されることがあるかを理解するための枠組みとして提案したものである。彼らが論じるように、境界的オブジェクトには、異なるグループ間で違った形で解釈されるだけの柔軟性があるが、グループ間を通じて認識可能な同一性を維持できる安定性も備えている。例えば、１９００年代初頭にカリフォルニア大学バークレー校の脊椎動物博物館の創設について調べる中で、スターとグリーゼマーは、地図、現地調査記録、さらには標本について、博物館の学芸員や科学者からアマチュア収集家、わな猟師に至るまで複数のタイプの人々がこれらの対象《オブジェクト》を異なる観点で捉え、異なる目的のために使用していたことから、境界的オブジェクトとして機能したと論じた。[50] 古代ＤＮＡは一種の境界的オブジェクトだが、少なくともこの時点では、物質的あるいは現実的な意味でのオブジェクトではなかった。むしろアイデアとして存在する境界的オブジェクトだった。それは、ほぼ間違いなく異質な社会に所属する異質な人々が共通して抱いていた、化石の中に存在するＤＮＡを分離、抽出して配列を決定し、それを利用して進化史を研究する（あるいは何とかして恐竜などの絶滅生物を復活させるのに利用する）というアイデアだった。古代ＤＮＡを発見する可能性が組織化原理として機能し、さまざまな人々を、目的は異なるにせよ、その現実性を検討するよう引き合わせたのである。

　彼らは、この新たな研究分野で研究者がこんなことを実現できるはずだという期待感を生んだ。化石からＤＮＡを回収し、進化生物学の分野でそれを利用できるのではないかという初期の期待は、個人や特定のグループが個別に想像したものではなかった。言い換えれば、さまざまな人々――研究に直接携わっている実際の科学者以外の人々――が、科学的、技術的イノベーションに関する独自のイメージ、またそのようなイノベーションの応用に関する独自の意見を持っていることが多々あるのだ。同じく重要なのは、いかに根拠を持つものであれ、あるいは空想的なものであれ、そのような期待がイノベーションの初期に果たし得る役割、とりわけいかに期待によって新しいアイデアをめぐる活動が生まれることがあるかを理解することである。[51] トカーチにとっては、琥珀中の昆虫からの恐竜のＤＮＡの回収を、恐竜の進化と絶滅に関する自身の仮説の検証のために活用できる可能性があったのであり、それが最終的にはポイナーとのつながりと絶滅ＤＮＡ研究グループの形成へとつながった。クライトンにとっては、小説執筆のための情報をもたらしてくれる、空想的だがあり得そうなアイデアだった。

絶滅した古代生物からＤＮＡを抽出するというアイデアは、恐竜を復活させるというアイデアとはじめから密接に結びついていたのであり、『ジュラシック・パーク』が出版され、その映画版が封切られるはるか前に、さまざまな人々――科学者も空想家も等しく――の研究や著作で表現されていたのである。それにとどまらず、この結びつきは新しい科学分野の誕生と成長において根本的な役割を果たすことになった。

第2章　アイデアから実験へ

古代DNAの発見

理論的に化石中にDNAが保存されており、それを抽出できるのではないかというアイデアは最初、研究室の外で生まれたが、古代DNA研究が場所を定め、専門化し、より広く認知される存在となったのはカリフォルニア大学バークレー校でのことである。同校の生化学教授アラン・C・ウィルソンが原動力となり、化石からDNAを回収するというアイデアが実験に移され、分子の長期的保存を示す証拠が得られることになったのである。ウィルソンは1934年にニュージーランドで生まれ、アメリカに渡って大学院で研究を行い、最終的に1961年にバークレー校で博士号を取得し、同校でその後のキャリアを送ることになった。長年かけて、ウィルソンは分子データを利用して進化史におけるパターンとプロセスを推測することで、進化生物学分野の先駆的科学者との評価を得た。[1]

具体的には、ウィルソンは分子生物学的手法を用いてヒトの進化を研究することに関心を抱いていた。彼の最も有名な研究のひとつは、1967年にサイエンス誌に発表され、ヒトの進化史に関する理解について科学コミュニティに再考を迫るものとなった。[2] この論文は大学院生のヴィンセント・M・サリッチとの共著で、ヒトと類人猿から得た分子的証拠を用いて、化石証拠を用いた古生物学者の推定値に基づいてそれまで考えられていたよりもはるかに新しい時代に共通の祖先が存在したことを示唆したことで画期的論文とみなされた。ウィルソンとサリッチはタンパク質配列の比較に基づいて、ヒトと霊長類がおよそ５００万〜４００万年前に互いに枝分かれしたことを突きとめている。

ウィルソンとサリッチの結論は画期的なものだったが、彼らが用いた方法論もそれに劣らず画期的だった。当時、彼らの研究は新たに提唱され、激しい議論を巻き起こしていた仮説――分子時計仮説――を支持するものだった。この概念――カリフォルニア工科大学の物理化学者だったライナス・ポーリングと教え子の博士研究員のエイミール・ツッカーカンドルが提唱した――は、分子が長期的に一定の速度で進化することを示唆するものであり、それを踏まえ、分子データとその変異率を用いて、進化史においてある種から別の種が分岐した時期を特定することを彼らは提案したのである。[3] 科学史研究者のマリアンネ・ゾマーとエルスベート・ボズルが記すように、分子時計仮説とは、つまるところ歴史、具体的には進化の歴史は分子に記録されている、つまりわたしたちのＤＮＡに書き込まれているとするものである。[4] ツッカーカンドルとポーリングはこの概念をおおまかに示したが、霊長類とヒトの進化史に応用することでその仮説の証拠を示したのはウィルソンとサリッチだったのである。

ウィルソンは長年にわたり分子生物学的手法とデータを応用して進化史を研究する試みを行って

きたが、ほどなく彼は研究の対象を古代生物にも広げることを思いついた。それは彼の専門知識と先見性からすれば当然の流れと考えられた。ポイナーとヘスが1982年にサイエンス誌に発表した、琥珀の中の4000万年前の昆虫の細胞が異例の保存状態を示したとの論文は、多くの研究者から幅広い関心を集め、その中にはウィルソンもいた。ウィルソンがポイナーに連絡を取ったのか、あるいはポイナーがウィルソンに連絡を取ったのかは、すべて明らかになっているわけではない。[5] しかし明らかなのは、ウィルソンの研究室とポイナーの研究室――いずれも当時バークレー校にあった――が最終的に共同研究を行うようになったことである。[6]

1983年、ポイナーとヘスは、ラッセル・ヒグチ――ウィルソンのもとで研究していた分子生物学者で博士研究員――とともに琥珀中の昆虫のDNAの保存と抽出に関するアイデアを実際に検証する最初の実験に取りかかった。実験は困難を伴い、準備だけでも長く単調な作業を要した。まず、ポイナーはDNAの保存状態が最もよさそうな琥珀試料を選び出すことにした。次に、3人は汚染を避けるために研究室のすべての装置を消毒した。1980年代にあっても、彼らは準備や抽出の際に試料を取り扱うだけで自分たちのDNAで結果を汚染してしまうリスクに気づいていた。このため、汚染を最小化する予防策を取ることで、生物自体からDNAを回収できる確率を最大化したのである。一方、ヘスは琥珀カプセルに切り込みを入れ、標本を薄片化して試料を採取し、注意深く昆虫の小さな組織を取り出す作業に取りかかった。[7]

試料作製を終えた後、彼らは組織に対しテンプレートアッセイを行った。これは極微量でもDNAが存在すれば放射性のコピーが作製され、放射性信号を発する検出法である。DNAが存在する場合は、それがコピーされ、信号が放出される。最終的に、彼らは採取した7つの試料のうちのふたつ――ひとつは蛾、ひとつはハエ――の中にＤＮＡの証拠を発見した。数千万年前の琥珀の中の昆虫からいかにＤＮＡを取り出すかという最大の難関を突破したと思われたが、すぐに別の問題が現れた。つまりこのＤＮＡの出どころが誰なのか、あるいは何なのかをどうやって判定するかである。ＤＮＡは昆虫自体のものなのだろうか？　それとも環境から混入したものなのだろうか？　当時、ＤＮＡの真正性を判定するための実験は他に行われておらず、その結果についての報告は存在しなかった。[8]

この琥珀中の昆虫からＤＮＡを取り出す最初の実験の後、ヒグチとウィルソンは対象をはるかに新しい試料、１００年以上前に南アフリカの平原を歩きまわっていた絶滅種のクアッガ（学名 *Equus quagga*）に変更した。クアッガは変わった模様を持つ謎の多い生物だった。体の後ろ側と後脚は茶色一色でウマに似ているが、首と顔が茶色と白のシマ模様になっており、シマウマのようだった。しかし、19世紀後半に種全体が絶滅してしまっていた。実際には人間が狩猟によって絶滅に追いやったせいで、現在では世界中の博物館にわずか20体分の骨格と皮膚の標本が保存されているのみである。

ヒグチとウィルソンがクアッガを研究することにした背景には多くの理由があった。まず感傷的な理由があった。１００年前にクアッガが生息していた地域にほど近いケープタウンの南アフリカ博物館では剥製師を務めていた自然保護活動家のラインホルト・ラウは、この種を人間が絶滅させたことについて罪悪感を覚えていた。実際に、ラウはクアッガをよみがえらせられないかと考えていた。彼の計画は、現存のシマウマによる選択飼育プロセスを利用し、クアッガ特有のシマのパターンをよみがえらせることだった。ＤＮＡを使ってクアッガのクローンを作るつもりはなかったが、現存のウマやシマウマとの系統学的関係を理解して飼育プログラムを成功させるために、彼はクアッガのＤＮＡを必要としていた。[9] その生涯で、ラウはＤＮＡ分析に適した試料を求めていくつかの博物館を訪れている。最終的にドイツのマインツ自然史博物館に展示されていた１４０年前のクアッガの軟部組織の試料を手に入れ、分子進化と自然保護の専門家であるサンディエゴ動物園のオリヴァー・ライダーのもとに送った。そのライダーがＤＮＡ分析のために試料を提供したのがバークレー校のウィルソンとヒグチだったのである。[10]

クアッガの研究の動機には感傷的なものもあったが、その進化史に関する科学的な関心もあった。当時、化石データなどの形態学的データを利用していた古生物学者たちは、クアッガと現存するウマやシマウマとの関係についてさまざまな意見を持っていた。シマウマよりもウマとのほうが近縁だと主張する研究者もいれば、シマウマとのほうが近縁だが、種は違うと主張する研究者もいた。いずれの解釈も取らず、クアッガはシマウマと別の種ではなく、サバンナシマウマの亜種であるとする研究者もいた。[11]

最後に、クアッガを研究するにあたっては現実的な理由があった。数千万年前の物質よりも数百年前の物質のほうがはるかにＤＮＡを取り出せる可能性が高い。そしてその取り出しに成功すれば、そのＤＮＡ配列を現存するウマやシマウマのものと比較することで、はるかに容易に絶滅したクアッガのＤＮＡの真正性を確認し、またクアッガの進化史を理解することができるはずだとヒグチとウィルソンは考えた。

　１９８４年春、ヒグチとウィルソンらの研究チームは１４０年前のクアッガの遺骸からＤＮＡを抽出するのに成功した。乾燥した小さな筋肉片から試料を採取する作業で、ヒグチらは、母系で受け継がれ、植物や動物の細胞中に豊富に存在するＤＮＡの一種であるミトコンドリアＤＮＡの配列を回収することができた。その際に標準的なＤＮＡ抽出法を用いたが、クアッガのＤＮＡが古く、劣化、断片化していたために作業は難しいものとなった。実際に回収できたのは、新鮮な筋肉から得られる量の1パーセントほどに過ぎなかった。このようなＤＮＡの断片の研究をうまく行うために、ヒグチらは細菌内で天然に自己複製するＤＮＡ分子の一種であるファージベクターを利用してＤＮＡの個々の断片をクローン化し、増幅した。もしひとりの人間のクローンが存在するなら、同じＤＮＡ配列を持つように、クアッガのＤＮＡの断片のクローンもまったく同じＤＮＡを持つことになる。作製されたすべてのクローン――合計で約2万５０００個――のうち、ふたつのみについてミトコンドリア起源であることを示すのに成功し、その後配列が決定された。そのふたつのクローンには合わせて２２９塩基対のクアッガのＤＮＡが含まれていた。短い鎖ではあったが、そのＤＮＡ配列はシマウマ、ウマ、ウシ、ヒトのミトコンドリアＤＮＡ配列と十分に似ているが、同時に十分に異なってもおり、彼らが初めて絶滅生物からの古代ＤＮＡの回収に成功したことを示していた。[12] またその配列は、シマウマのうちサバンナシマウマに最も似ており、あらゆるウマ科の種のうちウマと最も似ていなかった。これはクアッガをサバンナシマウマの亜種に含められることを示す証拠だった。この分子データに基づき、研究者たちはクアッガはシマウマから約４００万〜３００万年前に分岐したことを突きとめるのにも成功した。

ヒグチらは多くの手段で自分たちの発見を発表した。まず、研究成果を論文に書き上げ、名高いイギリスのネイチャー誌と１００年の歴史を持つアメリカの競合誌であるサイエンス誌に投稿した。論文の査読を待つ間にも、助成金申請書を急いで書き上げ、アメリカ全土を対象に科学研究への資金提供を担当する最大級の連邦政府機関である全米科学財団（ＮＳＦ）に提出した。彼らが提出した申請書――「分子古生物学：化石ＤＮＡの探索（*Molecular Paleontology: Search for Fossil DNA*）」――は3年分33万ドルの交付を請求するものであり、この種の公式の研究提案として最初のものとなった。ウィルソンとヒグチはポイナー、ヘス、アリス・テイラー（電子顕微鏡学者）、バーバラ・ボウマン（クアッガ研究を行っていた大学院生）との研究を率いることを予定していた。研究の目的はクアッガ、またバイソン、マンモス、モア（ニュージーランドの絶滅した飛べないトリ）などの他の絶滅種のＤＮＡ探索を続けることであった。また琥珀中の昆虫から数百万、数千万年前のＤＮＡ探索の継続についても提案していた。

申請書で、ウィルソンらは、助成金が得られれば、この研究が進化史を研究する新たな方法の始まりとなり、分子古生物学という新たな科学研究分野の誕生につながる可能性があると記している。「これは古生物学に対するＤＮＡの潜在的有用性を調べる初めての提案である。クローン可能なＤＮＡが多くの化石の骨や歯、また琥珀に含まれている昆虫の内部に存在する場合は、分子古生物学という新たな分野が誕生する可能性がある」。だがこの提案の根拠となる証拠はクアッガのデータだけだった。[13] 申請書自体が大胆なものだったが、証拠がクアッガしかないことを考えればなおさら大胆であった。事実、彼らは申請書で自分たちの計画が「斬新」かつ「推測的」であることを認めているが、なおも自分たちの研究が絶滅した古代生物の研究に対する革新的アプローチとなる可能性について楽観的だった。彼らはこの新たな冒険的事業に大きな期待を抱いていたが、その提案は、受理の成否を決める他の科学者や判定委員会の手に委ねられた。

ＮＳＦの審査員たちは化石物質からＤＮＡを探索する可能性に興味を持ったが、どれほど慎重な立場を取るかで意見はさまざまだった。例えばある審査員はこの提案を「興味深く、重要で、エキサイティングでさえある」としている。別の審査員は「分子系統学と古生物学」が交差する領域での「先駆的取り組み」と評している。一方でそれほど楽観的ではない審査員もいた。「化石種からＤＮＡを発見、抽出することは非常に興味深く、技術的難度の高い生化学的妙技ではあるが、この手法によって進化上の主要な問題に関するわたしたちの理解がどのように深まるのか、わたしとしてははっきり見えてこない」。ウィルソンらが提案する研究の困難さを認識していたが、むげに否定もしなかった審査員もいた。実際に、彼らはその難問が取り組むに値すると考えた。「わたしは水晶玉をのぞき込んで、可能性を先験的に否定しようとは思わない」とある審査員は記している。「化石ＤＮＡを探すことは、それに伴う苦労に値するものであることは明らかであり、とりわけウィルソン氏ほどの優れた研究者がその労を取ることを望んでいるならなおさらである」。別の審査員も同様の意見を付している。「このような生物を選ぶことで系統進化の研究に対し組換えＤＮＡ技術が普遍的に適用可能であることを示せるのか、わたしには確信が持てない……だが地球が平らであり、月は新しいチーズでできていると広く信じられていた時代もあったのだ」。多くの技術的課題があったものの、数人の審査員はウィルソンらがその課題を克服することを確信していたようだった。最後の審査員は次のように記している。「これが本当に可能なら、彼らはやり遂げるだろう」[14]

評価は基本的に肯定的であったにもかかわらず、判定委員会は満場一致で助成金の申請案を却下した。その第一の理由は、つまるところ具体的な研究成果が得られるかどうかという点にあった。「提案は、開発されたあかつきには多様な試料に広く適用し得るような新技術を開発するようデザインされていない」。2番目の理由は研究自体の現実性に関するものであった。「良くてこの計画は一部の化石にクローン可能なＤＮＡが含まれていることを示すものである。クローン可能なＤＮＡが得られたとしても、定量できない続成作用（堆積物が固まって岩石になるまでの変化）の発生や汚染ＤＮＡの存在の可能性を考えれば、系統学的研究へのその有用性が示されることにはならない」と委員会のメンバーは説明している。概して言えば、委員会は化石ＤＮＡの探索が価値ある取り組みとなると納得するにはほど遠かった。「当委員会としては、いかに興味深いものであろうと、１４０年前の博物館の試料からクローン可能なＤＮＡを得たことが、1万年あるいは２６００万年前の試料から得たＤＮＡが価値ある情報を生み出す可能性が高いことを示す十分な予備的証拠となるとは考えない」[15]。この判定を受け、化石ＤＮＡの探索は行き詰まったかのようにみえた。

ミイラのＤＮＡ

ウィルソンとヒグチが琥珀の化石とクアッガの遺骸について実験を行っている一方で、別のところでも分子の長期的保存に関する同様の研究が行われていた。スウェーデン、ウプサラ大学の博士課程学生スヴァンテ・ペーボがその少し前に、古代エジプトのミイラからＤＮＡを回収するというアイデアについて調べ始めていたのである。ペーボは分子生物学を専攻していたが、以前からエジプト学に関心を抱いていた。実際、古代エジプトのミイラや文化は何世紀にもわたって考古学者、人類学者、言語学者、また科学者や大衆を魅了してきたのである。[16] ペーボは古代エジプト文化への情熱を分子生物学の学識となんらかの形で結びつけようと心に決めており、同分野の著名な科学者の最新研究について知ったことでそれを実現させることにしたのだった。ペーボは分子進化に関するウィルソンの研究をよく知っており、ウィルソンと同じく、彼も分子生物学の手法を進化史の研究、とくにヒトの進化史の研究に応用することに心引かれていた。[17] また彼は別の科学者、イギリスのレスター大学の著名な分子生物学者で、ヒトと類人猿の遺伝子進化を研究していたアレック・Ｊ・ジェフリーズについても知っていた。[18] ペーボによれば、ウィルソンとジェフリーズの研究に触発され、古代生物の研究、この場合は古代エジプトの生物の研究にいかに分子生物学的手法を利用できるかを思索するようになったのだった。[19]

１９８１年の夏、ペーボはスーパーでレバー片を買った。彼は古代エジプトのミイラのＤＮＡ

の理論的保存可能性に関心を持っていた。またミイラ化の際には脱水処理が行われるが、これがＤＮＡの分解を防ぐ可能性が高いことを彼は知っていた。従って、ミイラ化はＤＮＡの長期的保存が生じる理想的な処理法である可能性があった。この推論をもとに、ぺーボはミイラ化の手順を、レバーをオーヴンで加熱することである程度まで再現することにしたのである。彼としては研究室で作業を行いたかったが、実験が完全な失敗に終わった場合に、指導教官に叱責されたり、仲間の前で恥をかかされたりするのを避けるべく、密かに行うことにした。ぺーボの回想録によれば、彼は研究室に行ってオーヴンでレバーをあぶり始め、数日にわたって加熱し、完全に乾燥させた。2日目には臭いが強く、ひどくなったため、仲間や指導教官に臭いの発生源を見つけられるのではないかと心配した。だが幸いその臭いはその後1、2日で収まり、何も尋ねられることはなかった。邪魔の入らない状況で、ぺーボはレバー――その時点で硬く乾燥し、しなびた状態になっていた――の評価を行い、ＤＮＡの回収を試みた。彼はたちまち成功を収めた。ＤＮＡは確かに断片化しており、わずか数百のヌクレオチド対を含むのみで、新鮮な組織から得られるはずの数千、数万対よりはるかに少なかった。それでも理論上は研究は成功だった。「わたしの読みはあたっていたのだ」とぺーボは思った。[20]

この実験はうまくいったものの、数百年から数千年前のＤＮＡの保存と抽出の検証がまだ残っていた。好奇心を満たすべく、ぺーボは、たまたま親友でもあった地元の小規模な博物館の学芸員に、ＤＮＡが発見できないか試すために収蔵品のミイラからいくらか試料を手に入れられないかと尋ねた。最も貴重かつ保存状態のよかった数体のミイラから直接試料を採取することは叶わなかったが、学芸員は収蔵品の３体のミイラの、以前に切り離されていたか、すでに損傷していた皮膚と筋肉の組織から試料を採取させてくれた。ペーボはこの機会に感謝し、研究室に戻って３つの試料それぞれに標準的なＤＮＡ抽出法を用いた。しかし残念ながら、いかなるＤＮＡ試料も取り出すことはできなかった。[21]

この挫折を経ても、ペーボは決してあきらめようとはしなかった。学芸員の友人の協力を得て、さらに多くの質のよいミイラ物質の試料を求めてベルリン国立博物館群に話をもちかけた。学芸員たちは乗り気で、２週間のベルリン滞在を経て、彼は30を超える試料を手にスウェーデンに帰国した。研究を内密に進めるべく、相変わらず夜間と週末に研究室での作業を続けたが、今回はＤＮＡの抽出を試みる前に細胞が保存されているかどうか試料を調べることにした。もし細胞が保存されている証拠が見つかれば、ＤＮＡが保存されている証拠が得られるかもしれない。顕微鏡観察の標準的手法を用い、ペーボはミイラの標本を作製して小さなガラス製スライドに載せ、染料で着色した。標本中になんらかの細胞が保存されていれば、顕微鏡でスライドを観察した際に、染料が色を発して細胞またはその一部がよく見えるはずである。全部で30個の標本のうち、３つのみが細胞保存を示す証拠をごくわずかに示した。これらの標本のうちのひとつだけでも、ＤＮＡが保存されている徴候も示してくれることを彼は願った。[22]

ペーボは子どものミイラの左脚の皮膚から採取し、細胞核が保存されている証拠を非常に明瞭に示していた標本を顕微鏡でさらに観察した。細胞核はとりわけ興味深いものだが、それは細胞を成長させる司令部としての役割とＤＮＡを含む大半の遺伝物質の収納部としての役割を担っているからである。ペーボは、今回はＤＮＡの証拠を探るために、標本に2種類目の染料を用いた。この試験は成功だった。色を発し、少なくともＤＮＡの一部がもとのままの状態で残っている証拠を示したのである。ペーボは歓喜した。彼が言うには、これは古代の真正なＤＮＡの確かな証しだった。「このＤＮＡは細胞ＤＮＡが保存される核に収まっているので、細菌や真菌のものではないはずだ。もしそうなら、細菌や真菌が増殖する細胞組織に不規則に現れるからだ」。ペーボによれば、この点は観察されたＤＮＡが子どものミイラ自体に由来するものであり、環境からの混入物ではないことを示す「明確な証拠」だった。[23] 次にペーボはＤＮＡの抽出を試みた。驚いたことに、ここでも彼は成功を収めたのである。

ペーボはすぐさま発表のために研究の方法と結果を論文にまとめ始めた。試料を採取させてくれた東ドイツの学芸員たちに感謝の意を表すべく、彼は２０００年前のミイラからのＤＮＡの初めての回収について、東ドイツのアルタートゥム（*Das Altertum*）という雑誌に発表することにした。論文は１９８４年に掲載されたが、期待するような反響は得られなかった。ペーボによれば、自分では画期的な研究と考えていたが、全く関心を集めなかったのである。古代エジプトのミイラのＤＮＡの保存と抽出に関する初めての公式の報告には、何の反応も寄せられなかった――手紙も来ず、質問もなく、転載依頼すらなかった。ペーボは失望して弱気になり、関心のなさは知名度の低い雑誌に発表したためではないかと考えた。「わたしの気分は高揚していたが、他の人はそうではなかったらしい」と彼は振り返っている。[24]

より多くの読者に届け、広く関心を集めるために、彼は2本目の原稿をジャーナル・オブ・アーキオロジカル・サイエンス誌（*The Journal of Archaeological Science*）に投稿した。同誌は１９８４年10月に原稿を受領し、論文は受理されたものの、査読のプロセスは遅々として進まず、論文が掲載されたのは翌年後半になってからのことだった。１本目の論文が読者を得ず、２本目がなかなか掲載されない状況で、ペーボは、古代の物質や絶滅種の物質からＤＮＡを入手する可能性、またより広く、古生物学、考古学、そして進化生物学に対するその意義について関心のある人が果たしているのだろうかと疑問を抱いた。[25]

古代ＤＮＡに関する論文発表

ペーボが発表を求めて論文を投稿したのと同じ年の１９８４年に、ネイチャー誌は、絶滅したクアッガからのＤＮＡの回収に関するヒグチとウィルソンらの論文を掲載した。この論文は古代の絶滅種の遺骸にＤＮＡが長期的に保存されており、かつそれを抽出するのに成功したことを示す最初の証拠の記録となった。[26] 彼らの論文とそれがネイチャー誌という評価の高い雑誌に掲載されたことは、３つの理由で特筆すべきことだった。

まず、このクアッガ研究が、絶滅した古代生物の物質からＤＮＡを同定、抽出、増幅、配列決定する理論的、技術的手順の概略を示したことである。これはそれまで示されたことがなかった。第二に、この研究がいかに古代ＤＮＡの配列をうまく分析し、系統学的問題に応用することができるかを示す好例となったことである。また、この研究は、分子とその長期的な変異率を利用し、進化史においてある種が別の種から分岐した時期を特定できるとする、評判が高まっていた分子時計仮説というアイデアを支持するものでもあった。最後に、この研究が進化生物学と分子生物学の分野に対して概念的貢献をなしたことである。立てられた問いと用いられた方法のいくつかは当時必ずしも画期的なものというわけではなかったものの、絶滅した古代生物の試料中にＤＮＡが理論的に保存され、それが抽出可能であるとするアイデアをヒグチらが検証する実験を行ったことで、この研究は重要で意義深いものとなった。彼らの論文は、この新たな研究分野に科学コミュニティの関心を引きつけるうえで不可欠なものだった。実際に古代ＤＮＡ研究が作用中の進化を研究するために時間を遡る方法となり得ることを示したからである。

ペーボは自身の研究に非常に似た研究が成功していることを知って衝撃を受け、しかもネイチャー誌という評価の高い雑誌に掲載されたことに驚いた。しかしながらその研究が自身の研究の正しさを証明するものであったことから彼はそれを評価した。「かのアラン・ウィルソンが古代のＤＮＡを研究し、かのネイチャー誌が１２０年前のＤＮＡに関する論文を掲載に値すると判断したのであれば、わたしがやっていることは酔狂でもなければ、つまらないものでもないのだろう」と彼は回想録に記している。[27] ウィルソンは、進化生物学における分子的研究でよく知られている定評ある実験主義者であり、化石ＤＮＡの回収という推測的アイデアを確かに信用に足るものにしたのである。カリフォルニア大学バークレー校という研究機関に属するウィルソンのような研究者は権威、信頼、そしてこのような抽象的アイデアを検証できるだけの資源を手にしており、またネイチャー誌のような有名雑誌には関心を生み出し、他の科学者や大衆に影響を及ぼすだけの威信があった。

ネイチャー誌にクアッガ研究が掲載されたことで、事実上その正当性が裏づけられたのだった。研究を裏づける証拠は重要かつ必要なものではあったが、その研究に必要とされる信用のお墨付きを与えたのは、その証拠に対し専門的科学コミュニティがどのように反応したか――この場合論文が受理され、掲載されたこと――だったのである。そもそもこの研究の性質が極めて推測的なものであったことを考えれば、ネイチャー誌によって正当性を裏づけられたことはとりわけ価値のあることだった。さらに、ネイチャー誌やサイエンス誌などの一流誌に掲載されたことの影響は科学コミュニティを超えて及んだ。事実、このような雑誌が掲載する研究は注目度が高く、影響力も大きいため、より広い大衆に訴求するので、メディアの記者たちが取り上げる傾向があった。このような流れを受け、世界中の科学者が古代生物の皮膚や組織に隠されていたDNAの可能性について改めて考え始めたのである。言葉を換えれば、推測的アイデアが受け入れられ、検討されるためには舞台とその力が重要だったのである。[28]

これに刺激を受け、ペーボは古代エジプトのミイラのDNA回収に関する3本目となる最後の論文を執筆し、今度はネイチャー誌への掲載を求めて投稿した。[29] 幸運なことに、その論文は速やかに査読を受け、1985年4月に掲載された。この論文で、ペーボはDNAによりエジプト人の文化、進化、人口、疾患に関する歴史的、考古学的疑問に対する遺伝学的回答が得られる可能性があると主張した。だがウィルソンの1983年の琥珀研究や1984年のクアッガ研究と同様、ペーボの研究でもDNAはごく一部の試料に、部分的に保存されているのみだった。その研究では、DNAの証拠を示したのは1体のミイラだけだった。古生物学的、考古学的試料が分子進化研究を行える信頼に足るデータソースとなるためには、試料中のDNAの保存はまれな出来事ではなく、何度でも生じる出来事でなければならない。言い換えるなら、古代DNAは例外的事象以上のものでなければならないのだ。ペーボは今回のネイチャー誌への論文掲載が、ようやく自らが最初に期待していた関心を呼び、さらなる研究をはるかに大きな規模で行う弾みとなることを期待した。

後にペーボが事の経緯について語ったところによれば、彼は別の科学者、とりわけウィルソンほどの卓越した科学者が、DNAの長期的保存の探求に精力を注ぐのを知って興奮したという。「わたしは、博士号を取得できたらバークレー校のアラン・ウィルソン――自分にとっては神のような存在である――の研究室に入れないか尋ねるために、どうやって接触しようかと思案していた」。実のところ、ペーボは自身と自らの研究についてどのように伝えればいいかわからなかったので、ウィルソンにネイチャー誌に掲載された自分の論文のコピーを送ることにした。ウィルソンは研究者としてのペーボを知らなかったが、その原稿に強い感銘を受けた。ペーボが振り返って言う。「アラン・ウィルソンから返事がきた。封筒に『ペーボ教授』とあったので驚いたが、インターネットやグーグルもない時代だったから、彼にはわたしが何者であるかを知る手だてがなかったのだ。手紙の中身にはさらに驚かされた……近々取る予定のサバティカル休暇の1年を『ペーボ教授の』研究室で過ごさせてもらえないかというのだ！」ペーボと研究室の仲間にとって、それはまったくの「愉快な誤解」だった。「当代一の分子生物学者であるアラン・ウィルソンに、ゲルプレートを洗ってもらいましょうかと、同僚と冗談を交わした」と彼は記している。[30] ペーボはすぐさまウィルソンに返事を書き、自分が教授ではなく、まだ博士課程で学んでいる学生であることを知らせた。そして、卒業後に博士研究員の研修としてバークレー校でウィルソンのもとで研究させてもらえないかと尋ねた。

理論的に化石中にＤＮＡが保存されており、それを抽出できるのではないかというアイデアは研究室の外で生まれたが、その普及と受容はほとんどが研究室の中で生み出された証拠にかかっていた。つまり、このようなアイデアが受容されるかどうかは、科学者がそれを実験に移して証拠を生み出す能力に大きく依存していたのである。これは、とりわけ絶滅した古代生物種からＤＮＡを発見するというアイデアが、研究者自身を含めて多くの人から極めて思索的なものとみなされていたことを考えれば非常に重要なことだった。研究室――具体的にはバークレー校のウィルソンの研究室と、一定程度ウプサラ大学のペーボの研究室――が、新たな研究領域を裏づける最初期の証拠をもたらす古代ＤＮＡ研究の最初の現場となったのである。

完全な死体をよみがえらせる

１９８０年代半ばに、基本的に個人的な関心事であった化石ＤＮＡの探索は、世間の関心事となった。ネイチャー誌がクアッガ論文を掲載すると、同誌は論文と併せてその内容を解説する「ニユース・アンド・ビューズ」という記事も掲載した。その記事は「完全な死体をよみがえらせる(Raising the Dead and Buried)」と題され、評価の高い遺伝学者アレック・ジェフリーズが、この新たな研究領域の意義について考察している。「クアッガはドードーと同じくらい死んでいるのだろうか？　完全に死んでいるわけではなく、実際にはドードーもそうなのかもしれない。ラッセル・ヒグチとアラン・ウィルソンらの……特筆すべき知見からするなら」。その研究知見に基づくなら、絶滅したクアッガのＤＮＡは１００年以上にわたってもとの状態のまま保存されており、科学者がクローンして研究を行えるだけの分量が存在していた。ジェフリーズにとって、このような知見は、確かに最終的なものではなかったが、なんらかのエキサイティングで革新的なことの始まりを指し示すものでもあった。「化石ＤＮＡを研究することで、分子生物学と古生物学が融合して壮大な進化の総合説となるという期待は、なおも夢物語でしかないように見える。だが諦めるにはあまりに早すぎる。ＤＮＡがなんらかの化石化した物質の中に保存されていることはあり得るかもしれないのだ」とジェフリーズは記している。[31]

ウィルソンにとって、クアッガ研究は絶滅した古代生物のＤＮＡの証拠を示した最初の研究だったが、彼の研究室は古代分子研究分野の新参者というわけではなく、マスコミや大衆から注目される経験がないわけでもなかった。琥珀とクアッガに関する実験に先立って、ウィルソンらはケナガマンモスからタンパク質、さらにはＤＮＡの抽出を試みていたのである。１９７７年の夏、およそ4万年前のマンモスの赤ちゃんがシベリアのマガダン付近の永久凍土中に保存されているのが発見されたことで、そのチャンスが生まれた。ディーマと名づけられたマンモスの赤ちゃんはふたつの理由から類例のないものであった。第一に、１８００年代以降に発見された中で最も完全なマンモスだったこと、第二に、発掘された後すぐに研究室で冷凍されたため、標本が解凍と腐敗をまぬがれた唯一の完全なマンモスだったことである。ウィルソンはこの発見について耳にすると、特に後者の理由により興味をそそられた。冷凍することで細胞や分子材料の劣化を防ぐ可能性があるからだ。翌年春、一連の問い合わせを経て最終的にアメリカとソ連の共同科学研究（米ソ間の政治的対立のあったただならぬ時期としては興味深い共同研究だった）が実現した後、死骸から得られた筋肉の試料がドライアイスに詰められ、ソ連からバークレー校へと送られた。[32] 数千年にわたって凍っていたことで、赤ちゃんマンモスのディーマは絶滅した古代生物種について免疫学的、化学的、分子的研究を行うまたとない機会をもたらした。

ディーマが発見され、バークレー校へと送られた件は、すぐに科学者と大衆の関心を集め、いくつもの新聞の見出しを飾ることになった。[33] 実のところ、このような関心の背景にはそれ相応の理由があった。まず、約1万年前までマンモスが生息し、その時期に絶滅したという点で、人類が長くマンモスに魅了されてきたという点がある。[34] 基本的にマンモスの進化史と現存のゾウとの関係は不明であり、その絶滅の理由も謎のままである。[35] ウィルソンらが研究の結果を発表するはるか以前、さらには研究を始めてすらいない段階で、マスコミの記者たちは研究の意義について推測し始めた。例えばニューヨーク・タイムズ紙の記者ウォルター・サリヴァンは、科学者の研究の主目的が、絶滅したマンモスと現存のゾウの関係が分子的証拠により解明できることを期待して、マンモスのタンパク質、そしてできればマンモスのＤＮＡを探求することにあることを認めている。それと同時に、サリヴァンはマンモスを復活させるというアイデアを取り上げ、マンモスのクローン化の可能性は、少なくとも現時点では望み薄だが、全く不可能というわけではないことを匂わせた。[36]

数年後、ウィルソンらは発表の準備を整え、1980年に論文がサイエンス誌に掲載された。ウィルソンのもとで博士研究員をしていた分子生物学者のエレン・M・プレイジャーと電子顕微鏡学者のアリス・テイラーは、ディーマから保存状態のよい微小な筋肉構造とともに古代のタンパク質の証拠を発見していた。[37] やはりニューヨーク・タイムズ紙の記者であったジョン・ノーブル・ウィルフォードは、彼らの研究を「化石遺伝学という新興科学分野の探求ツール」と表現しているが、やはりマンモスのDNAを発見できさえすれば、マンモスを復活させ得るツールにもなるのではないかと推測している。[38] 「彼らが遺伝の原材料であるDNA鎖をもとのままの状態で見つけることができれば……その実現可能性は極めて低いとはみられるものの、クローン化によりひょっとしたらこの大昔に絶滅した生物をよみがえらせることができるかもしれない」[38]。誤解のないように言うなら、プレイジャーらはこの研究でマンモスのDNAを見つけたわけではなく、DNAを探そうとしたわけでもなかった。ウィルソンとヒグチがその課題を試みたのはそれから5年後のことであり、それも困難に見舞われながらのことである。最終的に彼らは赤ちゃんマンモスからDNAの存在を検出することには成功したが、複製したり、本物であると証明したりすることはできなかった。[39] それでも、タンパク質であれ、DNAであれ、絶滅した古代生物の分子が保存されていることを示す早期の証拠が出てきたことで、幅広いメディアが、科学者が絶滅した動物を復活させられるのではないかとの想像をたくましくしたのである。

このマンモスの復活という現実離れした期待が、少なくともメディアによって、現実化したように見えるまでそれほど時間はかからなかった。１９８４年４月、ＭＩＴテクノロジーレビュー誌が数万年前に絶滅したマンモスを死体からよみがえらせたとする記事を報じたのだ。イルクーツク大学のヤスミロフ博士とマサチューセッツ工科大学のクリーク博士という研究者がこの偉業の立案者とされた。記事によれば、ヤスミロフ博士はシベリアの死骸から凍結したマンモスの卵子を回収し、試料をクリーク博士に送った。クリーク博士は凍結した卵子からＤＮＡを取り出し、絶滅したマンモスのＤＮＡ配列を現存のアジアゾウの精子から得たＤＮＡ配列と組み合わせた。それにより得られたものを数頭のメスのインドゾウの子宮に移植し、ゾウとマンモスの雑種の代理母とした。代理母の多くは流産したが、２頭が初めてとなるゾウとマンモスの雑種を産んだ。科学者たちはその雑種を新種のエレファス・スードセリアス（学名 *Elephas pseudotherias*）と呼んだという。[40]

このニュースはたちまち拡散した。例えばシカゴ・トリビューン紙はこの記事を転載し、それがさらにアメリカ中の数百紙の新聞でセンセーショナルに報道された。しかし結局、このストーリーは大学生のダイアン・ベン＝アーロンが学部の授業で書いたまったくの作り話だったのである。このストーリーが掲載されたのは１９８４年４月１日、つまりエイプリルフールの日だったのだが、記者たちはそれに気づかなかったか、結びつけて考えなかったのだ。ともかく、この物語が多くの報道機関を通じてたちまち人気を得たことで、絶滅種を復活させるというアイデアとその現実性が大衆の知りたい、さらには知る必要のあるものであることが明らかとなった。それはマスコミと大衆が遺伝子工学とテクノロジーに同時に感じている魅力と恐れを物語るものであり、賛否について多くの倫理的、道徳的、政治的、環境的議論を巻き起こした。[41]

絶滅種を復活させる可能性はマスコミの見出しをにぎわし続け、記事の内容はきわめて空想的なものから控え目なものまで多岐にわたった。例えばタブロイド週刊誌のナショナル・イグザミナーは、「マッドサイエンティストが未来の兵器用に恐竜のクローンを作っている」などと報じている。この記事はマンモスのクローン化と米ソの核戦争の陰謀をバークレー校で行われている実際の科学研究とからめた与太話だった。[42] 一方でもっと正確な報道もあった。例えばニュー・サイエンティスト誌は、「クアッガ、ドードー、マンモスがいまにも生き返って再び地上を歩きまわるかもしれないという物語はいささか大げさだ」が「クアッガの復活」はいつの日にか「実現する」かもしれないとしている。実際にこの記事の見出し――「クアッガの復活」――はそのことをほのめかしていた。[43]

重要な点は、マスコミの記者だけが絶滅種の復活について語っていたわけではないということである。実際に、科学者の中にもこのアイデアを前向きに捉えている人がいた。ニュー・サイエンティスト誌の別の記事――「恐竜のクローンを作る」――で、当時ベルファスト大学の古生物学者で、現在はブリストル大学にいるマイク・ベントンは復活というテーマ、特に恐竜の復活のアイデアに率直な関心を向けている。「いつの日か恐竜のクローンを作ることは可能だろうか？」ベントンの答えはイエスではなかったが、ノーというわけでもなかった。恐竜の分子を確実に回収することはたやすくはないだろうが、2億4500万〜6500万年も前に生息していた恐竜の化石の中に極微量のタンパク質がもとの状態を保ったまま残っている可能性はあると考えた。しかし、古代の恐竜のタンパク質を発見するより見込みがあるのは、クアッガの復活だった。ベントンによれば、クアッガのＤＮＡをヤマシマウマの胚に挿入し、クアッガとシマウマの交配種を誕生させることで、絶滅したクアッガをよみがえらせることは可能かもしれないとのことだった。[44]

推論の役割

推論は、さまざまな科学者の初期の研究を導き、理論的な化石ＤＮＡの保存とその抽出可能性の検証を促した原動力だった。ポイナーやペーボからウィルソン、ヒグチに至る科学者たちは、数百年前から数千万年前の化石からのＤＮＡ回収について明らかに推論を行っていた。彼らはそのＤＮＡを進化生物学上の疑問に応用できないかと思いをめぐらせた。また古代のＤＮＡが過去を研究する方法を変容させる意味合いについても考えた。そのような推論は仮説を生み出し、検証するうえで典型的なものであり、必要なものですらあり、とりわけ従来とは大きく異なる仮説の場合、その役割は大きかった。事実、科学哲学者たちは推論を科学的プロセスにとって有用かつ不可欠な要素であるとしてきた。例えば、エイドリアン・キュリーとキム・ステレルニーは、推論は科学研究を前進させるうえで大いに生産的なものとなり得ると論じている。定義上、推論はそれを裏づける入手可能な証拠を超えたものだが、「生産的推論」は経験的に根拠を持ち、仮説生成的なものとなり得る。[45]その種の推論はアイデアをめぐって関心と吸引力を高め、最終的にそれを裏づける説得力のあるデータを生み出すことがあるのだ。化石DNAの発見を試みる初期の研究活動においては、推論に触発されて研究者たちは証拠を生み出すべく実験をしようと思い立ったのである。

一方で、もっと明白な現実離れした推論が表現されることもあった。つまり種の復活という仮説的アイデアをめぐる推論である。推論は当面の研究実践や可能性を超えてふくらんだ。例えば、マスコミの記者、さらには一部の科学者は、古代DNAを利用して進化史を研究するだけでなく、いつの日にか絶滅種を復活させられるのではないかとおおっぴらに検討した。この種の推論も、大衆と専門家双方の間にこの新たな研究領域に対する認識と興奮を生み出すという意味では一定程度は生産的だった。

だが推論が大いに有用となるのは、研究を促進するという意味においてのみである。さらに、推論、あるいは行きすぎた推論や誤った種類の推論は研究活動を挫折させる可能性すらある。キュリーとステレルニーはこの点を強調し、推論は、目的がなければマイナスに作用することもあると論じている。こうした場合、目的のない推論となるのは、推論が別のシナリオを生み出したり、そのシナリオを裏づけるのに必要となる追加的証拠を生み出したりすることで研究活動を前進させない場合である。[46] 実際に、この研究分野の初期に、科学者たちはまさに証拠をほとんど伴わない行きすぎた推論のために自分たちの研究や評判の信用性が損なわれるのではないかと懸念していた。当時の先見的研究者であったウィルソンですら、化石DNAの探索が風変わりで推論的な企てであったことを認めている。当初から、ヒグチはDNAの真正性に影響を及ぼし、従ってその信用性を損なう可能性のある汚染について懸念していた。だが、試験的なものではあったが、クアッガからの

ＤＮＡ抽出の成功について信頼に足る証拠が添えられていたにもかかわらず、ＮＳＦの資金提供委員会はウィルソンとヒグチの申請を、研究と証拠が十分に展開されておらず、科学コミュニティ全体に広く応用可能なものではないとの理由で不採用としている。さらに、ペーボは古代エジプトのミイラに関する研究で、失敗して叱責されたり嘲けられたりするのを懸念して内密に行っている。このような科学と推論間の緊張――最も注目すべきなのが科学者の自覚と必要に応じて手を出したり、引いたりする能力――も、古代ＤＮＡ研究が登場し、進化史研究のための新たな方法へと発展するのに影響を与えた、他のものに劣ることのない重要な要素であった。

だからといって、古代ＤＮＡの探索に対し幅広い関心と支持をもたらすうえでのクアッガ研究やミイラ研究の重要性、影響力を過小評価しているわけではない。クアッガ研究とミイラ研究では、その証拠は当時としては印象的なものだったが、より大きな枠組みでみれば弱いものでもあった。絶滅した1頭のクアッガや1体の古代人ミイラの試料ひとつから短いＤＮＡ鎖がいくつか得られたことは、エキサイティングではあったが並外れたものではなかった。いくつかの化石にＤＮＡが保存されていたからといって、あらゆる化石にＤＮＡが保存されていることの証拠になるわけではない。古代ＤＮＡは、少なくともこの時点では、例外的な存在だった。またその研究を行った科学は、データを得る予測可能な方法というよりは見世物であり、珍事であった。これらの研究に関して重要であったのは、その証拠が、どれほど弱いものであっても、名声のある科学者や評価の高い雑誌に受け入れられたことである。その証拠、そしてそれが専門雑誌に論文として発表されたことは、このようなかつてはまったくの推論だったアイデアを裏づける一定の信用性をもたらす役割を果たしたのである。だが、科学者たちが化石ＤＮＡの探索を正当な科学研究プログラムへと変容させるには、保存状態のよい化石、優れた手法や技術、さらなる資金と証拠、そして多くの幸運が必要であった。

第3章　限界の検証

ポリメラーゼ連鎖反応

１９８０代半ばから末には、絶滅した古代生物のＤＮＡ探索は専門家と大衆の関心を集めていたが、科学者たちは古い試料に特徴的な腐敗、損傷したＤＮＡを確実に増幅することのできる優れた技術が必要であることに気づいていた。彼らは、化石ＤＮＡの探索を一人前の研究プログラムへと変容させようとするなら、新しい技術と手法が必要であることを理解していたのである。非常に好都合なことに、時期を同じくして、新しい分子生物学的手法であるポリメラーゼ連鎖反応（ＰＣＲ）の技術革新が起こり、これがちょうどよい解決策となった。ＰＣＲは１９８０年代にカリフォルニア州バークレーのバイオテクノロジー企業であるシータス社のキャリー・Ｂ・マリスらによって初めて開発された。１９８６年にコールド・スプリング・ハーバー・シンポジウム――30年前に同じシンポジウムでジェームズ・ワトソンがＤＮＡの二重らせん構造について初めて詳細に説明している――でその応用法の発表が行われ、１９８５年から１９８７年にかけて数件の論文が発表された後に、ＰＣＲは分子生物学で最も広く用いられる手法となった。[1] さまざまな研究者がこの手法を研究に取り入れるようになると、ＰＣＲは分子生物学の分野と系統学、法科学、医学といった関連領域を変革し始めた。事実、ＰＣＲは極めて革新的であったため、マリスはその発明により１９９３年にノーベル化学賞を受賞している。[2]

ＰＣＲの利点はＤＮＡを自動的に増幅できることにあった。そのおかげで、科学者がクアッガから初めてＤＮＡを抽出したときのような、ベクターを用いて対象のＤＮＡと同一のコピーを複数作るそれまでの手作業のクローニング法に伴う精神的、肉体的ストレスが取り除かれた。大まかに言えば、ＰＣＲはわずか数鎖のＤＮＡから、場合によってはたった1鎖のＤＮＡからでも、ＤＮＡ配列のコピーを数十億も作ることができた。古代ＤＮＡは短鎖で残っていることが多く、ＰＣＲはそのような損傷、劣化した断片の増幅にとりわけ適していた。さらにＰＣＲは迅速で安価だった。ＰＣＲでは加熱と冷却の反復サイクルを用いてＤＮＡのコピーを行う。まず熱を加えて2本鎖ＤＮＡを1本鎖に分離する。次に1本鎖ＤＮＡをプライマーにさらす。プライマーは増幅したいＤＮＡの適切な部分に結合する。最後に標的ＤＮＡのコピーが作られる。このプロセスは連鎖反応として続き、最終的に標的ＤＮＡについて数百万から数十億のコピーが生み出される。[3]ニュー・サイエンティスト誌はＰＣＲを「信じがたい威力を持つツール」と呼んだ。[4]

古代ＤＮＡ探索に携わる初期の当事者として、カリフォルニア大学バークレー校のアラン・ウィルソンの研究室は最初にこの手法を古い試料の研究に応用した。ウィルソンにはすでにＰＣＲの設計、開発が行われたシータス社との太いパイプがあった。その上、シータス社は大学からそれほど離れていなかったため、ウィルソンはヒグチを同社に派遣してその手法を学ばせ、研究室に持ち帰らせた。

スヴァンテ・ペーボ――この時点でウィルソンの研究室に博士研究員として新しく加わっていた――は、さまざまな時代、さまざまな環境の多様な試料に対するＰＣＲの有用性を検証することにした。[5] この研究でのペーボの目標はふたつあった。まず彼が関心を持っていたのはＰＣＲの技術的利点を試すことだった。ＰＣＲを古い試料に容易かつ確実に用いることができるなら、博物館の標本を含む考古学的、古生物学的試料を利用して進化史に関する未解決の問題に取り組む研究にとって大きな意味を持つ可能性がある。次に関心があったのは、さまざまな試料におけるＤＮＡ保存の限界、またＤＮＡの化学組成が、加水分解や酸化の過程により組織が乾燥することで生じる変性にどれほどの影響を受けるかの検証だった。ＤＮＡの特性とその劣化に関わる過程について理解を深めることで、観察可能で一般化可能なパターンが見出せるのではないかと彼は期待した。

ＰＣＲが利用できる状況で、ペーボは4年前の豚肉片、ミイラ物質の断片、フクロオオカミと呼ばれるオオカミに似た絶滅種の遺骸、1万３０００年前の絶滅種の地上性ナマケモノからＤＮＡを抽出した。すると驚いたことに、試料の古さはＤＮＡが保存されている量や損傷の程度に必ずしも関係しないことがわかった。ＤＮＡの保存性にはきわめて大きな幅があり、確実に内的、外的な劣化過程の影響を受けるとみられた。しかし、ＰＣＲを利用することで、古代試料からＤＮＡ配列を抽出し、増幅できる可能性は大幅に高まり、はるかに容易になった。ただ、ほかならぬＰＣＲの長所、つまり極少量のＤＮＡですら指数関数的に増幅できる能力は欠点でもあった。

ＰＣＲは極めて感度が高かったため、たったひとつの分子を検出して増幅することも可能だった。この性能は、古代ＤＮＡが往々にして短い断片の形で残されていたことから都合のよいものではあった。だが、その試料中に他のなんらかのＤＮＡ、特に研究室で試料を取り扱ったり、研究したりしている間に混入したＤＮＡ——はるかに新しく、保存状態がよい——が存在する場合、ＰＣＲによって、対象とする実際の古代ＤＮＡよりも優先的に検出、増幅されてしまうだろう。汚染を減らすために、ペーボは研究室内で試料、溶液、物質の調製と取り扱いを行う際の「厳格な予防策」を提案した。[6]

１９８０年代末に発表した総説論文で、ペーボ、ウィルソン、ラッセル・ヒグチは、分子進化生物学という大きな文脈の中の技術的発展としてのＰＣＲの意義について、特にＰＣＲを利用することで古代ＤＮＡの探索が可能になったと同時に、汚染リスクが生じたことを取り上げながら詳細に論じている。彼らによれば、分子進化学の分野でよく経験されるもどかしさは、進化史を現存生物のＤＮＡによってしか推測できないという点にあった。絶滅した古代生物のＤＮＡなしでは、長期的な進化を解明することは、不可能とは言わないまでも、困難であると彼らは主張した。しかし、ＰＣＲはこの「時間のわな」を克服するための解決策となる可能性があった。「近年、博物館の標本や考古学的発見物から得たＤＮＡをＰＣＲを用いて研究できるようになったことは、実際に時間を遡り、現存生物の祖先に相当する生物のＤＮＡ配列を直接調べることで分子進化を研究する可能性を切り開くものである」と彼らは記している。[7] 確かに、進化生物学の仮説を検証するのにＰＣＲが有用であることを示す証拠は増えつつあった。

ＰＣＲは多くの利点を持つ歓迎すべきイノベーションだったが、その技術には研究者があらかじめ予防しなければならない欠点があった。ペーボ、ヒグチ、ウィルソンはこの問題について先導的役割を担い、古生物学的、考古学的物質について研究を行う際に汚染を抑制するための基準となる簡潔なリストの概略を示した。その中で彼らは３つの基準を推奨している。まず、古代生物から得た配列を最も近縁の現存生物の配列と比較し、その結果得られた系統解析の精度を古代ＤＮＡの真正性の指標として用いること。次に、研究室のあらゆる溶液や試薬中の汚染を検出するために対照抽出物を用い、また複数の試料から真正なＤＮＡ配列を回収し、それを実証するために個別の抽出物を用いること。最後に、「増幅効率と増幅産物のサイズ間に強い逆相関関係」があることを提唱した。つまり、大昔に死んだ生物から得たＤＮＡの配列は１５０〜５００塩基対程度の短いものとなるはずで、それ以上の長さにはならないはずだとの仮説を彼らは立てたのである。配列がそのように短ければ、断片化した古代物質の性質を示すものと考えられるのに対し、長ければ現在の物質からの混入を示唆している可能性があるというのである。古代ＤＮＡの真正性と信用性を判定するために、汚染が生じ得ることを理解し、その抑制のための対策を取ることが重要であると主張した。「前述の３つの基準が……満たされる場合は、その配列は古代を起源とするものである可能性が高いと考えられる」と彼らは論じた。[8]

新たにＰＣＲが利用できるようになったことで、ウィルソン、ペーボ、リチャード・Ｈ・トーマス（研究室の別の博士研究員）、ヴァルター・シャフナー（チューリッヒ大学出身の分子生物学者）は、次にオオカミに似た絶滅有袋類であるフクロオオカミからのＤＮＡ抽出を試みた。タスマニアタイガーとしても知られるフクロオオカミの最後の個体は、1936年にオーストラリアのボーマリス動物園で死亡している。その時点で、死んだのがフクロオオカミ（学名 *Thylacinus cynocephalus*）という種の最後の一頭であることに関心を持つ人はいなかったようである。実際、その個体の死と種の絶滅が判明し、発表されたのは5か月以上経った後のことである。[9] フクロオオカミは変わった動物だった――顔と体はオオカミに似ており、解剖学的形態や生理学的特徴は有袋類のもので、肉食、夜行性だった。カンガルーのような袋を持ち、黄褐色の毛皮と背部の黒いシマ模様はトラに似ていた。クアッガと同様、フクロオオカミも絶滅しているために感傷をそそる種ではあったが、謎の多い進化の過程を解明すべき研究対象でもあった。実際、分類学者はその系統学的位置づけについて長年議論してきた。南アメリカ大陸の絶滅した有袋類のグループとの近縁性を指摘する研究者もいれば、オーストラリア大陸の有袋類と関連性があるとする研究者もいた。科学者の間の議論は、結局は化石証拠とその証拠に関する解釈の違いに行き着いた。例えば、フクロオオカミと南アメリカ大陸のボルヒエナ科の種は歯と骨盤の特徴が似ていたのに対し、オーストラリア大陸のフクロネコとは後脚が似ていたのである。

1989年、トーマスらはフクロオオカミから得たDNAに関する知見を発表した。当初彼らは多数の試料からDNAを回収しようと試みたが、DNAの抽出に成功できたのはひとつだけだった。しかし、そのDNAから219塩基対のミトコンドリアDNAの配列を決定するのに成功した。DNA配列は非常に短かったが、他の6種の有袋類のミトコンドリアDNAと比較できるだけの材料が得られた。分析の結果、フクロオオカミは、タスマニアデビルを含むオーストラリア大陸のフクロネコと最も近縁であると結論づけられた。この結論はフクロオオカミがオーストラリア原産であり、一部の研究者が考えていたような南アメリカ原産ではないことを示唆するものだった。[10]

ＤＮＡ配列に基づいて、フクロオオカミの進化史の謎は解けたかのようにみえた。だが一部の科学者に言わせれば、化石データの証拠は別の進化史を示していた。化石のような形態データとタンパク質やＤＮＡ配列といった分子データは、生物のあり様について重要な、だが異なる種類の情報をもたらす。研究者は生物の進化史を推測するにあたり両方のデータを考慮するが、その情報が一致しない場合もあり得る。例えばフクロオオカミでは、遺伝学的データはオーストラリア起源説を示唆していたが、化石データは南アメリカ起源説との一致点のほうが多いようであった。このケースでは、チームは遺伝的証拠を支持し、ＤＮＡとタンパク質の証拠に基づいてフクロオオカミをオーストラリア起源と結論づけている。[11] トーマスらは回収した配列が確かにフクロオオカミのものであることに自信を持っていた。化石データと遺伝学的データのずれを整合させるために、研究者らはオーストラリアのフクロオオカミと南アメリカの有袋類の類似性を、ふたつの種が互いに無関係に似た特徴を進化させる収斂進化《しゅうれんしんか》の一例として説明した。[12] 全体として、フクロオオカミ研究は、クアッガ研究と同様、博物館所蔵の絶滅した古代生物の標本から得たＤＮＡを研究する意義を確認するのに役立ち、未知の研究分野を切り開くものとなった。

新分野への助成金

化石DNAの抽出、増幅、配列決定の研究が最初に行われたのはアメリカ、具体的にはカリフォルニア大学バークレー校だったが、古代DNA研究が最初にかなりの額の助成金を獲得したのはイギリスでのことである。クアッガ研究により古代試料からDNAを回収できるという証拠がもたらされたが、その過程で答えよりも多くの疑問が生まれ、それが契機となって他の科学者も損傷、劣化した物質からのDNAの探索に加わるようになった。[13] 1988年11月、自然環境調査局(NERC)——イギリスにおける環境科学に対する最大の資金提供機関——が、化石物質中の分子の探索に対し60万ポンドの助成金を交付した。その後4年にわたり、「生体分子・古生物学特別トピック(Special Topic in Biomolecular Palaeontology)」がさまざまな試料から古代の脂質やタンパク質、またRNAやDNAを探索する多数の科学者に資金を提供することになった。[14]

「生体分子・古生物学特別トピック」は、誕生したばかりの科学分野としての古代DNA研究の概念的、組織的、資金的発展において貴重なイニシアチブとなっていく。実際に、この資金は最初期の、おそらくは当時最も探索的な研究のいくつかの資金源となった。この助成金に対しNERCが受領した多数の申請書の中に、古代の骨——それもただの骨ではなく古代人の骨——からのDNAの抽出を提案する若い科学者グループによるものがあった。その審査プロセスに関わっていたある被面接者が、この提案と審査員の反応についてこう振り返っている。「申請書に目を通してみると、それは途方もなく馬鹿げたアイデアだった。若い研究チームのもので、彼らは化石骨からＤＮＡを取り出したいと記していた」。その提案は、少なくともこの科学者にしてみれば馬鹿げたものだった。その理由のひとつは、ＤＮＡだけでなくタンパク質などの他の分子の寿命について得られている証拠に関わるものだった。当時は、タンパク質が数千年にわたりもとの状態を保ったまま残るなどとは考えられないことであり、ましてや数百万年という年月は論外だった。「ＤＮＡはタンパク質よりはるかに不安定で、化石骨の中にＤＮＡが残っているはずがなかった」（被面接者９）。

この提案にあまりにも無理があると思えたのには他にも多くの理由があった。クアッガ研究やミイラ研究の場合のように、皮膚や筋肉の組織からＤＮＡを回収できる可能性は高いかもしれないが、骨のような物質からＤＮＡを回収できる見込みは低いとみられていた。古代人の骨のように完全に鉱化した化石の場合、含まれる有機物成分が腐敗し、その生物が死んで埋まった周囲の堆積物中の鉱物に置き換わっているはずなので、ＤＮＡが残っている可能性は著しく低いはずである。さらに、ＤＮＡが時の試練を生き延び、骨のような物質の中で手つかずの状態で残ったとしても、そのＤＮＡの真正性を確認することは極めて困難だろう。つまり、古代人の骨から抽出された古代人のＤＮＡが学芸員や研究室の研究者が扱ったことによる混入物ではないと実証することはほぼ不可能だろう。

だが提案の評価を続ける中で、審査員たちはいくつかの重要な情報に出くわし、考えを変えることになった。申請者は提案を裏づけるかなり説得力のある経験的証拠をいくつか用意していたのである。ある研究者によれば、審査員らが提案の実行可能性について議論している最中に、ひとりが興奮して申請書のあるページを指さして言った。「ほら！……本当にゲルがあるじゃないか」。驚いてこの被面接者は目をやり、こう応じた。「ああ、確かに！　うーん、彼らがゲルからこのバンドを得たのなら、資金を出さなくちゃいけないな！」（被面接者9）。審査員たちが見ていたのは、DNAの証拠写真、つまりゲル状物質の上に伸びる細く黒いバンドだった。それはDNA断片が実際に存在している場合に視覚化するための古典的な実験手法——ゲル電気泳動法——だったのである。研究者たちは抽出したDNA試料に染料を加え、その試料を小さな長方形ゲルに挿入した。その後、ゲルを電流に反応させ、ゲルに沿ってDNAを動かし、短い断片を長い断片から分離した。審査員たちにとってこれは十分な証拠となった。最終的に、「わたしたちは彼らの審査を合格とし、エリカ・ヘーゲルバーグに助成金が交付された。そしてこのゲル［の］バンドは、その後古い骨からのDNA回収に関する最初の記録としてネイチャー誌に掲載されたゲル［の］バンドだった」ことをこの研究者は明らかにした（被面接者9）。

翌1989年、ネイチャー誌はオックスフォード大学のエリカ・ヘーゲルバーグ、ブライアン・サイクス、ロバート・ヘッジスによる「5500〜300年前の人骨からのDNAの抽出と増幅の成功」に関する論文を掲載した。[15] 当時のこの研究の衝撃について振り返り、同じ分野の先駆者である別の被面接者が、研究の示す知見とそれに続く論文発表を「分水嶺」的瞬間と呼んでいる。彼らの研究は、なんらかのDNAが、皮膚や組織だけでなく、骨を含む古生物学的、考古学的物質の中に残っている可能性がある証拠、そしてこの場合実際に残っていた証拠をもたらしたのである。

「25年前は、研究者はDNAが骨の中で残るのかどうか、残っていたとしてもそのDNAについて何をすべきか、あるいはそもそもどうやって取り出せばいいのかまったく知らなかった」とこの研究者は語っている（被面接者11）。彼らの研究はこの種のものとして最初のものであり、興奮を巻き起こした。そして多くの懐疑論も生み出すことになった。

ネイチャー誌という一流誌に掲載されたにもかかわらず、その結果を信じがたいと考える科学者もいた。１９９０年に、ペーボがグラスゴー大学で開催された生体分子・古生物学会議（Biomolecular Palaeontology Community Meeting）でヘーゲルバーグと直接相まみえたときに、古い骨のＤＮＡの保存と抽出をめぐる論争が顕在化した。[16]「有名な話ですが、スヴァンテ・ペーボはその会議で立ち上がって次のように言ったんです。『君は骨からＤＮＡを取り出せなかったに決まってる！』」とある研究者は振り返る。そしてその発言は「エリカ・ヘーゲルバーグが立ち上がって『これが骨から採取したＤＮＡに関するわたしの研究結果です』と述べる直前のことでした」（被面接者9）。別の科学者も同様の状況を詳細に語っている。「スヴァンテは……会議で彼女と非常に大っぴらに喧嘩をし……なにもかもナンセンスだと言ったんです」。この科学者によれば、「スヴァンテは立ち上がって『ナンセンスだ！　すべてナンセンス！　対照はあるのか？　ないじゃないか！　だから君の配列はガラクタだよ！』と述べた」そうである。最後には「大声での怒鳴り合いになり」（被面接者32）、「彼女［ヘーゲルバーグ］は［ペーボが］そこで自分の研究をおとしめようとしているように強く感じた」（被面接者9）。

古い骨からのＤＮＡ抽出をめぐる喧嘩は、つまるところ汚染に関わる懸念に行きついた。ヒトの科学者がヒトの遺骸について研究する場合、従来の配列比較により現代の汚染を検出することは、一見不可能ではないにせよ、困難となる。実際、汚染をめぐるこの時の論争は、とりわけそれが古代人の研究に関するものであったことから、歴史の浅い古代DNA研究にその後長年にわたって影響を及ぼすことになった。重要な点は、草創期の特定の物語《ナラティブ》が広く知られ、忘れられることがなかったのは、当時のこの議論自体のインパクトだけでなく、それが同僚の研究者や後の学生たちに繰り返し語られたためである。「長い間、古代DNA［研究］は『どんなことができるのか?』『最初期には——骨からDNAを得ることが可能なのか?』ということが問題だった」と若い世代の研究者は語る。ペーボがヘーゲルバーグとやり合った会議には出席していなかったものの、この科学者はその話が何度も語られたことを覚えている。「わたしはその時そこにいませんでしたが、最初期の古代DNA会議でスヴァンテ・ペーボが骨から古代DNAを取り出すなんて絶対できないと言ったという話は聞いています」（被面接者15）。このような意見の相違は決して表面的なものではなかった。研究者たちがこの新分野の限界の検証を続けていく中で、汚染の問題はこの分野の発展を定義し、さらには促し続けることになるのだ。

一部の研究者がDNAが時間的にどれほどの過去から保存され得るかを知るべく、その限界について検証を行っている。例えば1990年に、カリフォルニア大学リバーサイド校のエドワード・ゴレンバーグらが、現時点まで最古のDNAの回収について報告している。アイダホ州北部のクラーキア化石床で発掘されたモクレンの葉の化石から得られた2000万〜1700万年前のDNAである。[17] この研究知見はネイチャー誌に発表され、こんにちに至るまで最古のDNAの回収の記録となっている。ワシントンポスト紙の記事は次のように記している。「科学者は新手法を用いて初めて2000万〜1700万年前に死んだ生物の遺伝暗号を解読し、記録破りの過去を垣間見ることに成功した。この新手法はまもなく他の古代の植物や動物に対しても用いられることになるだろう」[18]。ニューヨーク・タイムズ紙は「1700万年前の葉の遺伝暗号を発見」と題する記事を掲載し、その知見を「素晴らしい大発見」と呼ぶ科学者の声や「前人未到の達成」とするNSFの見解を引用している[19]。ニュー・サイエンティスト誌はまるまる6ページを割いて「世界最古のDNA」の発見を取り上げ、それが「分子古生物学者に答えよりも多くの疑問をもたらした」と記している[20]。確かに、研究者の中には数千万年前のDNAの真正性について強い疑問を抱いている人もいた。

例えばペーボとウィルソンはこの成果に慎重な姿勢を取り、そのようなDNAの回収は「自分たちの最も現実味のない想像をも超えているように思える」と記している[21]。彼らがゴレンバーグらの成果に疑いを抱いていたのは、主に彼が回収したとする配列が長すぎたためだった。長さは790塩基対で、ペーボが古いDNAに特徴的な長さとして提示した150〜500塩基対という基準を上回っていた。独自の研究で、ペーボ、ウィルソン、アーレント・シドー——ルートヴィヒ・マクシミリアン大学ミュンヘン出身の同僚研究者——がその結果の再現に取りかかった。彼らは確かに実際のDNAの証拠を回収した。だがそのDNAは植物のものではなく、細菌を起源とするものだった。ゴレンバーグの結果を再現できないこと、また彼ら自身が抽出したDNAを細菌起源のものと判定したことに照らし、ペーボらは数百万、数千万年前のDNAに関わる主張の真実性を実証するにはさらに詳細な研究を行うべきであるとの提言を行った。[22]

1991年にペーボとゴレンバーグはロンドン王立協会の生体分子・古生物学討論会(Biomolecular Palaeontology Discussion Meeting)で顔を合わせ、クラーキア化石床のそれぞれの知見について発表した。[23] ケンブリッジ大学の考古学者で、化石DNA探索の初期の研究者のひとりであったマーティン・ジョーンズは、このふたりの若手研究者が相反する結論を発表した時に部屋中に満ちていた緊張感について述べている。マーティンの記憶では、ゴレンバーグが先に登場し、「いささか緊張したプレゼンテーション」で「注意と対照」の必要性に触れたが、自身が化石の葉から古代の真正なDNAを得たという結果の主張を続けた。次にペーボが登場し、同じ現場から得た試料についての自身の研究で、回収できたのが植物のDNAではなく、細菌のDNAであったことについて説明した。マーティンによれば、「ゴレンバーグの結果は汚染によるものと考えられた[24]」。実際、汚染は常につきまとう懸念だった。一歩前進すれば、ほぼ必ず二歩の後退が生じるのだった。

古代DNA研究への資金提供が増え、認知度が向上し、またPCRが利用できるようになったことで、古代DNAの探索に加わる科学者の数が増えてきた。その結果競争が激しくなったことで、さまざまな物質中の長期的DNAの保存についてさらに大胆な主張が行われ、影響力の大きい科学論文が発表され、マスコミから高い関心が集まるようになった。また汚染に関する批判も増えてきた。「モクレン論文の発表まで、古代DNAを探索する競争の先頭を走っていたのはスヴァンテ・ペーボだった」とマーティンは記している。しかし、探索に加わる科学者が増え、その探索の中で限界への挑戦が行なわれるようになると、ペーボはこの分野での自身の役割が変化していくのに気づいた。マーティンによれば、「彼はもはやこの分野の有能な若いスターというだけでなく、猛烈な勢いの車列を安全に走行させる交通巡査としての役割に新たになじんでいった」のである。[25] 古代ＤＮＡ研究は科学研究の新分野へと発展しつつあったが、その過程は論争に満ちていた。懐疑的な目を持つ研究者にとって、例外的な主張には例外的な証拠が必要だった。

科学とフィクションの衝突

１９９１年7月、イギリスのノッティンガム大学が「古代ＤＮＡ：考古学的物質および博物館標本からのＤＮＡ配列の回収と解析（Ancient DNA: The Recovery and Analysis of DNA Sequences from Archaeological Material and Museum Specimens）」と題する会議を主催した。[26] これはこの種の公式国際会議としては初めてのものだった。リチャード・トーマス――以前カリフォルニア大学バークレー校にいた――は直前にロンドンに転居し、ロンドン自然史博物館のＤＮＡ研究所の所長となっており、この会議の開催を担当していた。会議の目的は、古代ＤＮＡ研究に関心を持つ国際的、学際的研究者の集団を一堂に集め、結果を共有し、研究を比較し、あり得べき実験上の約束事《プロトコル》や問題について検討することにあった。

２日間の会議――ロンドン自然史博物館とともにＮＥＲＣとシータス社の後援を受けていた

――では、アメリカ、イギリス、オランダ、ドイツ、イタリア、イスラエル、デンマーク、スウェーデン、フランス、スペイン、南アフリカから出席した研究者による約35のプレゼンテーションが行われた。全体として、この会議には考古学、古生物学、地質学から分子生物学、遺伝学、法科学に至るさまざまな学問分野の研究者が年長、若手を問わず参加した。[27] 植物の進化と作物化を解明するうえでの古代DNAの有用性を実証した研究者もいれば、絶滅動物と絶滅が危惧される動物の進化上の関係に関する仮説を検証した研究者もいた。またヒトの進化史、具体的には血縁関係を調べるための骨格の性別鑑定をテーマとしたものもあった。この研究分野の初期の指導者であった被面接者によれば、「誰もがとても興奮していた。この分野はまったくの未踏のフィールド――死んだ古代生物からのDNAの回収――だった。それまでそれを成し遂げた者はいなかった」とのことであった。それでも新分野に対する熱狂はまったく抑えのきかないものでもなかった。「多くの実に野心的な推測」があった一方で、「何ができるのか、何ができないのかに関するしっかりしたリアリズム」もみられた（被面接者4）。事実、研究者たちはすべての試料からDNAが得られるわけではないこと、得られたとしてもそれは劣化、損傷しており、真正性を判定するには困難が伴うことを認識していた。

大衆はまったく違うイメージを抱いていた。1990年11月、この会議の8か月ほど前に、マイケル・クライトンのSF小説『ジュラシック・パーク』が出版されたのである。[28] この小説――その筋書きは琥珀の中に保存されていた昆虫から科学者が恐竜のDNAを取り出すことを下敷きとしていた――はたちまち成功を収め、中国語や日本語からハンガリー語まで多くの言語に翻訳され、国際的ベストセラーとなった。この小説がハリウッドで映画化されることをめぐっても大いに興奮と期待が高まっていた。クライトンはすでに有名な作家であり、いくつもの小説が映画化されて大きな成功を収めていた。『メイキング・オブ・ジュラシック・パーク』〔常岡千恵子、キャスリーン・フィッシュマン、鈴木美幸訳、イオン訳・監修、扶桑社、1993年〕の著者ドン・シェイとジョディ・ダンカンによれば、クライトンは1990年5月に原稿を担当出版社のアルフレッド・A・クノップ社に送っている。ほとんど間髪を容れず、20世紀フォックス社やワーナー・ブラザーズ社からユニバーサル・ピクチャーズ社に至る主要映画制作会社が映画化のチャンスを得ようと競い合った。しかしクライトンはスティーヴン・スピルバーグに映画化権を与えることを内々に約束しており、この取り決めはクライトンとスピルバーグが『ER』の脚本について共同作業を行っているときになされたという。『ER』はクライトンが執筆し、当時スピルバーグがテレビの医療ドラマシリーズに仕立て上げつつあった作品だった。それでも激しい競り合いが続いた。最終的に、映画化権はユニバーサル・ピクチャーズ社のものとなり、製作と監督はスピルバーグが手掛けることになった。[29] このような受賞歴のある監督が担当することで、『ジュラシック・パーク』は大当たりすることが大いに期待された。

『ジュラシック・パーク』の人気のすごさの一端は、その科学的、技術的なもっともらしさにあった。[30] クライトンは、『ジュラシック・パーク』のストーリー展開についてほぼ10年にわたってあれこれ考えた挙げ句、古代の琥珀に閉じ込められた蚊の体内に保存されていたDNAから遺伝子工学を利用して恐竜を復活させるというSFスリラーにすることにした。ジュラシック・パークは世界一流の恐竜テーマパークで、そこで行われていた最新の科学実験が事故を起こしてしまう。小説の中で、クライトンは物語に説得力を持たせるために化石中の細胞や分子の保存に関する最新技術と研究を利用した。

具体的には、小説の前提として、クライトンはバークレー校のジョージ・ポイナーとロバータ・ヘスの研究を利用した。ポイナーとヘスは、1980年代初頭以来の化石からの分子探索の提唱者であり、琥珀の中の昆虫からDNAを回収する試みでアラン・ウィルソンやラッセル・ヒグチとチームを組んでいた。[31] ポイナーとヘスの研究は大きな影響力を持っていたが、『ジュラシック・パーク』を大衆の目に大いにもっともらしく見せたのは、ウィルソンとヒグチによるクアッガ研究とペーボによる初期のミイラ研究だった。「遺伝物質はすでにエジプトのミイラや、シマウマに似たアフリカの動物で、1880年代に絶滅していたクアッガの皮から抽出されていた」とクライトンは述べている。「1985年には、クアッガのDNAを復元し、新たな個体を成長させることができるかもしれないと考えられていた。そうなれば、純粋にDNAを復元するという手段によって絶滅から復活した最初の生物ということになる。それが可能なら、他の生物はどうだろうか？　マストドンはどうだろう？　サーベルタイガーは？　ドードーは？　あるいはいっそのこと恐竜を復活させられないだろうか？[32]」この研究と、それに伴う絶滅生物の復活をめぐる推測が、クライトンの小説に登場する架空のバイオエンジニアリング企業であるインターナショナル・ジェネティクス社（インジェン社）と、同社が驚くべき完全な恐竜のクローンに成功するというストーリーの背景となった。

1991年6月、同年7月のノッティンガムでの会議の直前に、ニューヨーク・タイムズ紙の科学欄が来たる会議に関する記事を載せ、恐竜復活のためのレシピを盛り込んで宣伝を行った。「科学者たちが過去の世界を垣間見るべく古代のDNAを研究」と題された記事を執筆したのは著名な科学記者のマルコム・W・ブラウンだった。「いつの日か、化石の中に保存されていた遺伝子から生きた恐竜を生み出すことができるようになるだろうか？」と彼は問うた。「ほとんどの科学者はそんなアイデアは非現実的だ考えているが、少数の科学者はもはやそのアイデアをただちに退けることはできないと考え始めている」。ステップを順に追ったイラストで、ブラウンは「恐竜のレシピ」の概略を示している。最初のステップでは「恐竜時代の吸血昆虫が閉じ込められている琥珀を見つける」。次に「その昆虫に吸われた恐竜の血球から遺伝物質を取り出し、PCR技術によってDNAを増幅する」。そして「そのDNAを処理してワニの胚の中に注入する」。大事なことをひとつ言い残したが、「孵化《ふか》するまで待つ」。ブラウンはこの「恐竜のレシピ」のネタ元がジョージ・ポイナーであることを記し、それを「ベストセラーSF小説『ジュラシック・パーク』の背景」をなす着想の源として引用している。「確かに、現時点では絶滅した動物を復活させることは、そのDNA全体を手に入れたとしても不可能でしょう」とポイナーはブラウンとのインタビューで語っている。「しかし、白亜紀、さらにはもっと古い時代の琥珀に閉じ込められたサシバエの体内には恐竜の細胞が存在しているとわたしは考えています。これは恐竜のDNAを見つけ、それを取り出す問題に過ぎないのです[33]」

最初の公式の国際的古代DNA会議は、専門家たちにこの学問を知らしめたが、『ジュラシック・パーク』とニューヨーク・タイムズ紙の記事はこの科学分野にマスコミの注目を集めた。サイエンス誌掲載の「リサーチ・ニュース・シリーズ」で、ジェレミー・チャーファスはこの会議を取り上げ、会議が予想以上の関心を集めたことを強調している。チャーファスによれば、会議の開催に携わったリチャード・トーマスは、会議が「静か」で「専門的」なものとなることを望んでいた「が、それもニューヨーク・タイムズ紙の科学欄に古代DNAから恐竜を復活させる架空のレシピが掲載されたことで叶わなくなった」。「わたしたちは人の多さに圧倒された」とトーマスは語っている。「わたしたちはマスコミからの反応に仰天した。かなりの時間を割いて彼らに『いえ、わたしたちは恐竜をよみがえらせようとしているわけではありません』と伝えなければならなかった」。「科学者がどれほどそれが不可能だと反論しても、大衆とマスコミは明らかに古代DNAを使って実際にジュラシック・パークがつくられることを期待しているのだ」とチャーファスは記している。[34]

新分野への資金提供

1991年までには、「古代DNA研究」という名のもとにひとつの科学コミュニティがまとまり、新たな研究分野で自分たちが何を成し遂げたいかを専門的に伝え始めた。サイエンス誌の記事で、チャーファスはトーマスにインタビューしている。古代DNA研究に関する以前の会議は、「科学者が研究手法の妥当性について議論した」ことから「紛糾した」という。トーマスによれば、ノッティンガム大学での会議は違っていた。「そこで彼［トーマス］がかなりの満足感をもって言うには、研究者たちはようやく自分たちの試料に関して直面した問題について率直に語り合ったとのことである」。確かに、このコミュニティは、化石試料からのDNA探索の可能性だけでなく、その落とし穴についても平等な立場でより率直に、正直に議論を行う方向へと進んでいるようだった。この会議の参加者にとって、会議の最重要点は明白だった。「彼らは自分たちが新たな分野を生み出したことに気づいた」のだ。[35]

古代DNAコミュニティはこの会議に加え、研究を広く認知させ、詳しく説明するために他の手段を取ることを考え、数名の参加者が専門の研究雑誌を発刊するアイデアについて会議の場で検討している。結局、この分野がまだ成熟していないために十分な内容を提供することが難しく、長期的成功が保証されているわけでもないとの判断で、当面は発刊を見合わせることになった。代わりにニュースレターを発行し、研究者間の専門的、個人的つながりを深めることに落ち着いた。[36]ロンドン動物学会の進化生物学者ロバート・ウェインと、バークレー校でウィルソンやペーボのもとで研究を始めたばかりのニュージーランドのヴィクトリア大学ウェリントン出身の大学院生アラン・クーパーがニュースレターの初代編集者になるという「心もとない栄誉」を受け入れた。[37]

1992年4月に、ウェインとクーパーは最初の「アンシエントDNAニュースレター（Ancient DNA Newsletter）」を送り出した。ニュースレターには研究プロジェクト、研究成果の最新の概要、また研究室で役立つ情報が盛り込まれていた。質疑応答コーナー――「ラス博士の問題解決コーナー（Dr Russ' Problem Corner）」――もあった。これは科学者たちが研究室での技術上の困りごとをベテラン分子生物学者のヒグチに伝え、次号で回答を得るというものだった。またニュースレターは実務以外の情報も伝えた。各号の「個人消息欄」には、「共通の関心事を持つ研究室間の懸け橋となることを意図」して、特別なイベントやレストラン評などの記事から研究に関する短信まで、「世間話的話題」も掲載された。[38] ニュースレターの発行継続のための資金を調達し、新分野の成功を支援する一助として、研究者はティラノサウルスが片手にピペットを、もう片手に二重らせんを持ったアンシエントDNAニュースレターのロゴをあしらった特製の「古代DNA」シャツを購入することもできた。[39]

このニュースレターは本質的に科学者たちがこの学問分野をめぐる専門的、哲学的価値観からなる文化を構築するための場であった。古代DNAの探索が、考古学や人類学から植物学、古生物学、分子生物学、法科学に至る異種の学問分野出身の科学者を引き寄せたことから、このことは特に重要だった。研究者たちは、研究に加わる動機も多様なら、研究の方法、疑問、伝統もそれぞれ独自のものを持っていた。「ニュースレターはこの分野で行われている手法、情報、方法論を実際に標準化するためのひとつの手段だった」とある研究者は振り返っている。「そしてこの分野を、非常に多様な目的のために古代DNAを用いているばらばらな研究者たちを、ひとつに結束させるという意味で当時非常に重要なことだった」（被面接者32）。その学問的違いを踏まえたうえで、この古代DNA研究者の初期のコミュニティは、大昔に死んだ生物からDNAを確実に抽出、配列決定し、分析することを共通の関心事としていた。古代DNAとその探求は彼らの共通基盤、つまり境界的オブジェクトであり、ニュースレターは科学者たちが共通するその目標の追求に向けて多様な学識、経験、身につけたスキルをまとめ上げるために用いる手段であった。

最初の古代DNA会議とその後のニュースレター、また早期の資金調達の取り組みと注目度の高い科学論文の発表は、新分野としての古代DNA研究の登場にとって重要なものだった。同時にマスコミもこの分野の形成に実際に大きな役割を果たした。マスコミは周縁的な、かなり推測的なアイデアに関心を集めるのを助け、その過程で、進化史を研究する革新的アプローチとしてこの学問の可能性に専門家と大衆双方の関心を引きつけた。特に、クライトンのベストセラー小説と製作中の映画は、初期の資金調達の取り組み、論文発表、会議の一部と呼応していた。ニューヨーク・タイムズ紙が最初の古代DNA会議とクライトンの『ジュラシック・パーク』を明確に結びつけたことで、新分野とその研究者たちはマスコミの注目を集めることになった。大衆に対しては、『ジュラシック・パーク』は大昔に死んだ生物からDNAを抽出するというかなり抽象的な概念を生き生きしたイメージへと変えた。

ほとんどの科学者にとっては、目標は恐竜の復活、さらに言えば他のいかなる絶滅生物の復活でもなかった。例えばヒグチとペーボは、マスコミの記者と絶滅種の復活について話し合い、それが不可能、非現実的であり、非倫理的でさえあることを力説するはめになった。サイエンス誌の記事で、チャーファスはウィルソン研究室が以前にケナガマンモスの短いDNA配列をいくつか回収していたことを踏まえ、その復活について考えをめぐらせている。チャーファスはヒグチにこのテーマに関する見解を求めた。「マンモスのDNAは十分な量があり、理論的には専門の大学院生がミトコンドリアゲノム全体を再構成することも可能だ」とヒグチは述べた。「だからマンモスのミトコンドリアＤＮＡ配列を持つゾウを誕生させることは可能だろう」。だが彼に言わせれば、そこには問題があった。「それが実現しても違いはまったくないだろう。その動物はやはりゾウだろうから」[40]

ペーボもそんなプロジェクトにやる価値があるとはとても言えないと述べている。別のメディアの記事で、彼は記者のマルコム・ブラウンに語っている。「理論的には一定の特徴をコードする遺伝子を分離して、それを別の生物種に挿入することは可能だが、それにやる価値があるかというなら、わたしはあるとは思わない」。彼の見解としては、現実的、哲学的理由により種の復活に反対だった。「例えばクアッガに特有の色模様をコードする遺伝子を見つけてそれをシマウマに挿入することはできるだろう」。だが、「それでクアッガに似た動物は得られるだろうが、実際にはそれはクアッガに似たシマウマに過ぎないのだ」[41]。科学者が実際に恐竜を復活させようと試みていたかどうかに関係なく、また彼らがそのような期待をはねのけようとしたにもかかわらず、復活というアイデア、復活と化石ＤＮＡの探索との結びつき、特に『ジュラシック・パーク』の中で描かれた結びつきのために、他の点では数ある新しい研究実践のひとつにすぎなかった分野をめぐって関心が集まり、いろいろな動きが生じたのだった。

科学者たちの側も、『ジュラシック・パーク』の物語の結論や意味合いを否定し、またマスコミの記者がその話を振ってくるのをかわしていたにもかかわらず、自身の研究のてこ入れをするためにその人気を利用したのである。「『恐竜のクローンを作って』という虚実入り交じった作品に、人々は明らかに興奮している……そして、当時わたしたちの中にも嬉々としてその関心に便乗して資金を手に入れたりする研究者がいたはずだ」（被面接者24）。事実、研究者は自分たちの研究に関わるニュース価値に気づいており、認知度を高め、それにより論文発表、共同研究、資金、地位などのリソースが得られるのではないかという実利的な目的のために、研究に向けられる関心に応える者もいた。古代ＤＮＡ研究の科学とＳＦの『ジュラシック・パーク』の結びつきのおかげで、それが容易になったのである。実際、この結びつきはこの研究分野がその後数年にわたり発展を続ける中でますます重要度を増すことになる。

全体として、会議は成功し、勢いが生まれた。この時期は成長中のコミュニティにとっては波瀾万丈のエキサイティングなものだったが、コミュニティの創設メンバーのひとりが突然早世するという重苦しい時期でもあった。分子進化学の先駆者であり、研究の取り組みにおける初期の重要人物であったアラン・ウィルソンが白血病と診断され、治療を続けていたのである。「アランの研究室は……古代ＤＮＡ研究の誕生の地だった。研究室は驚くほどクリエイティブだった。馬鹿げたアイデアを思いついても大丈夫だった。アランは……実際にそれを奨励していた……クレイジーな研究者ほど彼は励ましてくれた」とかつての教え子でもあった同僚は語る（被面接者18）。ウィルソンが会議に出席することは叶わなかったが、彼は忘れられてはいなかった。別の初期の研究者によれば、会議の参加者たちは全員で時間を取ってウィルソンに見舞い状を書き、署名している（被面接者30）。彼はそのわずか２週間後にこの世を去った。

ショーの役割

1990年代初頭には、少数の研究者のグループが博物館の標本、ヒトの遺骸、化石物質中の理論的なDNAの保存と抽出の可能性に関する限界の検証に関心を持ち始め、その人数は次第に増えてきた。重要な点だが、科学者にこの目標を追求しようと思わせた大きな原因はPCRという革新だった。PCRを用いることで、彼らは絶滅した古代生物から得た少量の劣化したDNAを、それまでより容易に抽出し、その配列を決定できるようになったのである。PCRの有用性が明らかになるにつれ、彼らは古代の筋肉や皮膚、さらには部分的に化石化した骨に至るまで、さまざまな試料を調べた。研究者たちはどのような種類の環境なら質量ともに優れたDNAが得られるのかも解明したいと考えた。彼らは数千年、数千万年前の試料からDNAを回収できる可能性について調べた。一方で、古代DNA配列を利用してDNA劣化の特性と劣化に寄与する過程を調べ、観察可能あるいは一般化可能なパターンを見出そうとした科学者もいた。そのような取り組みのいずれでも、初期の古代DNA研究者のコミュニティは、DNAの保存と自分たちが生み出したばかりの新分野の限界を検証していたのである。

ノッティンガム大学での最初の古代DNA会議とその後のコミュニティのニュースレターの発刊は、新分野の確立を促進し、それを知らせる画期的出来事だった。さらに、最初期の実験のいくつかがイギリスのNERCの「生体分子・古生物学特別トピック」といった名の通った機関やイニシアチブからの資金提供を受け、ネイチャー誌やサイエンス誌などの一流誌に論文が掲載されたことで、古代DNA研究がそれ自体で有望な取り組みであることを科学コミュニティ全体、また大衆に対し示すことになった。このような活動は、それを始めた個々の研究者の行動を通じて達成されたものだが、学問的発展へと向かう動きを象徴していた。歴史学者、社会学者などの研究者が示してきたように、会議、学術雑誌、ニュースレター、資金調達機会、雇用機会、学生のトレーニング、論文発表が形になることはいずれも学問形成の古典的指標である。[42]

しかし、化石DNAの探索が学問へと発展する際に、その発展はマスコミと大衆からの高い関心の影響を受ける中で生じたのである。その影響は、特にこの新たな研究領域の発展が『ジュラシック・パーク』の出版と時を同じくし、この分野と研究者たちが受ける関心に拍車をかけたことで顕著なものとなった。DNA保存の理論的限界をPCRの技術的限界とともに検証する中で、初期の古代DNA研究者のコミュニティは進化史を研究する方法としてのこの学問分野の可能性を効果的に示した。その過程で、研究者はマスコミの関心を利用できるチャンスに気づき、それを自らの専門的、個人的利益となるよう利用した。そうすることは適切なことであり、必要なことにさえ思われた。この分野は歴史が浅く、科学者はこれからその価値を証明しなければならなかったからである。どんなパブリシティであってもそれはよいパブリシティとされた。

研究者にとって、メディアの注目を集める機会を得るのは容易だった。化石からDNAを取り出して発表すればある種のショーとなり、専門家と大衆双方の想像力を捉えた。ほとんどのショーは視覚や聴覚に訴える現象だが、科学はそれとは異なるショーの形態を取ることができ、実際そうなることが多い[43]。例えば古代DNAは感覚的現象からはほど遠いものである。むしろ、絶滅した古代生物種からDNAを手に入れる行為は好奇心の対象だった。どれくらいの年月DNAがもとの状態を保つことができ、どのように研究に利用できるかに関する通念を覆したからである。ある人々にとっては、古代DNAは過去を直接研究する方法だった。別の人々にとっては絶滅種を復活させる方法だった。確かに、恐竜、マンモスなどの生物を復活させて実際に見られるかもしれないという可能性自体が壮大なショーだったのである。

研究者たちは学問分野の立ち上げに向けて大きく歩を進めていたが、化石からのDNAの回収はなおも例外的な出来事であり、必ず成果が得られるわけではなかった。確かに一部の化石にDNAが保存されていたからといって、あらゆる化石にDNAが保存されていることが保証されるわけではない。この時点で、研究者たちはたとえ古い物質から常にDNAを抽出することができたとしても、汚染の問題に対処しなければならないことについても理解していた。PCRは極めて感度が高く、対象とする古代DNA配列ではなく、混入したDNA配列を増幅する傾向があった。1989年という早い時期に、ペーボ、ヒグチ、ウィルソンは、汚染を回避し、この分野が抱える課題の中で何が可能なのかという現実をある程度明らかにするために、研究室で取るべき対策の簡便なリストを提案している。

この点を踏まえ、一部の科学者は古代DNA研究に対して高まりつつある熱狂に対抗する、あるいは少なくとも抑制する必要性を感じた。科学者たちにとって、この学問の方向性をなんらかの形でコントロールする力を保持しておくことは重要だった。大きなもの、すなわち自分たちの信用性がかかっていたからである。その結果、研究者たちは古代ＤＮＡ研究という科学と、ショーや憶測とのバランスを取るべくさまざまな方法を見出した。当初から大衆に対し非常に強い訴求力を持っていた学問にあって、研究者たちはそのバランスを取ることの重要性を深く認識していた。興味深いことに、世界的に極めて古い生物から古代のＤＮＡ配列を抽出するというショーやマスコミと大衆の関心は、科学者たちが古代ＤＮＡ研究を好奇心をそそる現象から信用に足る学問へと変容させようと取り組む中で、この分野の成長を後押しすると同時に妨げもすることになった。学問が発展し、研究者たちが限界の検証を続ける中で、ひと握りの研究者が汚染と増えゆくマスコミによる報道を問題視するようになった。彼らはこの学問の境界を画定させることに意識的に取り組み、それは広く影響を及ぼすことになった。

第4章　恐竜のDNA

研究室の中の『ジュラシック・パーク』

1990年のマイケル・クライトンの『ジュラシック・パーク』の出版、また1991年の最初の古代DNA会議の後、数人の科学者が古代の琥珀に閉じ込められた昆虫からDNAを取り出せるか、運試しをした。PCRという新たな強みを手に、ニューヨークのアメリカ自然史博物館（AMNH）の昆虫学者デイヴィッド・グリマルディは、同博物館の分子生物学者ロブ・デサールとチームを組んでこのアイデアの検証に取りかかった。デサールは優れた分子生物学者であるだけでなく、10年ほど前にアラン・ウィルソンのもとで博士研究員としても研究を行っていた。確かに、彼はまさにこのテーマについてバークレー校で行われた最初期の琥珀実験のいくつかをよく知っていた。この共同研究に関わったある研究者の記憶では、そもそもこの研究を始めるきっかけとなったのは『ジュラシック・パーク』だった。「わたしの記憶では、［同僚が］ある日わたしのオフィスに入ってきて言ったんです。『「ジュラシック・パーク」を読んだかい？　我々もやるべきだよ。琥珀を割って昆虫を取り出し、DNAが手に入るか調べてみよう』」（被面接者17）。

しかしグリマルディとデサールの研究は『ジュラシック・パーク』仮説を検証するだけの試みではなかった。研究者たちは進化上のいろいろな疑問に関心を抱いていた。クアッガやフクロオオカミのように、シロアリの属のひとつであるマストテルメス属の進化史に関し、他の昆虫とどのような近縁関係にあるのか研究者たちは頭を悩ませていたのである。「わたしたちは系統学的に意義のあることをやりたかった。単に『ＤＮＡは存在するのか？』［と問う］だけでなく」とプロジェクトの研究者は述べている（被面接者17）。ＤＮＡの抽出、配列決定、増幅という技術的課題とともに、この生物の進化と絶滅に関する明らかな生物学上の疑問があったのである。

１９９２年初め、グリマルディとデサールは――ＡＭＮＨの同僚ジョン・ゲイツィとワード・ウィーラーとともに――約３０００万年前のシロアリの一種（学名 *Mastotermes electrodominicus*）からＤＮＡを抽出し、配列を決定した。汚染の問題はすでに知られていたため、チームはＤＮＡの真正性を確認するために、陰性対照、ブランク・エクストラクト（抽出物ゼロ）、系統学的比較などの所定の予防策を取った。彼らは結果が信用に足るものであることを確信し、研究内容を論文に書き上げた。同年秋、サイエンス誌が彼らの論文を「化石から抽出された最古のＤＮＡ」の証拠として掲載した。[1]

予想どおり、彼らの研究は幅広いマスコミの取材を受けた。[2] ある研究者によれば、「古代ＤＮＡ」のテーマに関する「文章」や「映像」を求める「マスコミからの膨大な量のリクエスト」が寄せられたとのことである。ＡＭＮＨと研究者たちはその恩恵を受けた。「ＡＭＮＨは最初の分子研究所をつくったところでした。『ワオ！　これはうちの分子研究所がやったんだ！』建設後おそらく数年だったと思いますが、こうした成果がその研究所から生まれたのです」とある被面接者は述べている。「つまり博物館は多くの見返りを得たのです」。またAMNHは、「琥珀：過去をのぞく窓（Amber: Window to the Past）」と題する巡回展を始めることで、パブリシティを高めるチャンスを最大限利用した。[3]「巡回展が『ジュラシック・パーク』の余波に乗じたことは間違いありません。博物館はそれを宣伝しました。誰もがやっていたことです。すごく宣伝になりましたよ」と同じ研究者は述べる（被面接者17）。グリマルディたちも個人的にこのパブリシティに乗じ、このテーマに関する本を出したり、サイエンティフィック・アメリカン誌に特集記事を執筆したりしている。[4]科学者も科学機関もパブリシティを得る機会を逃さず利用したのだった。

ニューヨークからカリフォルニアへと、古代の琥珀に閉じ込められた昆虫からのDNAの探索は続く。この時、ポイナーはカリフォルニア州立工科大学の学生だった息子のヘンドリック・N・ポイナー、同大学の微生物生態学者ラウル・J・カノとチームを組んだ。ある研究者によれば、この共同研究は「予想だにしない幸運」に恵まれた。「ちょうど小説版の『ジュラシック・パーク』が出版されたばかりで、［同僚が］『『ジュラシック・パーク』のアイデアを検証したいので、琥珀からDNAを取り出すのを手伝ってくれないか？』と尋ねてきたんだ」。「僕は挑戦にしり込みするタイプじゃない」。「だから『もちろん。やろう』と答えた」と彼は語っている（被面接者31）。

この研究は簡単なものではなかったが、見返りのあるものだった。「最初の問題はDNAを実際に取り出すこと、それも想定される環境からの汚染なしに行うことだった。そして2番目の、最も重要なことは、手にしつつあるものが確かに本当のDNAであるという確信を得ることだった」

と参加した研究者は語る。最終的に、カノ、ジョージ・ポイナー、ヘンドリック・ポイナーは４０００万〜２５００万年前の琥珀に保存されていたハチ（学名 *Apidae: Hymenoptera*）のＤＮＡの保存とその抽出の証拠を示すことに成功した。「最もエキサイティングだったのは、ＰＣＲの後にゲルに最初のバンドがかすかに見えた時のことだ」（被面接者31）。確実とみられるこの結果を受けて、彼らは論文をメディカル・サイエンス・リサーチ誌に発表した。[5] この研究の成果は、それまでのグリマルディとデサールの最古のＤＮＡに関する論文に、勝るとは言わないまでも、少なくとも匹敵するものだった。

マスコミはこのほとんど立て続けの論文発表を、最古のＤＮＡをめぐるチーム間のライバル関係に見立てた。マスコミのニュースを取り上げたサイエンス誌の「３０００万年前のＤＮＡに新分野が活気づく」と題する記事で、ヴァージニア・モレルは次のように記している。「琥珀試料からのＤＮＡの抽出と増幅で一番手を争う競争において、グリマルディらがジョージ・ポイナーとの実質上のデッドヒートの末に先にゴールインした」[6]。ボイス・レンズバーガーはワシントンポスト紙に次のように記している。「ライバル関係にある研究チームは３０００万年も前の琥珀に閉じ込められた昆虫の化石になおもＤＮＡの断片が含まれていることを発見した……そのＤＮＡ試料は、絶滅したシロアリとハチの種から見つかったもので、これまでに発見された最古のものとされる」[7]。これらの記事は、数千万年前のＤＮＡの探索を競争とライバル関係という視点で提示するとともに、古代ＤＮＡ分析という新興科学とＳＦ作品の『ジュラシック・パーク』をはっきり結びつけて記してもいた。

事実、このふたつの研究とベストセラー小説や近日公開の映画との密接な結びつきについて、マスコミは熟知していた。ワシントンポスト紙は「琥珀の墓：古代ＤＮＡが『ジュラシック・パーク』を暗示」との見出しで、このふたつの研究を指して「科学をまねるアートをまねる科学の例」と表現している。[8] 実際、科学者たちも研究する中で科学とＳＦが互いに影響し合っていることを認識していた。サイエンス誌に掲載されたモレルによるインタビューで、デサールは「シロアリを復活させることからは程遠い。現段階では遺伝子のほんの一部を取り出したに過ぎない」と述べている。デサールの見解では、「復活の話はどう考えてもＳＦだ」。[9] だが絶滅した古代生物種を復活させる可能性をあからさまに否定しない研究者もいた。ニューヨーク・タイムズ紙の記事で、マルコム・ブラウンは琥珀の昆虫からだけでなく、恐竜そのものからＤＮＡを抽出できる可能性を示している。「純古生物学者とＳＦファンは、古代のシロアリやハチから回収されたＤＮＡよりもさらに古いＤＮＡを――ことによると恐竜のＤＮＡすらも――手に入れることを夢見ている」。この記事の中で、ブラウンは、そのようなアイデアを非常に前向きに検討していたジョージ・ポイナーの言葉を引用している。「ポイナー博士は『遅かれ早かれ、恐竜から吸った血で胃袋を満たした後に樹脂に捕らわれ、やがて固まった琥珀の中に閉じ込められた刺咬昆虫が見つかるだろう。その血液には実際に恐竜のＤＮＡが含まれている可能性がある。そうなればエキサイティングな発見になるだろう』と語った」[10]

映画になった『ジュラシック・パーク』

１９９3年に、カノらは、ジョージとヘンドリックのポイナー親子とともに、琥珀の中の昆虫から得た世界最古のＤＮＡについての自分たちの記録を破る研究に取り組んだ。彼らが研究対象とした試料は、1億３５００万年前の琥珀に包まれた、恐竜が地上を歩きまわっていた中生代まで遡る、ゾウムシの一種（学名 *Nemonychidae coleoptera*）だった。琥珀化石を割り開いて昆虫の体から組織をいくらか取り出すと、彼らはＤＮＡの抽出とＰＣＲによる増幅を行い、ひとつが３１５塩基対、もうひとつが２２6塩基対というふたつの短いＤＮＡ鎖の配列を決定した。それから得られたＤＮＡの真正性を判定するために、5種の異なるが近縁の種から得た配列との系統学的比較を行った。最終的に、彼らはＤＮＡがこの古代の昆虫から得た真正のものであるとの確信を得た。彼らはそれまでで最古のＤＮＡの配列決定に成功したとし、その点を明確に記した論文をネイチャー誌に投稿した。１９９3年6月10日、ネイチャー誌はこの論文を掲載した——映画『ジュラシック・パーク』の封切り日のちょうど翌日、アメリカ全土の映画館での一般公開の前日のことである。[11]

マスコミはこの論文発表と映画封切りの間のタイミングに確実に気づいていた。ニューヨーク・タイムズ紙の記事でしばしば古代ＤＮＡ研究を取り上げていたブラウンは次のようにコメントしている。「この成果を記した論文は本日イギリスの雑誌ネイチャーに発表される予定だ。大々的に宣伝されている、残されていたDNAから絶滅した恐竜のクローンを作るというアイデアを基にした映画『ジュラシック・パーク』公開日の前日である」[12]。このようなタイミングで事が起こることで広範なパブリシティが生まれた。回想録で、ジョージ・ポイナーとロバータ・ヘス・ポイナーもこの論文がもたらしたマスコミの注目について振り返り、いかに自分たちの研究がまたたくまに有名になり、アメリカの200紙以上、また世界中の400紙以上の新聞で報じられることになったかを記している。だが彼らはそれがまったくの「偶然の一致」だったとも主張していた[13]。偶然の一致かどうかはさておき、このニュースは多くのメディアの見出しを飾り、意図的なものという印象を残したのだった。

古代DNA研究分野の内外の多くの科学者もこのタイミングについて発言している。実際、それをとても肯定的とはいいがたい目で見る科学者もいた。例えば、この分野で競合関係にある研究者は次のように語っている。「科学雑誌、それもネイチャーほどの名高い科学雑誌が映画の封切り日まで論文の掲載を止めておくというのは——それが偶然の一致だったわけがない——まったく法外なことだと思ったよ……もちろんそのおかげで大々的なマスコミの大騒ぎが起きたんだ」(被面接者17)。ネイチャー誌が当時、そしていまでも、科学雑誌であることに加えて一般向けの商業誌でもあることを踏まえれば、同誌がそのような機会を利用することがまるっきり不当、あるいは予想外というわけでもなかった。しかし、そのタイミングがよくて驚くべきもの、悪くて正当性を欠くものだったということこの研究者の捉え方は、社会が表層的に科学に与えている影響を、科学の健全性を損ないかねないものとみている一部の科学者の感覚を映し出していた。

その一方で、この科学とマスコミの相互作用を肯定的な現象と捉えた科学者もいた。例えば、古生物学者でサイエンスライターでもあった故スティーヴン・ジェイ・グールドは、そのまったくのタイミングの良さについて次のように述べている。「大衆文化と専門領域がこのように曖昧化したことは、『ジュラシック・パーク』現象が生んだもっとも興味深い――私見では基本的にプラスの――副産物のひとつを際立たせている。イギリスの権威あるまじめな科学雑誌ネイチャーが、自誌に掲載する論文を押し並べるためにアメリカ製大作映画のプレミアを利用したことで、それは最終段階へと達したのだ」[14]。影響が肯定的なもの、否定的なもの、あるいは疑問の余地のあるものであろうと、マスコミと大衆の関心は、この風変わりですきま的ではあるが、注目を集めている研究の認知度を高めるという点で、古代ＤＮＡ研究の成長におけるきわめて重要な要素なのだった。

小説版がたちまちの成功を収めたのなら、その映画版は圧倒的な勝利を収めた。映画が封切られる前にも、『ジュラシック・パーク』は大規模なマーケティングキャンペーンの後押しを受けた。企業は映画の成功を見越して、『ジュラシック・パーク』がらみの玩具や寝袋をデザイン、販売し、またフロリダ州のユニバーサルスタジオにテーマパークの乗り物を用意するなどして、その機会を利用した。パット・Ｈ・ブルックはエンターテインメント・ウィークリー誌に、「恐竜がその売り込みに、スティーヴン・スピルバーグの『ジュラシック・パーク』の売り込みにかけられた６０００万ドル強の半分でもかけられていたなら、決して絶滅することはなかっただろう」と記している[15]。実際に映画製作費に匹敵する６５００万ドルがマーケティングに費やされたのである。アメリカでは、映画は6月10日の深夜の上映だけで３００万ドル以上を稼ぎ出した。その夜の後、封切り週の週末でさらに4700万ドルの収入を上げた。世界でも大ヒットし、イギリスや日本、台湾などの数か国では初日興行収入記録を塗り替えている。全体として、スピルバーグの『ジュラシック・パーク』は封切興行期間で世界的に9億1400万ドル以上を稼ぎ出し、その年の興行収入のトップを記録した。ほどなくして、やはりスピルバーグが監督し、10年にわたって記録を保持していた『E.T.』を超え、史上最高の興行収入を上げた映画となった。[16]興行収入記録に加え、アカデミー賞の音響賞、音響効果編集賞、視覚効果賞の3部門、また他にも国際的な賞を含む20を超える賞を受賞している。[17]

映画版『ジュラシック・パーク』の成功の一因はそのリアリティにあった。確かに、その成功はコンピュータ・グラフィックス（CG）の映像によるものだった。CGのおかげで恐竜のような大昔に絶滅した生物がスクリーン上によみがえり、本物のような、どこからみても説得力のある存在となったのである。[18] 1980年代と1990年代にハリウッドの大ヒット映画が隆盛する中で、映画製作者たちは突拍子もないアイデアをスクリーン上でリアルな映像にし、空想的な内容を現実的なものに見せようとした。[19] 映画学研究者のミシェル・ピアソンが指摘するように、「『ジュラシック・パーク』の封切りまでの売り込みで、この映画の恐竜のCGに関する憶測が、この映画にとって何にも増して大きな宣伝となった」のである。ピアソンによれば、最初の恐竜、つまり首の長い巨大なブラキオサウルスがスクリーンに登場し、映画の中の登場人物と劇場にいる観客をともに驚かせたときに、『ジュラシック・パーク』はリアリティの実現に成功したのだ。[20] CGのイノベーションとその『ジュラシック・パーク』への落とし込みは、技術的達成であるとともに美術的達成だった。

先見性とそれを実現する能力は、この映画が圧倒的な評判を得るのに欠かすべからざるさらなる要素だった。例えば、クライトン、スピルバーグ、そして映画製作陣は科学的空想をリアルなものに変えた。「クライトンは唯一無二の人物だった。エンターテインメントと教育を同時に行うことができたからだ。彼の才能に議論の余地はなく、芸術から科学、技術に至るまで、非常に多くのテーマを理解していた」とクライトンの代理人だったリン・ネスビットは、後にロサンゼルス・タイムズ紙のインタビューで語っている。スピルバーグは、クライトンの「才能は彼の生み出した恐竜よりも大きく」、「彼は科学を大画面の映画的コンセプトにすり合わせるのに極めて巧みで、そのおかげで恐竜が再び地上をのし歩くことに信ぴょう性がもたらされた」とコメントしている。[21] スピルバーグ自身も、『ジョーズ』や『インディ・ジョーンズ』といった大ヒット作の監督として、きわめて空想的だがぎりぎりのリアルさを持つ映画を送り出す点で同様の評価を受けていた。[22] クライトンとスピルバーグの優れたエンターテインメントを生み出す評判が相まって、『ジュラシック・パーク』は世界的成功へと導かれたのだった。

『ジュラシック・パーク』の世界的評判の陰には他の理由もあった。すなわちタイミングと科学的なもっともらしさである。ニューズウィーク誌の４ページの記事――「ＤＮＡサウルスがやってきた（Here Come the DNAsaurs）」――で、シャロン・ベグリーがこの小説と映画の人気にはタイミングが大きな役割を果たしたと指摘している。「あらゆる優れたＳＦはまず科学でなければならず、フィクションはその次である。さらに、その作品はその時代の支配的な科学的パラダイムを利用する必要がある。メアリー・シェリーの『フランケンシュタイン』では、そのパラダイムは電気だった……ゴジラでは、放射能と核爆弾だった。『ジュラシック・パーク』ではバイオテクノロジーである」。この記事の中で、ベグリーはクライトンの言葉を引用している。「『バイオテクノロジーと遺伝子工学は非常に強力だ。映画は［科学により］自然をコントロールすることが難しいことを示唆している。そして戦争が将軍たちにまかせるには重要すぎるのとまったく同じように、科学は科学者たちにまかせるには重要すぎるのだ。誰もが気をつける必要がある』と彼は述べた」。タイミングに加え、この映画のもっともらしさは根拠とする科学から生じていた。「この映画は、特殊効果だけでなく、その信ぴょう性に基づいているんだ。その前提――つまり琥珀の中に閉じ込められた先史時代の蚊の体内で見つかったDNAをクローン化することで、恐竜を復活させることができる――に信ぴょう性があったおかげで、この映画を作ることができたんだ」とスピルバーグはニューズウィーク誌に語っている。[23] この小説と映画が古代DNA研究の科学に基づいていたことから、琥珀中の昆虫から得たDNAにより恐竜を復活させるというアイデアは、今すぐには実現できないにせよ、理論的には可能なのだろうと思わせたのである。

古代DNA研究の科学とSFの間にこのような密接な結びつきがあったことで、科学者はパブリシティを得る機会を手にした。その機会は多くの科学者が自らの研究を進め、評判を高めるために利用できるものであり、この時、彼らは実際に利用したのである。[24] ロサンゼルス・タイムズ紙によれば、ヘンドリック・ポイナーは『ジュラシック・パーク』の封切り週の週末に映画館のロビーで物販店を出し、今後の研究用の資金の調達のためにこまごまとした琥珀を販売している。「『いらっしゃい、立ち寄って本物の科学をご覧下さい。ここにありますよ。どうです？』と水玉模様のネクタイを締めた、がっしりした艶のある顔色の若者が大声で客を呼び込んだ」。一方、カノのもとにはマスコミ記者が殺到していた。「『それで彼らが実際にわたしにどう言って欲しいのかといえば、ことごとく、それは可能です、わたしたちは恐竜のクローンを作ることができます、ということなのだ」とカノは述べている。ロサンゼルス・タイムズ紙は次のように記している。「残念ながらそれはいまは不可能だし、これからも不可能。たとえ可能としても、まずやるべきではない――それには道徳的、倫理的、実際的な多くの理由がある、というのが彼の説明だった。だがなぜ素晴らしい物語を台無しにするのだろうか？[25]」この時、彼ら科学者は、この映画のセレブリティを自らのイメージ、さらには古代ＤＮＡ研究全体のイメージを高める好機と捉え、『ジュラシック・パーク』の封切りとそれに伴って生じたあらゆるパブリシティのただ中に自らの研究を位置づけたのである。[26]だが、そうしたのは彼らだけではなかった。

恐竜ＤＮＡの入手をめぐる競争

『ジュラシック・パーク』のハイプ（根拠のない不相応な関心や期待、過剰な宣伝、またその対象となっていること）が続く中で、他の科学者や科学機関も社会からの認知と研究資金調達に役立てるべく映画の名声を利用している。いまや有名な古生物学者となっているジョン（通称ジャック）・Ｒ・ホーナーは、１９６０年代末から

1970年代初頭にモンタナ州立大学で地質学と動物学を学び始めたが、結局学位を取得することはなかった。彼は生涯を通じて未診断の失読症で苦労し、それが教育経験の足かせとなった。だが、正式な大学の学位を得ることはなかったものの、異端の化石ハンターとなり、希少な恐竜化石を発見し、恐竜の行動に関して物議をかもす仮説を提唱したことで大いに有名になった。1980代末にはペンシルヴェニア州立大学から名誉博士号を授与され、後にスピルバーグの映画版『ジュラシック・パーク』の科学アドバイザーを務めたことで世界的な名声を得ている。[27]

1993年、ホーナーは恐竜の骨の中のDNAを探索するプロジェクトをNSFに提案した。その大きな理由となったのは、当時モンタナ州立大学とロッキー山脈博物館でホーナーとともに研究を行っていた大学院生メアリー・シュワイツァーが、研究室で骨片を分析しているときに行った思いがけない発見だった。顕微鏡で調べていて、シュワイツァーは、ティラノサウルスの化石骨の薄片の中に特殊な構造をいくつか発見したのである。その構造は小さく丸い形をしており、赤血球のように見えた。数千万年の歳月を経た後では、軟部組織構造は腐敗し、化石化する過程で鉱物に置き換わっているはずである。だが骨片は完全に鉱化しているようには見えなかった。「鳥肌が立ちました。まさに現代の骨を見ているようだったのです。でももちろん信じられませんでした」とシュワイツァーはマスコミのインタビューで語っている。確かにその骨は赤血球などの有機物質を含んでいるようであり、このことからシュワイツァーは、ひょっとしたらタンパク質やDNAも保存されているのではないかと考えたのである。[28]

ホーナーらは小規模な助成金を求めてすぐにNSFに申請を行った――「白亜紀の恐竜ティラ

ノサウルス・レックスからDNAを抽出する試み」と題する2年間の研究プロジェクトに対して約3万5000ドルの助成金を申請したのである。[29] NSFは『ジュラシック・パーク』の映画が封切られた年の夏にその助成金を交付した。関わったある研究者によれば、その交付と映画公開の時期が近いことは偶然の一致ではなかった。「資金を得るのは難しいものです。NSFは当時あの映画が封切られたがために資金を出してくれたのでしょう。資金獲得には申し分のないタイミングでしたね」と彼は説明する（被面接者16）。NSFはホーナーとシュワイツァーの研究に助成金を出しただけでなく、『ジュラシック・パーク』の封切り週の週末に合わせてプレスリリースも行った。[30] ニューヨーク・タイムズ紙はこの話を取り上げ、プレスリリースのタイミングを意図的に映画の封切りに合わせたことを認めたNSFの代表者の話を引用している。「NSFが今年助成金を交付する予定の、ホーナー氏のものを含む10件の恐竜研究プロジェクトのうち4つについて公表するのによい機会だと考えたのです」[31]。最終的に、ホーナーとシュワイツァーは骨から極微量のDNAを得たが、そのDNAが真に恐竜起源のものであると確認することはできなかった。「恐竜の骨からDNAを抽出することは難しくない。難しいのはそれが恐竜から得られたものである――混入物のものではない――と証明することだ」とホーナーは記者に語っている。[32]

最初かつ最古のDNA、とりわけ恐竜のDNAの探索が、関心を抱く一群の研究者を引きつけつつあった。サイエンス誌のマスコミのニュースを取り上げた記事――「恐竜DNA：ハントとハイプ（Dino DNA: The Hunt and Hype）」――で、ヴァージニア・モレルはホーナーとシュワイツァーの研究が「恐竜の遺伝子に関する論文をどこが最初に発表するかをめぐる研究室間の激しい競争の引き金となった」と記している。例えば、カノは同じ年の早い時期に実験中に恐竜の骨から少量のDNAを抽出したと主張していた。しかし彼は、そのDNAが恐竜のものなのか、別の生物からの混入物なのかを確実に判断することができなかったという。[33] 一方、恐竜の化石物質中に保存されている可能性のある、タンパク質などのより安定性した分子を探索している科学者もいた。ヘラルト・ミュイザーは、マテウ・コリンズやピーター・ウェストブルック（化石分子の初期の研究者）らのライデン大学の同僚とともに、カモノハシ竜や角竜などの、複数の恐竜化石からタンパク質を回収したことを報告している。[34] そのタンパク質がオステオカルシンであることを確認することはできたが、彼らはそれを分離してさらに調べることはできなかった。ほぼ同時期に、約1億5000万年前のものと考えられる竜脚類の恐竜の椎骨からタンパク質を発見したことを報告した科学者もいた。[35]

琥珀の中の昆虫であれ、恐竜の化石であれ、最も象徴的な生物種から最古のDNAを最初に見つける競争は面白いストーリーにはなったが、一部の科学者はマスコミや大衆がそのような研究にあまりに大きな関心を寄せることで、この分野に対する彼らのイメージや、その実際の価値がゆがめられることを懸念した。「いくつかのグループが恐竜の骨からDNAを最初に取り出す競争を繰り広げているが、そのような取り組みが古代DNAの本来の科学的価値から注意をそらしていると言う科学者もいる」とモレルは伝えている。進化生物学者で当時アンシエントDNAニュースレターの編集者であったロバート・ウェインは、数千万年前のDNAに対するハイプのために、それほどめざましいものではないが、もっと信頼性が高く、科学的に重要な古代DNA分析の影が薄くなるのではないかと懸念していた。「これは新たなディスコサイエンスの問いである。誰が最初に恐竜のDNAを手に入れるのか？」ウェインによれば、この新しい「ディスコサイエンス」とは、要するに最初の、最古の、最も驚くべき、最も信じがたい発見のことだった。「だが問題は、そういった非常に話題性の高い問いのために、もっと時代の近い――博物館の収蔵品のマンモスの生皮などの――材料に関する他の研究がかすんでしまいがちなことだ。そのような材料には現物由来の本物のDNAが含まれている可能性がはるかに高いのである」と彼は述べている。[36] 恐竜のDNAの探索は、成長しつつあった古代DNA研究者グループにとって関心を生み出す源泉であるとともに、競争や緊張を生み出す源泉でもあった。

ハイプは野放しにされていたわけではなかった。なによりも、古代DNA研究者の多くが、DNAであれ、さらにはタンパク質であれ、分子が数千万年にわたってもとの状態を保って、つまり変性せずに残っている可能性を疑問視していた。モレルは、かつてバークレー校のアラン・ウィルソンのもとで大学院生として研究し、現在ではヒトの進化に関する遺伝学者として第一人者となっているレベッカ・キャンが、数千万年前のDNAを回収したと主張するこれらの研究について論じた言葉を引用している。「それは厄介な壊れた物質です。化学実験からDNAが劣化すること、またどれほどの速度で劣化するかがわかっています。2500万年の時を経た後では、いかなるDNAも決して残っているはずがありません」[37]。外因性DNA（環境中、細菌、あるいはヒトのDNA）が長い時間のうちに、あるいは博物館の収蔵庫や研究室で人間が取り扱うことで容易に試料に入り込む可能性がある。このようなDNAは、はるかに近い時代のものであり、しばしば保存状態が良くPCRにより分離、増幅しやすいため、誤った結果を生み出してしまう。従って、研究者たちは古代DNAの真正性について説得力のある証拠を要求した。モレルは別の記事で、この懸念に共鳴する、スミソニアン研究所の有名な分子生物学者ノーリーン・チュロスの言葉を引用している。「DNA分子の腐敗についてわかっていることを考えれば、自分たちが発見したものが本物であると証明する責任は、恐竜のDNAを探索している研究者にある」[38]。

1993年に、ワシントンDCのスミソニアン研究所で第2回国際古代DNA会議が開催された[39]。サイエンス誌の記事――「古さの探求：古代DNAが多くの人を引き寄せる」――は、古代DNAに関するマスコミの報道と科学者が研究室で主に問題としていることの間の隔たりについて記している。「今年、セルロイドの恐竜が一新されて多くの話題をさらった一方で、会議に出席した科学者たちは古代人集団の歴史の解明やDNAが数千年もの年月にわたりもとの状態を保つ可能性などのテーマに関心を抱いていた」[40]。事実、この会議は大きく異なる古代DNA研究の側面に焦点を当てていた。会議は3日間の会期で行われ、主なテーマとして酸化損傷、放射線損傷、化学修飾に関するDNAの生化学的性質、また試料採取、抽出、増幅テクニックに関する技術的議題を取り上げていた。科学者たちは、琥珀や歯の象牙質などの特定のソースがなぜDNAの保管場所として優れているとみられるのか理論的に解明することに関心を持っていた。一方で、ヒトの進化、移住、定着に関する仮説を検証するうえで、古代DNA研究が進化生物学にとってどのような意味を持つかを示すことをテーマとした科学者もいた。他にも、古代の植物、モアなどの風変わりな絶滅種、初期の人類、さらには糞の化石から得たDNAなどについて多くの発表が行われた。[41]

力点をこの新たな研究分野の他の領域や応用法に移そうとする取り組みが行われていたにもかかわらず、一部の科学者にとっては、恐竜のＤＮＡの探索は決して見込みのない目標ではなかった。この時点までに、研究者たちは琥珀中の昆虫から数千万年前のＤＮＡを抽出したとの主張を行っていたが、恐竜起源のＤＮＡを示す実際の証拠はまだ発見されていなかった。１９９４年に、サイエンス誌にこの状況を変えるとみられる研究が発表された。アメリカの研究チームがユタ州の炭鉱で見つかった骨片から８０００万年前のＤＮＡを発見したことを報告したのである。科学者たちは、骨やそこから得られたＤＮＡが恐竜のものであると主張することは注意深く避けていたものの、論文は巧妙にそのことをほのめかしていた。「物理的、地質学的な状況証拠に基づけば、この骨片が白亜紀の恐竜に属するものである可能性は高い」[42]。さらに、論文の著者らはその発見についてマスコミと話す際にその示唆を避けようとはしなかった。「わたしたちは白亜紀の骨と呼んでいた。決して恐竜の骨とは呼ばなかった」とこのプロジェクトに参加していたある研究者は述べている。「まあ、誰かが（笑）そうだというのを、あるいはそのたぐいのことを言うのを必ずしも止めはしなかったですがね」（被面接者50）。例えば、ロサンゼルス・タイムズ紙は「骨から恐竜のＤＮＡが得られたと科学者たちは考えている」と伝え、ニューヨーク・タイムズ紙は「科学者が恐竜のＤＮＡを分離したと主張」との見出しをつけている。[43] サイエンス・ニュース誌もこのストーリーを「恐竜のＤＮＡ：ついに競争が終結？」との見出しで報じている。確かにこの科学者たちは競争に勝ったかのようにみられたが、同論文の筆頭著者であるスコット・Ｒ・ウッドワードが言うには、探索は終結からはほど遠かった。彼のメッセージは明確だった。「確かに8000万年前の骨からDNAを手に入れることはできる。だがこれは始まりに過ぎない」[44]

科学とマスコミの相互作用

1990年代初頭に、化石DNAの探索はマスコミと大衆からの高い関心の影響下で発展していった。とりわけ『ジュラシック・パーク』の登場と時を同じくし、同作品によりマスコミの注目を浴びるようになったことの影響は大きかった。このような科学とSFの相互作用は、最終的に専門的関心、研究課題、論文発表のタイミング、助成金調達、マスコミの報道に影響を与えた。小説が世界的ベストセラーとなり、大ヒット映画として数百万ドルの興行収入を上げた『ジュラシック・パーク』は、古代DNA研究を専門家と大衆の意識に浸透させ、この成長しつつある学問に対する認知度、関心、さらには期待を高めた。

1990年に小説が出版された時もかなりの注目を集めたが、パブリシティが頂点に達したのは1993年に映画が封切られた時のことである。すでに社会を向いていたこの学問にとって、この映画は、マスコミと大衆のイメージの中で、この科学がいつか実現させるかもしれない究極の具現となった。若いが指導的なこの分野のある研究者によれば、『ジュラシック・パーク』は科学を社会に説明し、科学者に社会に関心を持つよう促すのに役立つ「象徴」となったのである（被面接者12）。別の研究者は、映画はこの学問分野に対する「よい評判」をもたらし、やがて「オタク」ではあるが「魅力的な」新しい若い世代の科学者を生み出したと振り返っている（被面接者4）。別の研究者は、古代ＤＮＡ研究を志すことになったのは明らかにこの小説と映画のおかげだと述べている。「恐竜をよみがえらせたいとは思わなかったが、研究室がかっこよく見えた」とその科学者は語る。「古代ＤＮＡはかっこよく響き、かっこいいはずだというイメージがある。その理由の一部はまさに『ジュラシック・パーク』にある。そうしたイメージはいまでもこの作品の遺産なんだ。イメージが人々の心に植えつけられたのはその時だった」（被面接者2）。いろいろな意味で『ジュラシック・パーク』は古代ＤＮＡ研究と同義語だった。「マスコミは古代ＤＮＡという『ジュラシック・パーク』を思い浮かべる」（被面接者23）。科学論研究者のエイミー・フレッチャーが指摘するように、この映画は「古代ＤＮＡ研究について社会が語るための文化横断的メタファー」としての役割を果たしたのである。[45]

科学論研究者のデイヴィッド・Ａ・カービーが説くように、映画はしばしば「科学コミュニケーション」の「非主流の」、「非公式な」形として機能するが、決して「取るに足らないもの」とみなすべきではないのである。それどころか、映画は大衆の科学と技術の理解に大きな影響を及ぼしてきたのだ。映画で描けば、研究の最も空想的な側面にさえ命を吹き込むことができる。カービーによれば、「映画の持つ、リアルさを感じさせるリアリティ効果のおかげで、架空の世界のイメージや出来事が自然なものに見えるため、科学的描写がもっともらしいものに感じられる」。このリアルさのおかげで不可能なものが可能であるかのように見え、視聴者はスクリーンで見ているものを自然界を実際に描いているかのように納得する。「映画は、そのリアルさを感じさせる効果のおかげで、バーチャルな目撃を可能とする技術として機能するため、強力なコミュニケーションのメディアとなる。映画技術が発達するほど、映画はバーチャルな目撃を可能とする技術としての機能をうまく果たすようになる」。映画は、大衆が複雑な科学的、技術的アイデアを視覚化し、理解するのを助けるだけでなく、科学を正当化することにも役立つ。この点に関していえば、科学や技術が市民権を得ることで、その影響が広く及ぶことがあるのを理解することも同じく重要である。なぜなら、カービーが指摘するように「映画がそれだけで存在することはめったになく」、「『ジュラシック・パーク』が小説、映画、コミック、コンピュータゲームになり、またテレビのドキュメンタリーやニュース記事で取り上げられるのをみるだけでもわかるように、科学に基づくメディアには高度な間テクスト性がある」ためである。言い換えれば、映画の中の科学は「スクリーンの制約を超えてそれ自体の生命力」を帯びる可能性があるのだ[46]。

『ジュラシック・パーク』の評判と、それが実際の古代DNA研究の科学と技術に結びついたことで、マスコミと大衆は熱狂することになったが、注目に値するのは、研究者の側が高まりつつある自分たちの科学のセレブリティにどのように反応したかである。両者の結びつきを深めたのはマスコミだけではなかった。研究者と研究機関もそこに積極的に関わっていたのだ。一部の科学者は著名性《セレブリティ》を高めようとした。そうすることがパブリシティ、場合によってはランクの高い雑誌への論文掲載や研究資金調達につながったからである。ニューヨークのAMNHの研究者はこの小説と映画の人気を利用し、自分たちの社会的注目度を高め、化石DNAの探索の認知度を上げようとした。グリマルディは琥珀の科学について大衆向けの著作を数冊出版し、ＡＭＮＨは好評な琥珀研究を新設の研究所の成果として示すことで利益を享受し、ラウル・カノらは琥珀中の昆虫からの数千万年前のＤＮＡの回収についてネイチャー誌に論文を発表し、ヘンドリック・ポイナーは自身の科学研究を映画館のロビーで売り込み、メアリー・シュワイツァーとジャック・ホーナーは恐竜のＤＮＡの探索に関する研究の提案に対しＮＳＦから助成金を獲得した――このような意図的で戦略的な取り組みは非常に実際的であり、有益でさえあった。

このような科学とマスコミ間の相互作用は例外的な出来事ではなかった。事実、カービーは――科学と映画の関わりに関する研究で――科学者や科学機関が主要な大ヒット映画の製作に協力することで、あるいはその製作と並行して研究を行うことでしばしば利益を得てきたことを記している。[47]とりわけ、大作映画との「偶然の一致で」専門論文が発表されることは「よくある」ことだと強調している。カノらの研究論文の発表とともに、議論を呼んだマーヴィン・ハーンドンの原子力発電所に関する理論の米国科学アカデミー紀要への発表が、２００３年のＳＦパニック映画『ザ・コア』の封切り週の週末と一致していた事例なども取り上げている。[48]さらに具体的に、カービーは科学者がハリウッド映画でどのように「科学アドバイザー」の役割を果たしてきたかについて検討している。例えば『ジュラシック・パーク』シリーズでのホーナーの科学アドバイザーとしての役割について検討し、ホーナーがいかにその立場を利用して、恐竜の行動についての大衆の理解に影響力を及ぼし、また自身の古生物学研究用の資金とするために「アドバイザー料」や「豊富な研究助成金」を受け取ったかを詳しく述べている。[49]科学者たちには、注目を求め、自らの研究を注目度の高いハリウッド映画と絡めるべき明らかな動機が存在していたのである。

マスコミの注目を浴びる中で研究することへの動機はあったが、不都合な点も——少なくとも科学者によれば——あった。「1日で200人のジャーナリストと話さなくてはならなかった……まったくびっくりするよ！　マスコミのおかげでひどく時間がつぶれたよ。『ジュラシック・パーク』が出版され、映画がもうすぐ封切られるところだったからね」と初期の琥珀研究に関わっていたある研究者が振り返っている。この研究者によれば、琥珀化石に関する彼の研究に対するマスコミの関心は大きく変化した。以前はこの研究者のマスコミとの付き合いはわずかだった。「わたしがやっていた研究は誰にとってもとりたてて興味深いものではなかった……世間を揺るがすようなことは何もやっていなかったからね……わたしがやった研究は良質な研究ではあったけれど、マスコミ的にはどうでもよいことだった」。彼が言うには、マスコミの注目を浴びる研究と浴びない研究の違いは、ニュース価値の違いだった。「それが違いだった……新聞が売れ、放送時間を取れる研究をやっているということだ」。同時に、この研究者はパブリシティを「迷惑」で「厄介」なものですらあると感じていた。マスコミの関心が集まると、その後すぐにコミュニティに「否定的な空気」が生まれ、「DNAがそんな長期にわたってもとの状態を保つはずがないという批判的コメント」が聞こえてきたからである。マスコミと大衆は彼らの研究を熱心に受け入れたが、科学者たちは、敵意むき出しというわけではなかったものの、あまり受容的ではなかった。結局、この研究者はむしろ注目を浴びたことを後悔している。「15分間の名声以上の代償を払ったよ」（被面接者31）。別の研究者もマスコミの注目の高まりについて同じような感想を述べている。パブリシティは圧倒的だった。「わたしはあらゆるニュースのトップページで取り上げられた。ひどいことだった。ひどい、ひどい、ひどい、なんてことだ！」この研究者によれば、マスコミからの注目とそれに伴うコミュニティ内の競争が理由で、特に初期にはこの分野から足を洗う科学者もいたという。「わたしもＤＮＡに関する研究なんかしたくないと身にしみて思った。二度と。古代ＤＮＡ？　まっぴらだよ」（被面接者39）。

重要な点は、このような研究者や研究機関の個々の活動が、古代ＤＮＡ研究の学問としての発展全体に広く影響を及ぼしたということである。その草創期に、古代ＤＮＡコミュニティは注目を浴びる科学としての自らの役割を早々に認識したのである。１９９２年に発行されたアンシエントＤＮＡニュースレターの第２号で、ラッセル・ヒグチは、琥珀の中の昆虫から得たＤＮＡを用いて恐竜を復活させるというアイデアをめぐる大衆の関心の高まりについて取り上げている。彼には推測を行う時間と場があった。そして科学者として、特定の文脈で根拠を欠く推測をあまりに先走らせると、益よりも害が多くなると考えた。「古代ＤＮＡにより恐竜を復活させることができるかと尋ねられたなら（映画『ジュラシック・パーク』が公開された後では間違いなくそう尋ねられる人がいるでしょうが）、それは無理だと答えていただきたいと思います。『理論的にはできるかもしれませんね（そう言ってほしいんでしょう？）』と答えるのは楽しいことですが、ここは現実に目を向けましょう」。そう言うのは簡単だが、実際に行うのは難しいことを彼も認めている。「わたし自身この絶滅種の復活というロマンあふれる――野暮とは言わないまでも――アイデアで自らの研究の報告に彩りを添える罪を犯してきました（マスコミにその点に注目させないようにするのは確かに難しいのです)」。それでも、ヒグチは仲間の研究者たちに、このような専門家としての期待と大衆からの期待の密接な結びつきの間でバランスを取るよう促した。「いまでは、古代DNAの分野であれどの分野であれ、新しい技術の持つ力を誇張して伝えないようできる限り努めることが、責任ある行動なのだということがわたしにもはっきりわかりました」[50]。研究者たちは自分たちの研究が生み出したパブリシティについて十分に気づいていた。またマスコミや大衆の期待と科学的、技術的限界の間でバランスを取る必要性についてもよく理解していた。

セレブリティの役割

そもそもは古代DNA研究の科学と技術が『ジュラシック・パーク』誕生のきっかけとなったのではあるが、今度は学問の側がこの大ヒット現象を取り巻くセレブリティの影響を受けるようになった。いく分かは、『ジュラシック・パーク』が化石DNAの探索を現実に推進し、発展させるようになったのである。1990年代初頭に、この分野は、琥珀中の昆虫や恐竜の骨からの数百万、数千万年前のDNAの回収を報告する研究が次々とサイエンス誌やネイチャー誌といった名高い雑誌に発表されることで、マスコミや大衆の目にさらされながら形成され、発展してきた。この過程で、マスコミは大衆の関心を集める機会を生み出したが、科学者たちも関心を集める機会を自ら作り出していた。この科学者とマスコミの相互作用、特に恐竜のDNAの発見というアイデアにまつわる相互作用は、研究課題、論文発表に関わる判断、助成金獲得、専門的人材の補充、知名度の向上、古代ＤＮＡ研究についての大衆のイメージに影響を及ぼした。この10年間で、一部の科学者は個人レベルと集団レベルの両方で成功を確実なものとすべく、急速に発展しつつあったこの学問のセレブリティを抜け目なく利用した。彼らはセレブリティを利用して古代ＤＮＡ研究の形成に役立てたが、その結果、立てる問い、受ける助成金、また学問の重要性について一般大衆や政治関係者に伝える際に自らの研究をどう位置づけるかに影響が及んだのである。

　大体において、古代ＤＮＡの研究を行えば、おきまりのマスコミによるインタビュー、新聞の報道、雑誌の記事が続くことで強いパブリシティが生じた。しかし１９９０年代半ばには、『ジュラシック・パーク』が世界的にヒットしたおかげで、この学問は一定のセレブリティを備えた状態、つまり有名であることで有名である状態に到達していたとみられる。古代ＤＮＡ研究は社会を向いた科学をはるかに上回る存在になっていた。セレブリティ科学になっていたのである。

　このように社会を向いた科学からセレブリティ科学へと移行することで、この分野に向けられるマスコミの関心の強さと持続期間には非常に大きな変化が生じた。例えば、多くの科学研究や技術革新が、ニュースの見出しや特集記事に取り上げられたり、ＳＦやノンフィクションの題材となったり、映画の中で描写されるなどしてときおりのパブリシティを享受するが、すべての科学がセレブリティ科学となるわけではない。言い換えるなら、あらゆるセレブリティにはパブリシティが伴うが、あらゆるパブリシティがセレブリティにつながるわけではないのだ。セレブリティはときおり宣伝されたり、関心を集めたりする状況をはるかに超えた状態であり、古代ＤＮＡ研究の分野はその証人であると同時にその証拠なのだった。

セレブリティは、コミュニティの結束とアイデンティティの点で、古代DNAの学問的形成を促した。この研究の初期の探索期には、絶滅した古代生物のDNAの研究をまとめ上げる概念的、理論的枠組みは必ずしも存在していなかった。だが化石中にDNAが保存されている理論的可能性とそれが抽出できる可能性、さらには絶滅種を復活させるという仮説をめぐる推測がこの学問に対する関心を生み出した。広く言えばメディアが、そしてとりわけ『ジュラシック・パーク』が、この新しく誕生し、成長しつつあった学問に輪郭と方向性を与えるのに役立ったのである。言い換えるなら、マスコミの関心が（古代DNA研究に関する初期の会議、科学論文、ニュースレターとよく似た形で）、この歴史の浅い分野の形成に影響を与えたのだ。科学者たちは、化石DNAの探索に対するマスコミや大衆の関心を抜け目なく利用することで、この学問が最も推測的で脆弱だった時期にこの分野の活動を生み出し、維持したのである。「古代DNA研究」の名のもとで、またその研究をめぐるハイプの波の中で、研究者たちは、研究に明確かつ一貫した金銭的、制度的支援が得られない時期にあっても、化石DNAの研究においてまとまったのだった。

化石DNAの探索をめぐるハイプのほとんどは、『ジュラシック・パーク』とこの作品が古代DNAの科学に関する大衆のイメージに与えた影響に関わるものだったが、研究者たちは実際に恐竜のクローンを作ろうとしていたわけではなかった。むしろ、コミュニティの大半の研究者の関心事は、絶滅した生物と現存生物の進化史を研究し、過去の生物集団の進化、変異、選択、移動に関する仮説を検証することにあった。恐竜時代のDNAを探索していた研究者でさえ、クローン化は目標ではなかったと述べている。「大物狙いのＤＮＡハンターたちは活動を続けているが、その目的は一番乗りの栄光を得るためだけではない。ホーナーやカノはいずれもその遺伝子を利用して恐竜の進化史を推測したいと語っている」とヴァージニア・モレルは伝えている。[51] それでも、化石からＤＮＡを回収する能力、そして数千万年前のＤＮＡを発見する可能性は、マスコミや大衆のイメージの中では確実に絶滅種を復活させるアイデアとほとんど分かちがたく結びついていた。

確かに、化石からＤＮＡを抽出し、そのＤＮＡを用いて絶滅生物を復活させるというアイデアにまつわるセレブリティは、この10年間の古代ＤＮＡ研究の学問的発展において重要な役割を果たしたのである。

第5章 制約を課す

PCRポリス

1990年代半ばから末までに、古代DNAの回収に関する多くの並外れた論文が古代DNAコミュニティ内部、さらには外部の研究者からも広く疑いを招くようになっていた。古代DNA研究が発展する中で、研究者たちはこの学問をめぐって強まりつつあったハイプに対処し始めた。ハイプは、科学者がPCRを利用し、さまざまな化石から得たDNAの配列を一貫して確実に決定し、遺伝情報を活用して種の起源、進化、そして時間や空間を超えた移動について解明していくのだろうという強い関心や信頼として現れた。またいつの日か、科学者がDNAを利用して恐竜などの絶滅した生物を復活させるのではないかという推測としても現れた。この両タイプのハイプに対処する中で、研究者たちは、この分野の技術的課題と社会を向いた学問としての地位に向き合う必要性を感じた。実際、何人かの研究者はこの学問分野が常に抱えてきた汚染の問題への対処を自ら進んで引き受けている。彼らは、自分たちには不釣り合いで不相応なパブリシティに思えるものに対抗しようとも試みた。過剰なマスコミ報道、とりわけ並外れているが疑問の余地のある主張を行う研究を取り上げた報道は、自分たちの学問の正当性を脅かしかねない第二の汚染源だったからである。

１９９３年に、イギリスの王立がん研究基金所属の、ＤＮＡの損傷と修復に関する著名な専門家トマス・リンダールがこのような汚染の問題について表立って意見を述べている。ＤＮＡの分子挙動の専門家として、リンダールは近年出てきたＤＮＡが極めて長期にわたって保存されていることを示唆する証拠について強い疑いを抱いていた。そのような発見はＤＮＡ劣化の原理に関する過去から現在に至るあらゆる研究知見に反し、ＤＮＡの化学組成自体を無視しているようにみえた。いずれもネイチャー誌に発表されたふたつの論文で、リンダールはこの点を含めて指摘し、水分にさらされることで生じ、物質中の化合物を分解する化学反応である加水分解などの過程が、化石物質に含まれるＤＮＡの保存状態に深刻な影響を与えることを強調している。[1] ＤＮＡの生化学的特性はそのような長寿命に耐えられるものではなく、ＤＮＡが残っているなら、重大な汚染の懸念があるとのことだった。汚染を抑制するために、彼は陰性対照の使用、適切な化学分析の実施、そして結果の再現を推奨している。最後の推奨はとりわけ重要なものだったが、同じ試料または別の試料を用いて実験を繰り返し、まったく同じ結果を得る必要があるため、実施することは難しかった。

このような理由から、リンダールは数百万、数千万年前のＤＮＡ――あるいは彼の言う「ノアの大洪水以前《アンテディルヴィアン》のＤＮＡ」――に関する研究はとりわけ問題をはらむものだと考えた。[2] そのような研究の信用性は、ＤＮＡ自体の真正性の証明と結果の再現にかかっていた。彼は、琥珀の中の昆虫から数千万年前のＤＮＡを回収したとするふたつの研究――ひとつはニューヨークのデイビッド・グリマルディらのもの、もうひとつはカリフォルニアのラウル・カノ、ジョージ・ポイナー、ヘンドリック・ポイナーのもの――を取り上げ、その大胆な主張を裏づけるに足る証拠がないと指摘している。ネイチャー誌に発表したある論文では、これらの科学者が得た非常に並外れた結果が汚染によるものである可能性が非常に高いことをあからさまにほのめかしている。「昆虫部門で行われた実験で、ＰＣＲで昆虫のようなＤＮＡが検出されてもさして驚くべきことではない」[3]。このような近年のふたつの琥珀研究が公然と批判されたことを受け、ジョージ・ポイナーは自チームの研究の擁護に乗り出した。やはりネイチャー誌に発表されたリンダールへの回答で、ポイナーは汚染に関するこのような「思いつきの」論評は正しい情報に基づいていないばかりでなく、見当違いであるとし、「我々の実験では、昆虫部門で、さらに言えば植物部門でもいかなる抽出、増幅、あるいは配列決定も行わなかった」ことを明らかにしている[4]。ポイナーは自分たちの発見の真正性を主張したが、それでも汚染の問題は公然のものとなったのである。

リンダールはそのような研究は問題をはらむだけでなく、他の研究への関心を遠ざけてしまうのではと懸念した。「近年出てきた1億年前のＤＮＡを回収したという主張のために、適度な古さのＤＮＡに関する価値ある重要な研究の影が薄くなってしまっている」と彼は述べた。リンダールにとって、この分野の次の一歩は保守的なものであるべきだった。「汚染に敏感なことで有名なＰＣＲを用いて、単発的な試料に関する必ずしも信用できな報告により華々しく時間をどんどん遡るよりも、次の目標は、例えば10万年前の小さなＤＮＡ断片の増幅に関する説得力のある報告とするべきである」[5]。彼の考えでは、それは基準を定めることでＤＮＡの真正性を立証する問題であり、またマスコミからの注目が集まらなくなろうと、研究をより将来性のある道筋へと向ける問題であった。

ひと握りの研究者が古代ＤＮＡの真正性に関するリンダールの批判を歓迎した。回想録で、スヴァンテ・ペーボはとりわけリンダールが「ノアの大洪水以前のＤＮＡ」という表現を用いたことを賞賛している――もともとは非常に古い、先史時代のＤＮＡの回収を報告する研究をあてこする皮肉っぽい意味で用いられた表現である。ペーボは後に振り返り、この表現が増えつつあった信用しがたい研究をうまく言い表していると思ったため、ミュンヘンで当時の彼の研究室の仲間と気に入って使ったという[6]。このレトリックは、自分たちの研究を、話題性は高いが信用ならない研究と切り分けるひとつの方法だったのである。

ペーボは、古代ＤＮＡ研究が学問として発展していく中で、多くの研究者が汚染に十分に注意を払っていないと感じていたため、リンダールが汚染について発言するのを歓迎した。１９８９年という早い時期に、ペーボは、ラッセル・ヒグチやアラン・ウィルソンとともに、対照抽出物や独立抽出物から系統学的比較まで、汚染を回避するために研究室で満たすべき基準の短いリストを提案している[7]。だが、この基準をそれほど真剣に採用しない研究があることにペーボらはいらだちを深めていた。それまでの5年あまりの間に、絶滅した古代生物のＤＮＡ探索はさまざまな学問分野を背景とする科学者を引き寄せていた。この新分野に関心を持った研究者たちはさまざまな科学的、認識論的文化を持ち込んだ。このような多様な経歴が交差する場で、化石ＤＮＡを確実に回収し、その結果をさまざまな生物学的、歴史学的疑問に応用するために、研究者たちは多様な分野の価値基準をまとめる必要に迫られた。ペーボら数人の研究者にとって、研究法を標準化することはきわめて重要であり、そのためには、彼が強調するように、分子生物学の専門知識としっかりしたトレーニングが必要であった。「異分野の名高い科学者の支持を得たことは大きな力になった。分子生物学や生化学をしっかり身に付けていない人々が古代ＤＮＡの分野に集まりつつあったので、なおさらだった。彼らは古代のＤＮＡ解読にまつわる数々の成果に注がれるメディアの注目に影響され、何でも興味を引くもののＤＮＡをＰＣＲで解き明かそうとした」とペーボは回想録に記している。このような状況は、ペーボに言わせるなら、「無免許の分子生物学」だった。[8] 自身が分子生物学の専門家であるリンダールやペーボに言わせれば、古代ＤＮＡの真正性は、この分野の成功とその中で研究を進める研究者の評判がよって立つ信用性の前提条件だったのである。

　勇んだ科学者たちが古代ＤＮＡの探索に加わってくるにつれ、ペーボはこの新分野の研究者のひとりであるとともに、その規制者にもなった。彼の研究室のかつての博士課程学生によれば、ペーボと、研究をともにする研究者や学生たちは「ＰＣＲのポリス」の役割を引き受けていた（被面接者12）。彼らは批判的かつ保守的な態度を、特に同じ分野の科学者の研究に対して取った。基準を提唱し、他の研究者の成果が汚染の産物であるという証拠を公然と示したのだった。

恐竜のＤＮＡの正体を暴く

リンダールやペーボら数名の科学者がこのような琥珀研究の結果を問題視する中、数千万、数百万年前のＤＮＡに対する彼らの不信は、ユタ州のブリガム・ヤング大学の微生物学者スコット・Ｒ・ウッドワードらが８０００万年前のＤＮＡを骨から回収したと発表した際に一気に高まった。[9] １９９４年にサイエンス誌に発表された論文で、ウッドワードらは、問題の骨やそこから取り出したＤＮＡの出どころが恐竜であるとの主張を注意深く避けていたが、実際にはそれをほのめかしており、新聞が「骨から恐竜のＤＮＡが得られたと科学者が考える」だとか「科学者が恐竜のＤＮＡを分離したと主張」といった見出しをつけるなどして、マスコミがそのアイデアを補強した。[10]

複数の研究が別々に真正性に疑問を投げかけることで、センセーショナリズムはまたたくまに懐疑論へと転じた。[11] ウッドワードの研究を最初に掲載したサイエンス誌が、「恐竜のＤＮＡ発見の可能性が懐疑論に迎えられる」と題するサイエンスライターのアン・ギボンズの記事を掲載している。この記事には研究者たちが最初に抱いた懸念と彼らが示した証拠が取り上げられていた。[12] 例えばペンシルヴェニア州立大学の生物学者Ｓ・ブレア・ヘッジスとモンタナ州立大学の古生物学者メアリー・シュワイツァーは、適切な系統学的比較がなされておらず、発表前に結果を再現する試みが行われていないとしてこの研究を批判している。ウッドワードのチームによれば、ミトコンドリア

DNA配列の証拠をいくつか回収し、その配列の鳥類や爬虫類との隔たりが哺乳類との隔たりと同程度であることを突きとめたとしている。しかし、ヘッジスとシュワイツァーが独自に調べたところ、系統学的解析から、問題のDNA配列が恐竜のものではなく哺乳類のものであり、このため汚染、とくにヒトの汚染の産物である可能性が高いことが示唆されたのである。[13] 他の研究の結論も同様だった。[14]

ヘッジスやシュワイツァーと同様、先ごろ教授に任命されたルートヴィヒ・マクシミリアン大学ミュンヘンの新しい研究室で、ペーボはウッドワードのチームが回収したDNAは実際には混入物なのではないかと強く疑っていた。実際、その点について明白な証拠を示したのは彼の研究室だった。[15] 当時博士研究員であったハンス・ツィッシュラーが検証を主導した。系統学的解析を行った後、彼も恐竜の配列とされるものが爬虫類や鳥類よりも哺乳類により近縁であることを確認したが、配列の出どころが誰なのか、あるいは何なのかについてはなおもはっきりしなかった。その配列は哺乳類、おそらくはヒトのものとみられたが、確実に示されたわけではなかった。ペーボの研究室はこの点について、とりわけミトコンドリアDNAの性質について検討した。ミトコンドリアDNAの断片が、さまざまな理由によりミトコンドリアから細胞核へと移動し、核ミトコンドリアDNAセグメントと呼ばれる特殊な配列を生じるケースがあることを彼らは知っていた。ペーボの研究室は、ウッドワードの研究室が、まれな変異を生じて細胞核に入ったミトコンドリアDNAを抽出したとの仮説を立て、これにより出どころ不明の配列（恐竜のものとされる配列）の説明がつくとした。仮説を検証すべく、ペーボたちは巧妙でかなり風変わりな実験を考案した。

ヒトＤＮＡにはミトコンドリアＤＮＡと核ＤＮＡの配列が入り交じって含まれており、前者は母方から、後者は父方から受け継がれる。彼らが必要としたのは核ＤＮＡのみだった。核ＤＮＡについては男性の精子から得るという方法があった。回想録によれば、ペーボは男子大学院生たちにその目的のための精子提供を依頼した。ツィッシュラーが精子の頭部を尾部から分離して核ＤＮＡを抽出し、その配列を決定して疑わしい恐竜の配列と比較しようというのである。最終的に、彼らは精子サンプルから多数の核ミトコンドリアＤＮＡ配列を手に入れ、そのうちふたつが疑わしい恐竜の配列とほぼ同じであることを突きとめた。[16]

彼らはサイエンス誌に発表すべく、所見と結論をかなり辛辣なトーンで論文にまとめ、自分たちの得た結果と恐竜の配列とされるものの著しい類似性を筋道を立てて説明した。まず、ウッドワードのＤＮＡが本当に恐竜のものなら、自分たちのミュンヘンの研究室が恐竜のＤＮＡにより汚染されているために配列が似ていたということになるはずである。だが彼らはこのシナリオの可能性を否定した。次に、恐竜が絶滅するまでのどこかの時点で哺乳類と交配してＤＮＡをやり取りしたために、恐竜の配列とされるものが恐竜よりも哺乳類のものに似ていたとするシナリオ。これも彼らの見るところ可能性はほぼゼロだった。そして最後に、ウッドワードの研究室で使われた抽出物や装置がクリーンではなく、ヒトのＤＮＡに汚染されていた可能性を示唆したのである。言うまでもなく、ペーボらはこのシナリオの可能性が最も高いと考えた。「結論として、このような結果はウッドワードらが核に含まれていたヒトミトコンドリアＤＮＡのコピーを誤って増幅したことを強く示唆している」[17]

恐竜のDNAの正体は暴かれた。そしてもちろんそのニュースは公然のものとなった。サイエンス・ニュース誌は次のように報じている。「恐竜のDNA発見の主張、ミスとして退けられる」[18]。ニュー・サイエンティスト誌の記者は次のように記している。「『ジュラ紀のDNA』は明らかにヒトのものに見える」[19]。ニューヨーク・タイムズ紙に掲載された「批判者が『恐竜』DNAの地味な出どころを確認」と題する記事で、マルコム・ブラウンが事の経緯を詳しく記している。彼は真正性と再現性の問題、また真に古代DNAであるとこれほど大々的な主張をする前に期すべきと科学者が考える慎重さについて論じている。この点に関し、ブラウンは、恐竜のDNAの保存と抽出に関する初期の実験で取った慎重な態度についてヘッジスが語った内容を引用している。「『我々はティラノサウルス・レックスの驚くほど保存状態のよい化石を調べていた。その化石の中には骨そのものが鉱化することなく残っていた。我々はその骨の中のしかるべき場所に、恐竜のDNAならこうあるはずだと考えられるものに非常によく似たDNA配列を発見した』と博士は述べている」。ヘッジスによれば、その結論を論文にしてネイチャー誌に投稿したが、結果を反復できないことに気づき、発表を撤回したのだった。ヘッジスが述べるように、「反復は、科学的研究法に不可欠な要素のひとつなのである」[20]。実際、一部の科学者——とりわけ恐竜の配列とされるものが実際には汚染であることを示すのに貢献した科学者たち——は、誤った結果、そして多くの研究者が社会的醜態と考える結果を防ぐために、並外れた主張には並外れた証拠が必要だと考えていた。

明らかに、琥珀中の昆虫のDNAの長期的保存に関する初期の研究は、並外れた主張といえた。

そしてペーボの研究室は当然ながら、このような研究に疑問を投げかけ、その妥当性の検証を手掛けた研究室だったのである。１９９４年、ヘンドリック・ポイナーはミュンヘンに渡り、博士号取得のためにペーボの研究室に加わった。在籍中、ポイナーはＤＮＡの生化学的挙動とＤＮＡが保存される可能性の高い環境を解明すべく研究を行った。特に、目標を古代ＤＮＡの真正性の確認に用いることのできる新手法を生み出すことに置いた。研究室で、ポイナーとペーボらはアミノ酸ラセミ化と呼ばれる方法の研究に取り組んだ。これはアミノ酸をバイオマーカーとして用い、化石中のＤＮＡの損傷とその保存可能性を判定する試験法だった。「とにかくそのＤＮＡはどれだけ古いのか？」と題する記事で、サイエンスライターのロバート・Ｆ・サービスがこの実験について説明している。「ある国際的な研究チームが、タンパク質のアミノ酸をある鏡像体（互いに鏡像の関係にある異性体のひとつ）から別の鏡像体へと変性させる化学変化――ラセミ化として知られるプロセス――が、ＤＮＡの劣化とほぼ同じ速度で生じることを報告している」。このため「アミノ酸が若干であっても変性を示す場合は、その試料中のもとのＤＮＡは大昔に失われている可能性が高く、残っている遺伝物質は混入物であることを示唆している[21]」。言い換えるなら、アミノ酸が変性していたり、検出できなかったりする場合は、それに付随するＤＮＡも変性しているか存在すらしていないと考えて差し支えないと言っているのだ。損傷していないＤＮＡは時代が近いことを示しており、それゆえ汚染を示唆するものなのである。

　この研究で、チームは数千万年から数千年前にわたる古さの26種の試料を用い、アミノ酸ラセミ化をＤＮＡの劣化に照らして検証した。試料にはマンモスやヒトの遺骸、恐竜の骨、琥珀の中の昆虫などが含まれていた。大体において、恐竜の化石のような数千万年前の試料はかなりの程度のラセミ化を示すことがわかった。ウッドワードのチームがDNAを回収したとする、ユタ州で入手された化石についても検証したところ、その試料もかなりの程度のラセミ化を示した。他の数千万年前の生物でも同様の結果が示された。さらにアイダホ州北部のクラーキア化石床から得た葉の化石と堆積物についても検証を行った。クラーキア化石床は、エドワード・ゴレンバーグのチームが数千万年前のDNAの最初の証拠を回収したと主張した現場である。恐竜の化石同様、これらの葉の化石もかなりの程度のラセミ化、従ってかなりの程度のDNAの劣化を示した。このような結果はつまるところ極度に古い物質からDNA配列を回収できる可能性はきわめて低いことを示していた。[22]

しかし、この法則には例外があるようであった。同じ研究で、研究者らは琥珀試料が示すラセミ化の程度がそれほど強くないことを見出したのである。実際に、彼らは生物のものとみられるアミノ酸を検出している。DNAはまったく検出されなかったが、琥珀樹脂は水分をほとんど含まないため、分子の保存に適した条件が生じるのではないかと彼らは考えた。ペーボもアミノ酸、そしてことによると核酸が保存される可能性は樹脂自体の持つ保存特性によるのではないかと考えた。[23] 恐竜のDNAは論外としても、このような研究結果に基づくなら、琥珀に閉じ込められた昆虫のDNAが保存されている可能性には検討の余地があった。

『ジュラシック・パーク』公開後まもなく、イギリスの自然環境調査局（NERC）は古代生体分子イニシアチブ（ABI:Ancient Biomolecules Initiative）に資金を出した。[24] このイニシアチブは、

1988年から1993年までの生体分子・古生物学特別トピックにより始まった研究を進展させることを目的とする、NERCの2番目の資金提供戦略だった。ABI――ブリストル大学の化学者ジェフリー・エグリントンとケンブリッジ大学の考古学者マーティン・ジョーンズを委員長とする――は、DNAからタンパク質、脂質、炭水化物までの生体分子の長期的な保存と進化を研究するために、3期分の研究プロジェクトに資金を提供することになった。[25] 被面接者によれば、当時このイニシアチブは、『ジュラシック・パーク』が一因となって助成金が交付されたと噂されていた（被面接者9、25、46）。同じ趣旨のことを示唆するマスコミの記事もあった。「映画『ジュラシック・パーク』の世界的ヒットにより、古代生体分子イニシアチブによる助成金交付を受けたプロジェクトの必要性が浮き彫りとなった」。記事はさらに続けて記す。「映画により生じた注目度の高さも考慮し、自然環境調査局は古代生体分子イニシアチブに対しこの分野の研究用に約5年にわたり約200万ポンドを出資する予定である」と記している。[26] 3期分の申請のうち、ABIの助成金は21の研究プロジェクトに交付され、そのうち15プロジェクトは植物、動物、ヒトの遺骸から得た古代DNAを研究テーマとするものだった。[27] また『ジュラシック・パーク』仮説の検証のための助成金も含まれていた。[28]

『ジュラシック・パーク』仮説――琥珀に閉じ込められた昆虫における数千万年前のDNAの長期的保存および抽出の現実性――の検証に乗り出したグループはロンドン自然史博物館（NHM）に所属していた。ABIに提出した申請書で、研究者らは有名科学雑誌に発表されたその種の主張の妥当性を、そのハイプに照らして検証するという目的のあらましを記している。「我々のこれまでの研究では、4つの昆虫化石中の古代DNAは、存在しているとしても、そのコピー数が極めて少なかったり、高度に劣化したりしていた」と彼らは申請書で説明している。「今回我々は、琥珀に閉じ込められた化石の中に古代DNAの断片がいくらかでも存在するかどうかを、合理的な疑いの余地なく示すための詳細な研究を研究室で実施できればと考えている」[29]。このプロジェクトに関わったある研究者によれば、プロジェクトと映画のハイプの間には直接的な関係があったとのことである。「自然史博物館でわたしが行った研究は結局は『ジュラシック・パーク』に行きつくのです。そもそも『ジュラシック・パーク』がなければ、博物館はこのような琥珀からのDNA回収を試み、研究する目的で助成金を手にすることは決してなかったでしょう。わたしが古代DNAの世界に足を踏み入れたのもひとつにはあの映画、想像力に富んだフィクション映画があったからです」。だが彼らの目的は恐竜のDNAを回収し、復活させることではなかった。「わたしたちは恐竜のDNAを手に入れようとしたわけではありません。琥珀の中の昆虫から昆虫のDNAを手に入れようとしていたのです」とこの研究者ははっきり述べている（被面接者25）。彼らのプロジェクト――「古代DNAおよび琥珀に埋め込まれた昆虫：決定的探索（Ancient DNA and Amber-Entombed Insects: A Definitive Search）」――は、琥珀に保存されていた化石中にDNAが保存されているのか、またその抽出が可能なのかを最終的に解決することを目論んでいた[30]。

ロンドン自然史博物館で、リチャード・トーマス、アンドリュー・スミス、リチャード・フォーティ、アンドリュー・ロス、ジェレミー・オースティンらの研究者は、それぞれ異なる種類の樹脂と時代区分の琥珀に閉じ込められた昆虫15匹分の試料からDNAを回収する包括的実験に取りかかった。[31]ジョージ・ポイナーとヘンドリック・ポイナーは、古代の琥珀中のＤＮＡの保存と抽出に関する最初の証拠をもたらしたハチのものを含め、いくつかの試料を提供している。[32]琥珀中の15匹の昆虫についてＤＮＡ抽出とＰＣＲによる増幅を行ったあと、グループは陰性対照試験と系統学的解析を行って古代ＤＮＡの真正性を検証した。研究を振り返り、参加した研究者は、「信じるに足る結果」を確実に得るために、彼らがいかに「あらゆるプロトコルを守り」、「いかなる基準にも従った」かを語っている（被面接者24）。だが、このような大がかりな実験を行ったにもかかわらず、彼らは古代の琥珀に閉じ込められた数千万年前の昆虫の中に、いかなるＤＮＡの証拠も確認することができなかった。

１９９７年、彼らは王立協会紀要に研究の知見を投稿し、「琥珀化石からの真正な古代ＤＮＡの回収にことごとく失敗した」ことを発表した。[33]研究者たちは、その結果が、別のふたつのチームの先行研究と併せ、琥珀に保存されていた昆虫が一貫して確実に分子保存が得られるソースではないことを示す説得力のある証拠となったと述べている。[34]彼らの知見から以下の結論が導かれた。「我々のものを含むこれらの研究で古代ＤＮＡを見つけられなかったことと、琥珀の中の昆虫から古代ＤＮＡを発見したとする先行報告の間の食い違いについては、後者になんらかの原因不明の汚染を想定しない限り、説明することは困難である」。彼らとしては、琥珀化石中のＤＮＡの存在は「生物学的珍品」の域を出るものではなかった。[35]

長年にわたって推測がなされ、それを裏づける科学的証拠すらあったにもかかわらず、『ジュラシック・パーク』仮説はついにその正体を暴かれたとみられた。「ジュラシック・パーク型恐竜の復活『中止』」とサイエンス誌は伝えた。[36] ネイチャー誌は「琥珀に赤信号が点灯」と記している。[37] 数千万年も前のDNAを探索している科学者はこのコミュニティ全体のほんのひと握りに過ぎなかったが、その主張が注目を集めるものであり、その主張の否定にも注目が集まったため、研究分野全体が影響を受けることになった。この一件により、大衆と専門家が抱いていた、古代DNAの真正性と結果の再現性に関わるこの分野の信用は劇的に低下した。

汚染の問題は、数年前の1995年にイギリスのオックスフォード大学で開催された第3回国際古代DNA会議で表面化していた。[38] トマス・リンダールとスヴァンテ・ペーボはプロトコルおよび正確さという専門的、原理的価値を徹底させようとした。この分野の初期の指導者によれば、「リンダールはDNAがあまりに長期にわたって保存されることはあり得ないという話をし、スヴァンテはこの分野にはルールと厳密性が必要だという内容を実に雄弁に語った」。さらに、「それは非常に熱のこもったものだった……ので、会場を後にする頃には、誰もが何らかの形で自らを律する必要があるとの思いを強くしていた」。リンダールとペーボからすれば、新しいこの分野で科学者がそのように行動しなければ、多くのことが危うくなるのだった。「スヴァンテが伝えようとしていたメッセージは、わたしたちが自らを律しなければ、信用を失い、この分野自体が完全に終わってしまうということだったと思う」（被面接者4）。しかし自らを律する必要性はこのコミュニティ内部に向けての訴えというだけではなかった。それは社会に対するものでもあった。サイエンス誌の記事は次のように記している。「だがハイプ——そして一部の主張が裏づけられなかったことで生じた当惑——のために、古代DNA研究者は自分たちの研究分野が真剣に受け取られないのではないかと懸念している」[39]

目新しさから成熟へ

１９９２年という早い時期に、古代ＤＮＡ研究者のコミュニティは、大衆、また人気があるが権威もある研究雑誌に確実にアピールするであろう特定の試料からＤＮＡを探索する傾向が自分たちにあることを自覚していた。当時ロンドン動物学会にいたロバート・ウェインとニュージーランドのヴィクトリア大学ウェリントンの博士課程学生だったアラン・クーパーは、アンシエントＤＮＡニュースレターの初代編集者を務めていたが、初期のレターでこの現象について取り上げている。それまでの数年だけでも、古代ＤＮＡ論文の35パーセント以上はネイチャー誌、サイエンス誌、米国科学アカデミー紀要といった知名度や影響力のある研究雑誌に発表されていた。「だが自己満足的栄光に浴する前に、わたしたちは多くの論文の対象がごく少数のディスコ種の試料であることを認識すべきである」とウェインとクーパーは記している。彼らの言う「ディスコ種」とは、最初の、または最古のＤＮＡとして研究のテーマとされることの多い、派手で象徴的な数百万、数千万年前の生物種のことである。「古代ＤＮＡの目新しさはまもなく消え失せ、わたしたちはより根本的な進化上の疑問に取り組むことが必要になるだろう」[40]。ハイプの最盛期にあっても、研究者たちは、学問にみなぎる活気、また注目を集める科学としての時代が意外に早く過去のものになるかもしれないことを認識していたのである。

最初の、また最古のＤＮＡに関する報告が相次ぐ中、研究者が地質学的にそれほど古くない試料をテーマに選ぶよう促されたことで、保守的な方向へと向かう動きが生じた。リンダールはこの動きを最初期に提唱したひとりだった。彼は――ペーボとともに――１９９０年代初頭以来、基準を定め、もっと新しい試料に関心を向けるよう主張していたのである。彼が見て取ったように、ニュースの見出しを飾るような数百万、数千万年前のＤＮＡに関する派手な研究は、結局、この分野のもっと実際的な重要性と価値を持つ、多くはそれほど古くはないが科学的には興味深い試料を取り上げた他の研究への関心をそらしてしまっていた。そこで、リンダールは研究者は時代をさらに遡ることに努力を傾けるのではなく、10万年以下の古さの真正なＤＮＡを示す説得力のある証拠を生み出すよう努めるべきだ[41]、そのような試料なら、ＤＮＡが保存されている可能性、また科学者が意味のある分析を行える量のＤＮＡを抽出できる可能性が高いはずだと主張した。彼の意見では、古代ＤＮＡの真正性を示す信頼性の高い証拠を固めることのほうが、ほぼ間違いなく必要とは言わないまでも、重要であった。

すべての科学者がそうというわけではなかったが、リンダールの助言を心に留めた科学者も少数ながら存在した。１９９４年に、絶滅したケナガマンモスからのＤＮＡの回収を報告する論文がネイチャー誌にふたつ続けて発表された。その生物種自体は確かに「ディスコ種」ではあったが、いずれの研究も、研究結果の真正性を、さらに言えば、数万年前の試料からＤＮＡを確実に回収する可能性の高さを実証することを期待して、リンダールが提案した基準を参考にしていた。一方の研究――ルートヴィヒ・マクシミリアン大学ミュンヘンのペーボおよびマティアス・ヘスとロシア、サンクトペテルブルグの動物学研究所のニコライ・ベレシチャーギンの共同研究――は、５万年～９７００年前の5頭のマンモスのＤＮＡの配列を決定したと主張していた。[42] もう一方の論文――ケンブリッジ大学のエリカ・ヘーゲルバーグ、マーク・トーマス、チャールズ・クック・ジュニアが主導し、アンドレル・シャー、ゲンナディー・バリシニコフ、エイドリアン・リスターと行った共同研究――は2頭のマンモスからＤＮＡを回収したとし、うち1頭は少なくとも４万７０００年前の、これまで脊椎動物から得られた最古のＤＮＡとされた。[43] 興味深いことに、これらの研究が行われたのは、学問分野としての古代ＤＮＡ研究の創始者のひとりであったカリフォルニア大学バークレー校のアラン・ウィルソンが、ロシアで発見された凍った赤ちゃんマンモスの遺骸の遺伝情報の発見を試みてから約20年後のことだった。ウィルソンは古代のタンパク質の証拠を抽出したものの、ＤＮＡの抽出と確認には成功しなかった。従って、このふたつの研究がこのタイプの保存を示す最初の証拠となったのである。このふたつの研究は数百万、数千万年前のＤＮＡの発見を主張する研究につきまとう汚染の懸念もなく、数万年前の生物から確実にＤＮＡが回収できたことを示していた。

研究者たちが地質学的にそれほど古くない試料に目を向けるようになったからといって、必ずしも研究のニュース価値が、社会と専門家のいずれの観点から見ても、低くなったわけではなかった。それどころか、マスコミに大きく報道され、さらに古代ＤＮＡデータを入手、利用することで進化生物学の難問に解答をもたらすことができる可能性を実証した研究もあった。[44] この10年で最も有名な研究のひとつに、他ならぬ、古代に絶滅したわたしたちの仲間であるネアンデルタール人のDNA回収がある。[45]

1世紀以上前の19世紀半ばに、最初のネアンデルタール人の標本がドイツ、ネアンデル谷の洞窟で発見された。[46] 当時、この標本が古人類学史上、最初の最も有名なネアンデルタール人の標本のひとつとなることを理解していた人はおらず、研究者がその骨格の意義を改めて理解し、別の種であることを発表したのはその発見から10年を経た後のことである。この発見は、19世紀と20世紀に行われた発見の中でもとりわけ、ヒトの起源の研究をめぐる広範な科学的、社会的関心を生み出した。[47] それ以来、ヒトの歴史におけるネアンデルタール人の位置づけ――そしておよそ4万年前の絶滅――は、科学者の間でも一般大衆の間でも活発な議論を巻き起こした。だが20世紀末に至るまで、ネアンデルタール人と現生人類の関係は未解決のままだった。[48] そこで、最初のネアンデルタール人の標本発見から1世紀余りを経て、ラルフ・シュミッツ――化石が収蔵されているドイツのボンにあるライン州立博物館の学芸員――が状況を変えようと試みた。彼は、古代DNA研究の分野でネアンデルタール人の起源と進化を解明できる可能性のある研究が進みつつあるのを知っており、その新分野の指導者のひとりであるペーボが取り組みに賛同してくれるかもしれないと考えた。

ペーボの協力を取りつけると、シュミッツは小さな骨の試料を提供した。研究を担当していた大学院生のマティアス・クリングスがDNAを抽出するために骨をすり潰して微粉末にした。DNAの抽出とPCRによる増幅を行った後、彼らは379塩基対のミトコンドリアDNAを得ることに成功した。その真正性を判定するために、配列を現生人類から得た2000以上のミトコンドリアＤＮＡ配列と比較した。幸運にも試料は好材料で、ネアンデルタール人のＤＮＡ配列が平均27か所で現生人類のＤＮＡ配列と異なっていたのに対し、現生人類間では違いは平均でわずか7か所しかなかった。このことは、ネアンデルタール人のＤＮＡ配列が現生人類のＤＮＡ配列と4倍異なっており、ネアンデルタール人に特有のものであることを意味していた。この結果は並外れたものであったため、それを裏づける証拠がさらに必要であることを研究者たちは理解していた。結果の再現を、できれば自分たちの研究室とは無関係の別の研究室で行う必要があった。

そこで、再現作業をマーク・ストーンキングに依頼することにした。彼はヒトの進化史を専門とし、１９８０年代に大学院生また博士研究員としてバークレー校でウィルソンと研究を行った遺伝学者である。現在はペンシルヴェニア州立大学の教授を務め、ヒトの分子進化と起源について多くの画期的研究を手掛けていた。そのような研究のひとつに、レベッカ・Ｌ・キャンが主導し、１９８７年にネイチャー誌に発表され、「ミトコンドリア・イブ」仮説と「出アフリカ」説を示す遺伝学的証拠をもたらしたものがある。[49] 世界の5地域の約１５０人の現生人類から得たミトコンドリアＤＮＡの配列を比較することで、互いの関連性、また一般に「ミトコンドリア・イブ」と呼ばれる共通の母系の祖先を持つことを突きとめた。また現生人類の共通の起源をアフリカの単一の場所までたどれることも実証した。この知見は、ヒトがまずアフリカで進化し、その後アフリカを出て移住し、最終的に世界の他の地域に住むようになったとする説を裏づけるものだった。絶滅した、現生人類の遠縁と考えられていたネアンデルタール人から遺伝的証拠を抽出できる可能性にストーンキングはもちろん胸を躍らせた。実際、ウィルソンの研究室にとって、ＤＮＡを使って現生人類とネアンデルタール人などの他の絶滅した初期の原人との関係を解明することは夢のような話だったのである。[50]

ストーンキングは結果を再現する試みに同意した。ペーボの研究室に1年間在籍していたことがあり、彼らのプロトコルに通じていた博士課程学生のアン・ストーンが作業を担当した。ストーンの目標は、ペーボの研究室で回収されたネアンデルタール人のミトコンドリアDNAから選択した領域と同一となるはずの配列を抽出、増幅し、決定することであった。彼女はペーボらとは別の研究室で、同じネアンデルタール人の標本から得た別の骨片を用いて目標の達成を目指すことになった。そのためには予防策を取り、汚染を最小限にする、あるいは避けることが不可欠だった。しかし残念なことに、初回の結果は大きな失望をもたらした。ストーンはDNAを抽出して配列決定したものの、それは明らかに現生人類のものとみられ、装置、試薬、あるいは試料が処理のどこかの段階で汚染されていたことを示していた。ネアンデルタール人のDNAがごくわずかな量でも存在していたとしても、PCRが混入したDNAを検出して増幅した可能性が高い。ペーボの回想録によれば、それが事の真相であり、なおもネアンデルタール人のDNAを回収できる可能性があることを期待した。そこで、研究室は新しい方法を思いついた。ストーンは、ネアンデルタール人のDNAが実際に存在している場合に、そのDNAと塩基対を作りやすく、現生人類のDNAとは作りにくいプライマー——DNA合成を開始するためにPCR法で用いられる短い1本鎖DNA配列——を使うことにしたのである。ストーンがもう一度実験を行うと、1回目より有望とみられる結果が出た。[51]

だが、自分の研究室で得た配列がミュンヘンの研究室の配列と一致するのか、ストーンにはなおも確信が持てなかった。両チームは配列を比較して真正性を確認する必要があった。不安を感じつつ、彼らは電話で配列の違いをひとつずつ比較していった。「わたしが電話をかけて相手［の同僚］に向かって違いを読み上げました」と関わった科学者が振り返る。「わたしがひとつ読み上げると［同僚が］『よし！』という具合です」（被面接者30）。配列の読み上げとそれに対する浮かれた反応がひとつ、またひとつと続いた。延々と一致が続いたことで、彼らはふたつの研究室が、互いに独立して真正なネアンデルタール人のＤＮＡを回収していたと結論づけたのだった。

１９９７年に、クリングスらはネアンデルタール人のＤＮＡの最初の証拠に関する論文をセル誌に発表した。[52]この論文は多くの理由により重要なものだった。まず、この研究がヒトとその古代の祖先であるネアンデルタール人との進化上の関係に光を当てたことである。具体的には、ネアンデルタール人のミトコンドリアＤＮＡが、霊長類や世界中の現生人類のミトコンドリアＤＮＡと比較して、確実な違いを示すことを実証したのである。ペーボの研究室では、この知見をネアンデルタール人が、自分たちのＤＮＡをまったく現生人類に与えることなく生きて滅んだ証拠と解釈した。研究の結果は現生人類の起源がヨーロッパではなくアフリカにあることも示唆していた。一方で、研究者らはこのような知見は、絶滅したネアンデルタール人から現生人類への遺伝的寄与が生じた可能性を完全に否定するものではないとも考えた。つまり、この問題について余すところなく解決するにはさらにデータが必要だということである。それでも、この研究は、従来はもっぱら形態学に依拠していた歴史に分子データによって情報をもたらそうとする試みであり、わたしたち自身の起源と長期的な進化に関するただでさえ激しい進化人類学分野の論争にさらなる拍車をかけた。[53] この論文は、どのようにＤＮＡの配列決定を行い、それを現生人類の配列と比較したかについて説明していた。このような比較により、研究者たちは両者間の遺伝的類似性を示す証拠を探したが、配列データとその後の分析に基づく限り、遺伝的寄与の証拠を見つけることはできなかった。つまり、ネアンデルタール人とヒトの祖先が数万年前に交配していたことを示す証拠を見つけることはできなかったのである。だがこの結論をミトコンドリアＤＮＡのみによって確実に下すことはできないことも論文には記されていた。

次の理由は、この論文の発表先が注目に値するものだったことである。回想録で、ペーボはこの論文を古代ＤＮＡ研究の分野の伝統だったネイチャー誌やサイエンス誌ではなく、セル誌に投稿した理由について振り返っている。「セル誌に発表することで、この分野に向けて、古代ＤＮＡの配列決定は堅実な分子生物学であって、人目を引きはするが疑問の余地のある結果を生み出すことだけではないのだというメッセージをコミュニティに送れるはずだ[54]」。古代ＤＮＡ研究に関する論文がセル誌のような、人気は高いが一般的ニュースにはあまり関心がなく、厳密さを重視する雑誌に発表されることで、この分野に大きな変化が生じるはずだ、とりわけその健全性に公然と疑義が呈されていた時期にあってはそうなるはずだと。ペーボは自分たちの研究が厳密なものであり、進化生物学に関連性を持つものであることを示したかったのである。確かにこの論文は極めて技術的かつ方法論的であった。ペーボは古代ＤＮＡ研究が真面目な分野であると示せることを願っていた。

ペーボがセル誌に発表することにしたにもかかわらず、この研究がマスコミや大衆の関心を逃れることはなかった。それどころか、この科学を取り巻くセレブリティ、化石自体、そして研究の結論とヒトの進化史に対する意味合いのいずれからもマスコミに大きく取り上げられることが予想された。例えばサイエンス誌はこの研究を「技術的偉業」と呼んだ。[55] ネイチャー誌は「この新たな分子的発見の質の高さをみれば、古代人のＤＮＡの研究はようやくしっかりした足場に立ったと言うことができるだろう」と明言している。[56] ロンドンのガーディアン紙はこの研究の結論について、次の見出しで強調している。「わたしたちはアフリカ人だ、間違いなく」。[57] ロジャー・ルーウィンもニュー・サイエンティスト誌に書いた記事――「死者のよみがえり」――で、この研究の持つ意義について考察している。ルーウィンは、古代ＤＮＡ研究に対する名うての批判者であるトマス・リンダールがこの研究を「画期的発見」であり「古代ＤＮＡ研究の分野でこれまでで最高の達成」だと評した発言を引用している。[58] 古代ＤＮＡには常に汚染のリスクがあるが、リンダールにとってこの論文は、「うむを言わさぬ、説得力のある」ものだった。[59] この新たな成果と古代ＤＮＡ研究の科学者たちがこのところ自信を深めていること踏まえ、ルーウィンは復活というアイデアを再び持ち出して次のように記している。「恐竜の復活は無理だろうが、ネアンデルタール人ならどうだろうか？」[60]

ネアンデルタール人のＤＮＡの回収はこの10年でのハイライトではあったが、同時にヒトの進化史における大きな疑問、とりわけ過去の集団の移住と混交に関する疑問に取り組んだ多くの研究のほんのひとつに過ぎなかった。例えば、エリカ・ヘーゲルバーグはＤＮＡが人骨中に保存され、抽出可能であるという事実を裏づける最初期の証拠をいくつか示している。[61] 後に、彼女らはポリネシアの古代人の骨から得たDNAを増幅し、それを使って昔の人々がポリネシアなどの島々を渡り、居住したとする仮説に関する情報を得るのに成功した。[62] イギリスでは、マンチェスター大学のテレンス・ブラウンとケリ・ブラウンが、古代DNA分野の手法の考古学分野の試料への応用に関する研究を進めている。[63] 両分野の結びつきから、研究者がヒトの進化、集団、移住、食事、病気の解明に取り組み、また過去の人々の性別、年齢、血縁関係の決定を試みることで、古代DNA研究は隆盛を極めた。例えば、イギリス、フランス、ドイツ、イスラエル、アメリカの研究者が、ヒトの進化史に関する疑問に応用すべく、古代人のDNAの保存と抽出の研究を始めている。[64] 古代人のハンセン病と結核の証拠について発表した研究者もいた。[65] 全体として、これらの研究は考古学的、人類学的、疫学的試料に適用する場合の古代DNA研究の有用性を示しているとみられたが、やはり汚染が悩みの種だった。[66]

古代人の研究に関わる汚染をめぐる懸念は表だって展開した。この場合、問題は必ずしもDNAが数千、数万年にわたり残るかどうかではなく、保存、抽出されたDNAを混入物ではなく真正のヒトDNAであると実証できるかどうかであった。この意味では、古代人の遺骸に関する研究を行っているのがヒトであることから、現代のDNAによって試料に残っているかもしれない古代DNAが汚染されている可能性を判定することはとりわけ難しいものとなった。

ネアンデルタール人のDNAが発見されるわずか数年前の1995年に、ストーンキングはアメリカン・ジャーナル・オブ・ヒューマン・ジェネティクス誌に「古代DNA：そのDNAを手にしたことをいかに知り、それをどう用いることができるか？」と題する論文を書いている。この分野が達成した専門的発展と大衆的関心の両方を受けて執筆したもので、ストーンキングが指摘するように、このテーマについては多くの論文が書かれており、また研究資金調達の機会、国際会議、ニュースレター、教科書、さらに雑誌の噂まで存在していた。さらに「社会的知名度」があり、その多くは『ジュラシック・パーク』の小説と映画にまつわるものだったが、以上のことから化石DNAの探索は、「正当な研究分野へと『到達』」していたとみられた。[67] しかし一方で、まず解決すべき問題が少なからず存在することをストーンキングは認めている。確かにこの分野はふたつのやっかいな問題に直面していた。すなわち古代DNAの真正性の問題と、進化生物学分野の研究一般に対する古代DNAデータの価値がどのように認識されているかである。

これらの問題に答えるべく、ストーンキングはフランス・マルセイユ発生生物学研究所のイレーヌ・ベロー゠コロンらが最大1万2000年前の複数のヒトの試料からDNAを回収したとする事例について考察している。[68] 彼は汚染を抑制するためにチームが取った「徹底的な手順」を賞賛し、この研究がペーボらの研究者が提案した「非公式のガイドライン」を満たしていると記している。ストーンキングによれば、「これは十分な知識のない人にはやりすぎに思えるかもしれないが、古代DNAコミュニティはしばしばかなり疑い深い集団となり、汚染の回避と結果の真正性の証明について提起されている懸念に研究者が注意を払っていることをなんらかの証拠で確認したがる」のである。ストーンキングは別の研究室で独立して再現を行うことが確かに望ましいとしているが、それは現実的ではないと考えていた。すべての研究室で行われるあらゆる研究に対し、この種の再現を必要条件とすることは到底現実的ではないだろうと彼は主張している。実際問題として、このレベルで独立して再現を行えば費用がかかり、有害となり、最終的には萎縮をもたらすため、「解決する問題より多くの問題を引き起こす」ことになる。代わりに、「予防策」を取り、「各試料からの複数の独立した抽出」を行うことで「事足りる」だろうと彼は説いた。[69]

真正性の問題に加え、ストーンキングは古代ＤＮＡデータの有用性、そして特にこの分野の目新しさとセレブリティについて論じている。「結局、古代の試料から実際にＤＮＡを取り出せることを示すのは非常に巧妙な芸当にすぎないのではないだろうか?」自身の疑問に、ストーンキングは次のように答えている。「悲しいかな、古代ＤＮＡが正当な科学研究の一分野になるかというなら、その答えはノーになってしまう」。彼はベロー＝コロンらの研究を含むこの分野の近年の研究が、ひとつふたつの試料から得た例外的な古代ＤＮＡを見ばえよく示しているだけであり、より大きな進化生物学分野の疑問に対する洞察や影響をほとんどもたらしていない点を指摘している。ストーンキングは、古代ＤＮＡ研究の真正性と有用性はその目新しさを超えて広がっていく必要があると主張した。「古代ＤＮＡがテクニカルな珍品以上の存在になろうとするなら、その種の論文にはもはや用がないのである」[70]。古代人のＤＮＡへの関心が高まることで、有用性だけでなく真正性に関する問題が増えてきた。「ディスコ種」からの1回限りの抽出物に代わるものとして、人類学の諸問題に、個体レベルではなく集団レベルで取り組むために、多数の試料からより多くの配列を取り出すことを彼は推奨した。

この10年で、研究者たちは汚染とセレブリティのために生じた信用性に関する懸念に、ある基準を設けることで対応した。当時オックスフォード大学生物人類学部の博士研究員となっていたアラン・クーパーは、この分野の有力な研究者であると同時に、他の研究者の研究に対しての批判を強めていた。１９９７年に、彼はアメリカン・ジャーナル・オブ・ヒューマン・ジェネティクス誌でストーンキングの論文に対し、古代ＤＮＡ研究の短いがセンセーショナルな歴史に照らして、独立した再現の重要性を強調している。「古代ＤＮＡ研究の『大成功』のいくつかは……後に、困ったことに再現不能であったり、汚染であることが判明したりしたが、発表に先立って独立した検証が行われていればそのような事態は防げた可能性がある」。クーパーは厳密な基準に従うことで信用性が確実なものとなると論じた。「手短に言うなら、現在、古代人のＤＮＡ配列の真正性を検証するにあたりいくつかの方法が利用できる。そのような方法を十分に利用するよう促すのは、古代ＤＮＡコミュニティ、そして彼らと研究を行っている考古学者の責務であるとわたしは考える。そうでなければ、古代ＤＮＡ研究の信用は危機に瀕する」[71]。この分野の信用性は間違いなく危機に瀕していた。彼に言わせれば、すべての研究で、その信用性を示すためにあらゆる試験と確認を行う必要があるのだ。クーパーとストーンキングは汚染が問題であることについては同意していたが、どこまでの基準を求めるべきかに関しては違った意見を持っていた。

　マスコミの見出しを飾ったり、議論を呼ぶ発表があった10年余りを経て、汚染の問題は、古代ＤＮＡ研究の科学を取り巻くセレブリティのために悪化し、コミュニティを分断し始めた。この分野は飛躍的な発展を遂げていたが、技術的問題は明らかだった。それどころかコミュニティ自体の信用性が危機に瀕していて、一部の研究者は自ら自己規制の作業に乗り出した。この状況はこの時期の終盤に開催された古代ＤＮＡ会議のいくつかで一層明らかなものとなった。例えば、この分野の初期の研究者のある生体分子考古学者が、その緊張について振り返っている。「ある会議で、アラン［・クーパー］がセッションの4番目か5番目の演者で、彼は自分の研究について発表する予定だった。でも彼は話題を変えた。発表の直前にスライドを替えているのが見えたんだ。彼は立ち上がり、自分がやっていた研究について話す代わりに、この分野がいかにクズであるか、ヒトの古代DNAがいかに評判を落とし切ってしまったかについて話した」。この研究者によれば、「誰もがアランのことを嫌がった。とても無礼だったからね。でもそれは必要なことだったんだ。ちょうど4つの発表を聴いたばかりのところで、彼らは『わたしたちはこれをやりました』、『あれをやりました』と言っていたが、それは本当に事実なんだろうかっていうことだよ」（被面接者4）。

この会議で、クーパーはコミュニティに向けて話しただけでなく、カリフォルニア大学バークレー校のロバート・ウェインとジェニファー・レナードとともに、高まりつつあったこの学問の専門家と大衆への訴求力について公的に発表している。「その始まりから、古代DNA研究は大衆の関心を集める科学だった。古代生物の遺骸からDNAを取り出したという報告は、メディアや映画の中で、古代生物を復活させられるかもしれないという突拍子もない憶測を呼び起こした。新発見がなされるたびに、科学者たちはこの目標に向けて速やかに研究を進めているという印象を社会は強めた。古代DNAに関する新しい報告は、しばしば進化論的意義に乏しいものではあったが、高名な雑誌に発表された」。とりわけこの分野の研究者たちは、大衆の熱狂が自分たちの学問の歴史の初期において大きな存在であったことを明確に認識していた。一方で、彼らはそのような関心だけでは十分ではないとも考えていた。「古代DNA研究の幸福な時代は過ぎ去りつつあり、分野の成熟に伴って生じる問題に立ち向かう必要があるのだ」[72]。この10年で、汚染がそのような問題のひとつであることは極めて明白になった。それはこの学問の目新しさが来たるべき成熟へと向かわなければならないことを告げるシグナルだったのである。

ハイプの役割

１９９０年代を通じ、ひと握りの研究者たちがＤＮＡの保存の限界を検証し、それが10年に及ぶ論争へと発展した。この論争は、さまざまな試料からＤＮＡを抽出しようと試みる中で、恐竜時代まで時間を遡ろうとした多くの研究者が始め、非常に活発に続いた。最古のＤＮＡ、場合によっては恐竜のＤＮＡを探索する競争は、いずれもマイケル・クライトンの小説とそれを映画化した『ジュラシック・パーク』をめぐるハイプの影響を受けていた。この科学とマスコミ間の相互作用の観点から、被面接者たちはこの10年間を「西部開拓時代」、さらには「『ジュラシック・パーク』期」と呼んでいる（被面接者10、４）。

だが１９９０年代末になると、汚染の懸念のために学問の信用性が危機に瀕した。数千万年前のＤＮＡを抽出し、配列を決定したとする論文が発表されてからまもなく、他の研究者がその真正性に疑問を投げかけた。再現不能であり、汚染の産物であると実証した研究者もいた。このように研究結果が覆ってしまったことで、新分野の評判は大きく失墜し、そのため研究者たちは他分野の専門家や社会の期待に応えられなかった事実を踏まえて、自分たちの正当性を証し立てなければならなくなった。非常に重要な点だが、古代ＤＮＡコミュニティは研究自体の失敗だけでなく、社会的な失望にも対応したのである。これは当の研究が、ネイチャー誌やサイエンス誌などの影響力のある雑誌に発表され、メディアを通じて広く報道されていたためである。[73]

研究者たちは何らかの手を打ち、自分たちの信用性を守る必要があると考えた。「古代ＤＮＡ：正しく研究するか、やめるか」論文は、基準を求めるだけでなく、注目を集めながら発展する古代ＤＮＡ研究を引き締めることを求める要望だった。これを受け、一部の科学者は研究室での汚染を最小化するための基準を設け、地質学的にあまり古くなく、ＤＮＡが保存されている可能性、また意味のある分析に使える量で保存されている可能性の高い試料に対象を移し、研究を有望性のある方向に向けることで制約を課そうとした。リンダール、ペーボ、また一定程度、クーパーとストーンキングは、その発端からこの保守的動きの主導者であった。

古代の遺骸中のＤＮＡの長期的保存に関する約20年にわたる研究を経て、この分野が深刻な技術的限界に直面していることは明らかであり、コミュニティは分裂し、当初の期待に応えることができないのではないかとの懐疑論が広がった。確かに、古代ＤＮＡの学問的発展は、他の科学的アイデアやイノベーションと同様の軌跡をたどっていた。その軌跡――「パイプ・サイクル」――は、あるアイデアやイノベーションがたどる過程を、期待をうまく満たすことと満たせないことに対応する一連のアップダウンとして特徴づけるものである。[74] そのサイクルは具体的には、最初の「引き金」から始まり、「期待の頂点」へと上り、その後の「幻滅のくぼ地」に至り、最後に「啓蒙の坂」を上って「生産性の台地」へと到達する動きとして描かれることが多い。科学史研究者のエルスベート・ボズルが明確に論じているように、化石DNAの探索はこの発展パターンをたどったのである。[75] 実際、この学問の形成初期に古代DNAの探索に加わったある生体分子考古学者もこの見方を示している。「この研究分野はあらゆる科学——新しい科学分野——が発展する形で発展したのだと思う。つまり最初の驚きに満ちた発見があり、多くのハイプと強い期待が生まれ、次に問題が起こって落ちぶれ、そして発見とはいったいどういうことなのか、本当にできることは何なのか、何が現実的で何がそうでないのかを理解するために懸命に努力するという道筋だ」（被面接者5）。この科学者によれば、ハイプは化石DNAの探索を突き動かす特色になっていた。しかし極めて重要な点だが、研究者たちが対応していたのは、PCR技術の限界やDNA保存期間の長さに関わる失望だけではなかったのである。

21世紀が近づくにつれ、この新分野の研究者たちは、化石からのDNA探索の信用性に影響を及ぼす、ふたつの異なるが互いに無関係ではない問題に対処し、立ち向かう必要があることに気づいた。それは汚染の問題と、彼らが見るところの、過大な不相応の、または不釣り合いなパブリシティという問題である。まず、ハイプは科学者とマスコミの記者の双方の利益となる形で、多様な化石から一貫して確実にDNAを得てその配列を決定し、遺伝情報を利用して時空間を超えた種の起源、進化、移動を解明できるはずだという自信や強い関心という形を取った。第二に、ハイプはいつの日にか科学者がDNAを利用して恐竜などの絶滅した生物を復活させるのではないかという期待として現れた。

いずれの形のハイプも古代DNA研究分野の発展に役立った。[76] この学問の発展の初期には、ハイプは関心を生み出し、研究の方向性を導き、科学者が斬新な着想を抱き、実験で結果を出してその実行可能性を示すよう促した点で現実に影響を与えた。[77] いかなるイノベーションでも、その初期には新しい技術や手法の有用性と信用性は確立されてはおらず、実際に証明される必要がある。「ハイプはイノベーションがたどる経路の特定の時期につきものである。斬新さ、新しさ、革新的可能性を示す言い回しすべてが、リソース強化や課題構築を行う初期、つまり発端期に飛びかう大げさな言葉遣いの核心なのである」と科学社会学者のニク・ブラウンは説明している。[78] 実際に、関心やリソースを集める目的で、専門家と大衆双方からさらなる注目を集めるために、ハイプに関わることは実際的であり、必要ですらあるのだ。古代DNA研究の誕生の場合は、メディアがパブリシティを生み出す機会をもたらしたが、科学者の側も注目を集めるための機会を自ら生み出したのである。科学者とマスコミ間の相互作用、とりわけ恐竜のDNAを発見するアイデアをめぐる相互作用は、論文発表のタイミング、助成金獲得、研究課題設定、そして専門的人材の補充に影響を与えた。この10年の間、一部の科学者は、自身の成功を確かなものとするために、急速に成長しつつあったこの学問分野のセレブリティを抜け目なく利用したのだった。

一方で、ハイプ――または過剰なハイプ、あるいは不適切な種類のハイプ――は、進化史を研究するための信用性のある正当なアプローチとしてこの分野が成長し、受け入れられるうえでの問題をもたらした。ブラウンはこの期待とハイプの間の緊張を捉え、ハイプは研究を生み出し、新しい技術とその応用に対する関心を維持するのに一定の役割を果たす一方、過熱を招くことで、評判を損なってしまうこともあると説いている。期待に応えられないことで危うくなるのは科学者の評判だけではない。研究分野全体の評判もダメージを受ける可能性があるのだ。「非常に多くの事例で、プレゼントがかつて抱かれていた期待を満たせなくなる。このことが個人だけでなく、イノベーション分野全体の評判にとって壊滅的な結果を招くことがあるのだ」[79]。確かに、古代ＤＮＡの研究者たちは、セレブリティを新分野の正当性を損ないかねない、一種の汚染だと感じていた。

化石物質に適用する技術としての期待を裏切った失望感は、古代ＤＮＡの探索に大衆が強い関心を抱いていたことからさらに深いものとなった。ハイプへの対応において研究者は自分たちの分野の技術的課題と社会を向いた学問としての地位に向かい合う必要があると考えた。そして、ひと握りの研究者がこのような絶えず存在する汚染の懸念に対処する役割を進んで引き受けている。また彼らは自分たちには不釣り合いで不相応なパブリシティにも抵抗した。古代人の遺骸から本当にＤＮＡを回収することができるのかという疑いはこのような問題を悪化させた。この学問が発展していく中で、汚染の懸念のために結果の真正性に疑問が投げかけられた。大きく見れば、このような懸念は学問自体の信用性に深い疑問を投げかけたのである。さらにセンセーショナルな歴史を踏まえれば、科学者たちが古代ＤＮＡの真正性に関してコミュニティ内で合意を得ることは、不可能ではないにしても困難に思われた。熱狂から冷笑の段階へ、古代ＤＮＡ研究は誕生、進化し、いまでは進化生物学の中で認められる学問となるべく苦闘していた。信用性は瀬戸際にあったが、科学者たちに言わせれば、その原因は汚染とセレブリティにあった。その結果として、古代ＤＮＡ研究者の間に不信と不和が高まりつつあった。20年の年月と3通のニュースレター、そして４回の会議を経て、古代ＤＮＡコミュニティは成長していたが、その成長は明らかに違う方向へと向かっていた。

第6章　汚染

正しく研究するか、やめるか

2000年の夏、イギリスのマンチェスター大学で第5回国際古代DNA会議が開催された。[1] サイエンス誌に掲載された会議のレポートによれば、この学問は最古のDNAを手に入れる競争から抜け出し、方法論的発展と科学的成熟という新たな段階へと移行しつつあるようであった。レポートの著者、エリク・ストクスタッドはこの評価を裏づけるとみられる数件の研究を取り上げている。[2]

そのひとつは、スヴァンテ・ペーボと当時ミュンヘンでペーボのもとで学んでいた博士課程研究者のヘンドリック・ポイナーによるものだった。彼らは近年の研究で、コプロライト（化石になった糞を科学的に表現したもの）がDNAの優れたソースであることを発見していた。[3] この研究で、彼らはネバダ州ラスベガス郊外の洞窟で発見された約2万年前の化石化した糞からDNAの抽出を試みた。現代の糞便物質からDNAを抽出、増幅する標準的方法がうまくいかなかったため、彼らは糖化タンパク質の架橋結合を切断する化学物質、N―フェナシルチアゾリウムブロミドによってＤＮＡを分離する方法を用いた。抽出過程にこの化学物質を添加することでＤＮＡを取り出すのに成功し、配列比較に基づき、このコプロライトが古代の絶滅した地上性ナマケモノ（学名*Nothrotheriops shastensisthus*）が残したものであることを突きとめた。このデータから、科学者たちは大昔に絶滅した生物の食事内容をかいま見ることができた。また、洞窟は分子保存が生じるユニークな場所であるとみられ、この方法を用いることで化石化した糞がユニークな分子情報源であることが明らかとなった。

ストクスタッドはアメリカ自然史博物館のアレックス・Ｄ・グリーンウッドとロス・Ｄ・Ｅ・マクフィーが主導した近年の研究についても取り上げている。その研究で彼らは絶滅したケナガマンモスからミトコンドリアＤＮＡだけでなく、核ＤＮＡの最初の証拠も回収したと主張していた。[4]同じ研究で、グリーンウッドらはＤＮＡ内に見つかった内在性レトロウイルスの部分的配列を回収したともしている。[5]ストクスタッドは、内在性レトロウイルスはあらゆる生物を通じてよくみられるため、特定の生物の生涯に関する情報や洞察をもたらす可能性は低いものの、この発見を受けて、研究チームは古代の病原体を通じて種の進化や絶滅を推測できる可能性について検討することになったと記している。この研究よりも前に、マクフィーとニューヨーク市のアーロン・ダイヤモンド・エイズ研究センターのプレストン・Ａ・マークスは、ベーリング海峡を渡って北アメリカ大陸にたどりついた侵入者のヒトや動物の病原体がマンモスの最終的な絶滅の一因となったのではないかとの仮説を立てている。[6]ウイルスが化石記録中に検出できるのなら、古代ウイルスの探索と研究を専門とする新分野が切り開かれる可能性がある。ストクスタッドによれば、この研究を行った科学者たちは氷河期の病原体の証拠が発見できるかどうかは結局、運次第であることを認めている。[7] だが新しい手法とＤＮＡの供給源を取り上げる中で、ストクスタッドは21世紀に移り変わりつつある時期のこの学問を、数十、数万年前からの進化史に対しなんらかの本格的な最先端の貢献をなす力を蓄えたものとして描いていた。

しかし会議の1か月後に、この分野の状況について大きく異なる見解を示す別の論文がサイエンス誌に掲載された。その論文──「古代ＤＮＡ：正しく研究するか、やめるか（Ancient DNA: Do It Right or Not at All）」──は、この学問の発展について、懐疑、批判、いらだちに満ちたイメージで描いていた。この論文の著者はアラン・クーパー──近年立ち上げられたオックスフォード大学のヘンリー・ウェルカム古代生体分子センターの創設者で所長──と、先ごろミュンヘンのペーボの研究室を卒業し、当時ライプツィヒのマックス・プランク進化人類学研究所（ＭＰＩＥＶＡ）のペーボの新たな研究室で博士研究員となっていたヘンドリック・ポイナーであった。この論文は、会議、そして特にクーパーとポイナーがあまりにも「大胆に、この分野がいまや成熟し、自信をもって前進することができるという主張で始まった」と考えたある発表に対する直接的な反応として書かれたものだった。実際、クーパーとポイナーはそのような評価とは全く異なる意見を持っていたのである。「このような楽観主義には根拠がない。それはこの会議で行われた多くの発表に『真正性の基準』が著しく欠けている点に示されている」と彼らは主張した。[8] 古代ＤＮＡの真正性に関する基準は10年前から提起されており、それを取り入れた科学者もいたが、なおも意に介していない科学者が多いとクーパーとポイナーは考えていた。彼らはさらに、一流誌の編集者や査読者が、知見の真正性と再現性を担保する適切な対照を置かない研究を掲載し続けている点についても指摘している。彼らは、研究を標準化し、信用に足る学問としての評判を回復するために基準を使用したり、徹底したりできない責任は、科学コミュニティ全体——科学者、編集者、査読者を含む——にあるとした。

汚染の懸念をなくすために、クーパーとポイナーは「真正性の基準」となる9つの規則からなるリストを提案した。最初の基準は、あらゆる研究は「物理的に隔てられている研究室」——現代の物質によるいかなる汚染も回避するための古代DNA研究専用の研究室——で行わなければならないというものであった。以前に発表された論文で概略が示されていたガイドラインを利用し、彼らは、古代の物質を扱う研究室は、現代の物質を含んでいる他の分子研究室や微生物研究室とは物理的に隔てられている必要があるとした。[9]

また「古代DNA研究室」では、汚染の有無を検証するために「対照増幅」、つまり複数の抽出を実施することを推奨した。他に求められる対照として、最初に増幅のために十分な量のDNAが得られるかどうかを判定するための「定量」、またPCR産物内の内在性DNA（対象生物を起源とするDNA）の量を推定するための「クローニング」を挙げた。さらに、配列が「しかるべき分子挙動」、つまり劣化の証拠を示している必要があるとした。古代の配列は500塩基対未満の短い配列であるはずだった。それより長い場合は汚染の結果とみなされるか、少なくとも汚染が生じていないことを実証する必要があるとした。さらに、クーパーとポイナーは、アミノ酸などの他の分子の「生化学的保存」によるDNA保存の間接的証拠を用いることを提案している。またヒトの古代ＤＮＡの場合は、汚染の懸念が特に高いことから、同じ環境条件で分子が保存されていることを確認するために、「関連する遺骸」あるいは動物の遺骸から配列を抽出、分析するべきであるとした。また「再現性」が重要であるとし、同じ試料から最初の抽出物とまったく同一の結果を得ることができなければならないとした。最後に、研究者は「独立した再現」によって自分たちの所見を再現する必要があるとした。つまり、独立した研究室で、独立した研究者により、当該試料から別のサンプルを採取し、ＤＮＡの抽出、配列決定、確認を行うべきであるとした。９つの基準すべてを満たすには費用も時間もかかるだろうことをふたりも認めていたが、彼らはそうすることがこの分野の将来にとって不可欠であると考えていた。[10]

この新提案で期待される要件、特に古代ＤＮＡ研究室の要件について他の研究者が詳しく述べている。[11]例えば研究室への出入りの際の空気の流れによって汚染が生じないよう、陽圧による専用換気システムを備えた物理的に隔離された研究室で行うよう提案している。理想的には、このようなクリーンな研究室は、ＰＣＲ施設を持ついかなる建物からも離れた建物に収容されていることが望ましい。さらに、クリーンな研究室に持ち込まれるあらゆる装置について、必要に応じて漂白剤や紫外線（ＵＶ）照射により除染を行う必要がある。クリーンな研究室は出入りの前後に漂白剤で洗浄し、毎晩、紫外線を用いて室内を完全に除染しなければならない。最終的に、古代ＤＮＡ研究室が他の研究室から物理的に隔てられていること、また研究室で研究を行う際に研究者が取るよう求められる対策が、古代ＤＮＡ研究を適切に行っているという品質証明となった。物理的に隔てられた研究室は、現代の物質による汚染を防ぐためのさらなる安全策であった。クリーンな研究室に入るたびに、研究者はグローブ、靴カバー、ヘアネット、フェイスマスクを完備した全身を覆うスーツを着用することが求められた。またPCR施設で作業を行ったあとには、作業スペース間の交差汚染を避けるために、決してクリーンな研究室に入らないよう求められた。クリーンな研究室の有無によってコミュニティ内の研究結果の信用性を判断する科学者も出てきた。

全体として、クーパーとポイナーの「古代DNA：正しく研究するか、やめるか」論文は影響を及ぼしたが、これだけが汚染の懸念に対処する取り組みというわけではなかった。確かに、彼らの真正性に関する基準は、長年にわたって登場したさまざまな論文を参考にしたものであり、そのような論文には1980年代末から1990年代初頭にまで遡るものもあった。[12] 例えば、かなり近い時期の1997年にネアンデルタール人のDNAについてペーボの研究室が発表した論文には、古代DNAの真正性を実証するうえで彼らが必要と考えた方法論的、技術的精度が詳細に述べられていた。[13] だが、クーパーとポイナーを含め、一部の科学者には、なおも汚染の懸念と標準化を真剣に受け取っていない科学者がいるといういらだちがあった。ある被面接者は次のように述べている。「スヴァンテ［・ペーボ］やトマス・リンダール、アラン・クーパー、ヘンドリック・ポイナーら、さまざまな研究者が、汚染の問題が存在すると主張しており、ほとんどの研究者は彼らに耳を傾けていた。実際に論文、つまり誤っていた初期の論文を発表していた人たちだ……だが耳を傾けない研究者も若干おり、忠告を無視し続けていた。それで業を煮やしてこのような基準が発表されたんだ」（被面接者6）。クーパーとポイナーにとって、危機に瀕しているのはひとつやふたつ、あるいはひと握りの研究の信用性だけではなかった。むしろ、自分たちの学問全体の信用性が危うくなっていると考えていたのである。この状況を正すには、仲間の研究者に真正性の基準に厳密に従ってもらう必要があった。「それができなければさらに疑わしい主張の数が増え、それによってこの分野全体がさらに信用を失ってしまうだろう」。自分たちの未来がそこにかかっているのだった。「古代ＤＮＡ研究が進歩し、進化研究の一人前の分野としてポテンシャルを発揮しようとするなら、学術雑誌の編集者、査読者、助成金交付機関、研究者が一体となって、あらゆる古代ＤＮＡ研究のためのかかる基準に同意することが欠かせない」[14]。クーパーとポイナーにとって、基準を分野全体で守ってもらうことは、この分野を標準化し、広く進化生物学内で信用を得るために必要なのだった。

クーパーとポイナーが真正性に関する基準を発表してから数年後、ペーボとポイナーが、他の研究者とともに、ガイドライン、とりわけ再現性と反復に関するガイドラインの重要性について再び取り上げている。アニュアル・レビュー・オブ・ジェネティクス誌に掲載された30ページに及ぶ大部の総説論文で、この分野のほぼ20年にわたる歴史について考察している[15]。初期の時代を振り返り、絶滅した古代生物からのＤＮＡの発見、つまりクアッガと古代エジプトのミイラからのＤＮＡの発見を実証したと初めて主張した１９８０年代半ばの初期の研究を取り上げている[16]。だがこのような、この種のものとして初めての研究の知見が、真正性を担保するための再現に成功しなかった点についても彼らは注意を促している。ペーボはさらに、そのミイラのＤＮＡに関する自分の最初の研究ですら現代の汚染物質を含んでいた可能性が高いことを記している[17]。「彼らはある意味早咲きだった。というのも古い組織中に存在するＤＮＡの量がごく少なかったため、同じＤＮＡ配列を持つ細菌クローンを分離することが本質的に不可能だったからである。このため、真正性を立証するために結果を反復することができなかった。従って、実験科学のリトマス紙――再現性――を実現することはほぼ不可能だった[18]」。同論文で、1980年代末にPCRが登場して古代DNA研究に採用されたことで、研究対象のDNA配列を指数関数的に増幅できるようになったため、この状況が変化したことが記されている。だが一方で、複数の配列を増幅、解析できるというPCRの能力により、化石DNAの探索にとってのふたつの課題が明らかとなった。すなわち分子損傷と現代の汚染によるシーケンスエラーである[19]。ペーボらによれば、20年を経て「汚染はなおも古代DNA研究における最も深刻な問題であり……その現実は、汚染を回避する手法が絶え間なく改良され、また真正性の基準が追加、修正されていることから明らかである[20]」

この論文で、ペーボらは真正性の基準を一覧に挙げ、その基準に従うことが自分たちの学問の信用性を支えるために「最重要」であると主張した[21]。しかし同時に、基準に従うだけでは十分とは言えず、それを「DNA配列が真に古代のものであるという証拠とすることはできない」とも述べている[22]。確かに、結果が偽陽性（本当は陰性なのに誤って陽性を示すこと）である可能性も十分あり得ることだった。生物がなんらかのDNA配列により汚染されていても、理論的には真正性の基準が満たされつつ、なおもその結果自体が真正ではない場合があることを彼らは指摘している。この点を説明するために、彼らは中国で発見された約3万年前のクマの歯から抽出されたDNAの事例を挙げている。この歯から、研究者はヒトのDNA配列（明らかにクマの歯由来ではない配列）を増幅し、さらにそれを再現することに成功した。この事例では、真正性の基準は満たされたものの、最初に得られ、その後再現された配列は最初から汚染されたものだったのである。[23] この点に照らし、「古代ＤＮＡ研究を成功させるための最も重要な前提条件は、自らの研究に非常に疑い深く取り組む態度である」と著者らは付け加えている。[24] この基準は研究を実施し、結果を立証するための枠組みという側面が強いものなのだと彼らは説明している。科学的推論、あるいは研究に対する批判的態度もその過程の一部でなければならないのである。言い換えるなら、基準は重要ではあるが、それだけでは十分ではなかったのだ。

一部の科学者が古代ＤＮＡの分析結果の真正性と再現性を達成するために払った努力は言うに及ばず、そのふたつの重要性を力説するために払った大変な努力も無茶なものでも不合理なものでもなかった。事実、科学社会学者のハリー・Ｍ・コリンズとトレヴァー・Ｊ・ピンチは、多くの研究者が自身の科学的取り組みにおける実験成功の証しとして、さまざまな形で反復を当てにしてきたことについて検討している。彼らは、研究者らが反復をいかに当てにしたかに加え、なぜ当てにしたかについても検討した。超心理学から重力波や太陽ニュートリノの検出に至る事例に基づき、コリンズとピンチは多くの研究者にとって、結果の反復――まったく同一の結果を繰り返し何度も生み出す能力――が科学的妥当性の基礎であったと論じている。[25] コリンズははっきりと、大半の研究者にとって「再現性」が、研究室で自分が行っていることが現実と科学的「普遍性」に対応していることを示す証拠として理解されていたことを記している。[26]

だが彼らは研究における反復が決して単純明快なものではないことも指摘している。実際、そのことがしばしば重大な論争の原因となる。新しく誕生した研究分野の初期には、用いられる方法や生み出される結果が本当に信用できるものかどうかを知ることはほぼ不可能である。初めのうちは、結果の正しさが議論の対象となり、どのようなものであれ、その結果を生み出し、その後再現した方法も対象となる。自身の研究のひとつで、コリンズはこの点を次のように表現している。「ふつう、実験スキルを適切に使いこなしていることは、実験から適切な結果が得られることで明らかとなるが、新たな現象の検出が問題となっている場合は、何をもって『適切な結果』――現象が検出されるか検出されないか――とするかは明らかではない」[27]

古代DNA研究の場合は――このテーマについて約20年に及ぶ探求を経た後でさえ――化石物質中のDNAの存否自体が議論の対象となった。研究者たちは古代DNAの理論的存在と潜在的証拠のいずれをめぐっても対立した。そもそもDNAが数百年、数千年、さらには数千万年にわたりもとのままの状態を維持できる可能性について彼らは異なる意見を持っており、また化石物質からの真正な古代のDNAが確実に、また繰り返し回収できることを実証するためにどのような証拠が必要になるかについても異なる意見を持っていた。その結果、反復の行為――当初は成功の基準とされていた――はむしろ終わりのない論争の原因となってしまったのである。

コリンズはこのジレンマを一種の退歩《リグレス》の観点で説明している。具体的には、彼はこれを「実験者の退歩」――「反復を科学的知識の主張の真実性の検証法として用いようとする研究者に生じるパラドックス」と呼んだ。[28] 別の表現をすれば、「ある実験が適切に行われたかどうかを知るためには、それが正しい結果をもたらすかどうかを知る必要がある。だが何が正しい結果であるかを知るには、適切に行われた実験を用意する必要がある」のだ。[29] そしてこの退歩は、科学者たちが、なんらかの手段で、何をもって適切に行われた実験の正しい結果とするかを決めるまで続く。

だがこの退歩を克服することは決して容易ではない。方法や結果が妥当かどうかで意見が分かれやすいのみならず、同じ結果を同じ方法で本当に再現できているかどうかがしばしば議論の的になるからである。「問題は、実験が熟練を要する作業であることから、2回目の実験が最初の実験の結果の照合基準となるほど適切に行われたかどうかがはっきりわからないことである。その実験の質を検証するためにさらなる試験が必要となり――その検証のためにさらに、ということになる」[30]。このため、研究者たちが最初の実験に納得していても、そもそもその結果を反復することを目的とした2回目の実験が適切に行われたことを納得させられない場合があるのである。

理論でも実践でも、実験がいかに行われたかをめぐって常に議論が生じる可能性がある。科学的実験の反復は骨の折れる作業である。コリンズにとって、「実験は難しいものである」。なぜなら「実験スキルのほとんどが明示されないもの」だからである。コリンズが説明するように、暗黙知《あんもくち》とは直感、判断、経験といった事柄に関わる言葉に表されない知識のことであり、いずれも時間や資金などのより実体的なリソースの影響を受ける。実験に関して言えば、暗黙知は本質的であると同時に捉えどころのないものである。実際、実験の性質そのもの、つまり実験がいかに行なわれ、報告されるかが問題の核心となることがある。「従って、実験はいくら頑張っても完全に書き記すことができない」とコリンズは論じる。「サイエンスライティングや論文発表という慣習は、実験の試行、誤り、ごまかしの詳細を伝える妨げとなり、事態を悪化させるだけなのである。このため、別の研究者の知見を実験を反復することで検証したいと考える実験者は、同じ結果が得られなかった場合に、結果自体が正しくないためなのか、反復法がなんらかの重大な形で元の実験と違うためなのかを判断するのが難しいことに気づくのだ[31]」

PCRは、この分野の成長を促した非常に価値ある手法ではあったが、同時に多くの問題も引き起こした。ある若い世代の科学者が、汚染に関するPCRの欠点について次のように述べている。「困った状況です。やっても半分は何も出てこない。何か出てきても、それを反復できない。汚染を見つけてもそれを取り除くことができないし、どこから紛れ込んだかもわからないのです」。作業全体が「こまごましたたくさんの儀式」を持つ「研究室内のブードゥー教」みたいなものだったが、結局「なにがどこから出てきたのか突き止められないのです」と言ってその科学者は笑った。「ストレスがたまりますよ！」（被面接者27）。ライプツィヒの研究室――古代DNA研究分野で世界有数の研究室――でさえ技術的限界に苦労していた。別の研究者は、ライプツィヒのMPIEVAの同僚から、古代DNA研究の分野で研究しないよう次のように警告されたという。「何をやるのであれ、この分野には手を出してはいけない。完全な袋小路だよ」（被面接者42）。この分野で大幅な進歩が生じたにもかかわらず、多くの研究者は一歩前進すればほぼ必ず二歩後退してしまうように感じていた。「そして我々はある意味、行き詰まっていました。ある世代の研究者全員が――これが彼らのやりたかった研究なのですが――この技術の限界に束縛されていたのです」とある研究者は振り返っている（被面接者27）。

第5回国際古代DNA会議は明白に汚染に関する議論の主戦場となり、クーパーとポイナーの論文「古代DNA：正しく研究するか、やめるか」はこの問題、またその解決策を、声高にこの分野の内外の研究者に向けて明らかに出したのだった。彼らが提示した真正性の基準は信用性の証しとなり、結果の再現、反復を行うことは実験的専門知識を測る尺度となった。多くの研究者にとって、汚染は極めて技術的な問題であり、クーパーとポイナーの基準は結果の信頼性を判定するプロセスにおける見張りの役割を果たした。

二重の汚染

真正性の基準は、この発展中の分野の技術的課題に対する対応というにとどまらなかった。この基準は、この分野の社会を向いた科学、さらには異論はあるがセレブリティ科学としての地位に対する対応でもあったのである。誤解のないように言うなら、科学者たちは、「汚染」について、古代ＤＮＡの真正性とともにこの科学分野を取り巻くマスコミや大衆の高い関心という、文字通りの意味と比喩的な意味の両方で懸念していたのである。

言葉の文字通りの意味では、汚染は環境や細菌などの他のソースからのＤＮＡに試料がさらされることを指していた。野外、研究室、あるいは博物館での人間による取り扱いも科学者が意識し、避けなければならない問題だった。しかも、数百年、数万年前の生物から得たＤＮＡが基本的に大きく損傷していることから非常に厄介なものとなった。だがこのような汚染の現実が広がり、公表されるようになる中で、研究者たちは別の、あながち無関係でもないタイプの汚染に気づき始めた。一部の科学者はメディアを悪影響を及ぼす存在と捉えていた。古代DNA研究にまつわるハイプと高まりゆくセレブリティ、とりわけ不釣り合いで不相応なマスコミの注目が、進化史研究の正当なアプローチとしての自分たちの信用性を汚染していると考えていたのである。そのようなハイプは古代DNA探索の研究の誕生と新しい科学分野への発展に役立ってきた。だが同時に、期待に対する失望が生じ、それが非常に社会的な性質を帯びていたことが、この分野の内外の研究者から行きすぎとされ、最終的にはひと握りの科学者ばかりか、この分野全体の評判を損なったと解釈されるようになった。

実際、21世紀への変わり目はこの分野にとって極めて重要な時期であり、第5回国際古代DNA会議、またクーパーとポイナーの「古代DNA：正しく研究するか、やめるか」論文は、この分野が変化を必要としており、またその変化へと向かう勢いが生まれていることを余すところなく示した。それは、古代DNA研究者が長年抱えてきた、汚染、セレブリティに関する懸念、またそれらへの対処が甘いとの批判もある状況に向き合わざるを得ないターニングポイントだった。2000年にマンチェスターで開催された古代DNA会議で、会議の主催者は参加者が結果の妥当性について質問するだろうと考えていたとある科学者が述べている。「でも誰も質問しなかったのです。みんなとても英国人的で、礼儀正しく座っているだけでした」とその科学者は語る（被面接者5）。別の年長の科学者も同様の見方を示している。「わたしたちは古代DNA会議の昼食時に、いかに多くの報告が80年代末から90年代半ばに目にしたのと同じ過ちを繰り返しているか、不満を語り合っていた。『おい、いいかげんにしてくれよ、またやってるぞ！』という感じだったね」（被面接者32)。この被面接者に言わせれば、汚染の懸念とともに、高まりつつあったこの分野のセレブリティ的側面が彼らの不満の理由であり、科学者の中には「研究の華やかさ」や「サイエンス誌やネイチャー誌に論文を発表する」チャンスに「引きつけられた」人たちもいたという（被面接者32)。ある研究者が述べたように、汚染とセレブリティは、研究者たちが真正性の基準を提唱しようと考えた動機でもあった。「つまり、クーパーとポイナーがあの論文を発表したのはそれが理由だ。すべての原因は自己批判の欠如にあった……自分の研究を冷静に眺めて、『これは信じられるものだろうか？　適切なものか？』と問う態度だ。ほとんどの科学者はそういう態度を取っているだろうが、そうではない科学者もいる。そうした研究者は『おい、こいつはすごいぞ！　素晴らしい結果が出た。ネイチャー誌やサイエンス誌に論文を発表できるぞ』と考えるだけだ」（被面接者5)。「古代ＤＮＡ：正しく研究するか、やめるか」論文は、基準を求めるだけでなく、この分野がセレブリティ科学へと発展していく中で、化石ＤＮＡの探索の引き締めを求めるものでもあった。

マスコミの関心がこの歴史の浅い分野に力をもたらしたのとまったく同じように、その関心はこの分野の力を削いだようだ。実際に、一部の研究者――この分野の内外で研究を行っている研究者――は、化石ＤＮＡの探索に絶えず注がれる関心を、一種のさらなる汚染の原因とみなした。ある年長の研究者は、この分野の信用性に関わる根深い懸念と結びつけて言う。「［それは］『ジュラシック・パーク』に対する自衛というだけではなかったと思う。古代ＤＮＡを、先に言ったような山師的研究のたぐいと見なし始めていた科学コミュニティ全般に対する自衛だった」（被面接者4)。一部の研究者によれば、高すぎるマスコミの関心や失望にさらされることにより深刻なダメージが生じるおそれがあったのである。

だがある意味では、セレブリティはこの科学分野とそれに関わる論文発表の作法に組み込まれていた。例えば、古代ＤＮＡコミュニティの歴史を振り返り、ある遺伝学者が次のように述べている。「わたしは華々しいものを手に入れるために歪められたのは一部の研究界隈だったと思っている。そうした研究界隈は華々しいものを手に入れること、つまり有名な化石、ＤＮＡのかけら、ネイチャー誌やサイエンス誌に論文が掲載されることに関心があったんだ」。科学者と科学機関のいずれもが、マスコミとともに、ニュースの見出しを飾るような研究を奨励し、生み出すのに一役買ったのである。「わたしの考えではそうした研究界隈はネイチャー誌やサイエンス誌が示す関心に歪められたのであり、そういう雑誌が関心を呼ぶ見出しを好み、人を驚かせる要素《ワオファクター》があるという理由で、それほど科学的に興味深いとは言えないものを招き入れたのだから、そういう雑誌も少しは批判されてしかるべきなんじゃないかな」。この被面接者によれば、エキサイティングな若い研究分野に伴うパブリシティは、この分野に特定のタイプの研究者を引きつけていたという。「もっと成熟した分野で研究する場合、ネイチャー誌やサイエンス誌に掲載されるような重要論文を発表するには長年の骨の折れる研究が必要になる。しかしこの分野の場合、骨を手に入れ、ＰＣＲにかけ、配列を決定しさえすれば論文を投稿できる時期があった——だから手っ取り早く成功を手に入れたい研究者を引きつけて、褒美を与えたんだ。ネイチャー誌やサイエンス誌への論文掲載は成功とみなされるからね」。この研究者自身も、セレブリティを利用してごく少量のミトコンドリアＤＮＡに関する論文をネイチャー誌に投稿し、象徴的でニュース価値のある試料を用いたから掲載されたことを率直に語っている。「わたしには説教する資格はないし、そうするつもりもないが」、わずかな結果をそのような注目される学術誌に発表することを「わたしは歪みだったと思っている」。振り返って当時そのように感じていたかを尋ねられて、この研究者は答えた。「ああ。当時そういうふうに感じていた。わかっていたよ。つまり、ある意味、この分野はちょっと変わったやつ——その中には成功したのもいたし、そうでないのもいた——をいくらか引きつけたんだ」（被面接者21）。

信用性を高める試みとして、古代DNA研究者たちは「境界画定作業《バウンダリーワーク》」にいそしんだ。科学論研究者のトーマス・F・ギエリンがこの境界画定作業という概念の提唱者である。彼は初期の自然哲学者や科学者が対立に直面する中で権威を高めるために取った戦略についての研究からこの概念を導き出した。[32] この概念を包括的に論じる中で、ギエリンは境界画定作業について、「科学とあまり信頼できない他の非科学の間に修辞的な境界線を引く目的で、科学者、科学的方法、科学的主張に特定の性質を論証的に関係づける」ことにより「科学自体の文化的権威を示す社会学的解釈」と表現している。[33] ギエリンによれば、科学を実践するのにただひとつの方法があるわけではなく、わたしたちが何を科学とみなすかによって、さまざまな方法で境界線を引き、また引き直しているのだということである。

ギエリンがいみじくも指摘しているように、科学者は自分たちの信用性、さらには権威が脅かされていると感じるとしばしば境界画定作業にいそしむ。内部あるいは外部の勢力に脅かされた際に、科学者は自分たちの研究と、彼らが自分たちの評判を脅かすものとみなす他の活動——科学的なものもそうでないものも含む——との間に線を、場合によっては何度も引くことで自分たちの研究を守る。このような状況では、境界画定作業は信用性を得るための戦いにおいて不可欠な要素となる。「境界画定作業は社会的コントロールの手段となる。境界線が引かれ、管理されることで、『科学者たち』はそれ以上動き回れば正当性の境界を逸脱してしまう限界を知り、『科学』は望ましい行動規範に対する独占状態を維持できるようになる」[34]。実のところ、境界画定作業とは科学者が何を科学とするかという定義を継続的に作り、作り直し、取り決めるプロセスなのである。

古代DNA研究の歴史では、研究者たちはふたつの領域で信用性の懸念に対応する必要があると感じた。つまり、研究室内の化石や遺伝物質の汚染という具体的な領域と、マスコミや大衆の過剰な関心によって自分たちの評判が汚染されるという比喩的な領域である。言い換えれば、古代DNA研究者たちは、自分たちの自律性、権威、正当性に影響を及ぼすとみられる互いに無関係ではないふたつの問題領域で、それぞれ境界を確定する「二重の境界画定作業」にいそしんだのである[35]。前者については、研究者たちは一定の技術や手法を利用するという形で基準を施行し、研究の周囲に技術的境界を画定することで汚染の懸念に対応した。クーパーとポイナーの「古代DNA：正しく研究するか、やめるか」論文は文書の形を取ったその一例であり、「古代DNA研究室」の有無は、一部の科学者が信用できる研究とあまり信用できない研究の境界を示すために用いた物理的境界であった。

後者については、研究者たちは自らの研究をマスコミの関心や影響から切り離すべく、修辞的方法で境界を確定することで、自分たちの分野のセレブリティ的地位に対応する必要があると考えた。汚染とセレブリティの懸念を踏まえ、研究者は自分たちの研究の健全性がそうした問題をいかにコントロールできるかにかかっていることに気づいた。一部の研究者に言わせれば、それは社会の側の対応を必要とするものだった。例えば、ロブ・デサールとデヴィッド・リンドレーは『恐竜の再生法教えます』〔加藤珪、鴨志田千枝子訳、同朋舎、１９９７年〕という本を執筆し、『ジュラシック・パーク』とヒットした続編の『ロスト・ワールド』（１９９７年）の科学的側面とフィクション的側面を比較して論じている。[36] ケンブリッジ大学の純古生物学者デイヴィッド・ノーマンがこの本を評し、次のように述べている。「この本はシナリオ全体のカラクリを非常に効果的に暴いており、これらの映画をめぐるあらゆる馬鹿げたハイプに対する完璧な解毒剤となっている。スティーヴン・スピルバーグはとてつもなく成功した映画監督である。彼は史上最高のファンタジー映画をいくつも生み出してきた。そして『ジュラシック・パーク』と『ロスト・ワールド』もまさにそのような映画――純然たるファンタジーであり、それ以上でもそれ以下でもないのである」。[37] 実のところ、デサールとリンドレーは映画と、実際の科学的、技術的研究としての古代ＤＮＡ研究の間に線を引こうとしたのだった。もちろん、彼らが執筆を思い立った直接の動機は古代ＤＮＡ研究の科学を常に取り巻くパブリシティにあった。初期の古代ＤＮＡ研究に関わっていたある研究者によれば、「この本は古代ＤＮＡ研究に対するマスコミの関心のど真ん中から生まれたものだった。（被面接者18）。他にも同じように、だがより従来的な方法で対応した科学者もいた。例えば、古代ＤＮＡ研究者と緊密に共同研究を行っていた古生物学者のエイドリアン・Ｍ・リスターは、「古代ＤＮＡ：『ジュラシック・パーク』というわけではない（Ancient DNA: Not Quite Jurassic Park）」と題する論文を執筆し、メアリー・シュワイツァーとサイエンスライターのトレーシー・

ステッドラーは「本当のジュラシック・パーク（The Real Jurassic Park）」と題する論文を発表している。[38] これらの論文では、研究者らは大ヒット映画にそれとなく触れているが、分子保存には当てにならない性質があることと、汚染という際立った問題が存在することを強調している。数ある中でもこれらの問題を挙げて、彼らは恐竜を復活させるというアイデアが、少なくとも現時点では手の届かないものであることを、いずれも実際のところをはっきりさせるために論じたのだった。

わたしのやり方で研究するか、やめるか

そもそもは知見の真正性と再現性に関する論争を減らすことを目的としていたものだが、「古代DNA：正しく研究するか、やめるか」論文で明確に述べられた真正性の基準は、実際にはコミュニティにさらなる議論と分断を引き起こした。汚染とセレブリティの懸念を減らすために、一部の科学者は、この学問に参入する障壁を高くし、手法と成功を手に入れにくくすることで競争を抑えようとも試みた。実のところ、真正性の基準、そして科学者がその基準をどれほど守っているか否かで、このコミュニティは異なる共同研究、会議、さらには論文発表の場へと分裂したのである。最初期のある研究者によれば、「古代DNA：正しく研究するか、やめるか」論文は、絶滅した古代生物の試料の科学研究をいかに行うべきかに関する、新しい、保守的で、排他的な方針を究極的な形にしたものだった。この研究者が指摘したように、この論文の題名は「わたしのやり方で研究

するか、やめるか（Do It with Me or Not at All）」のほうがふさわしかっただろう（被面接者11）。21世紀になろうとする頃、ペーボとクーパーはこの分野で科学的、政治的な影響力を持つ存在となり、いずれも一流研究機関の豊富な資金力を持つ研究室の責任者となっていた。その経歴と経験から、彼らは化石ＤＮＡの探索における最先端で、容赦のないパイオニアとして評判を得ていた。ふたりは１９８０年代末と１９９０年代初頭に、古代ＤＮＡ研究の誕生の地として認められていたカリフォルニア大学バークレー校のアラン・ウィルソンの研究室で学生として研究者のキャリアを始めた。そして早期から論文を発表し、この分野が進むべき方向に関してはっきり意見を述べるようになった。このコミュニティ内で、ペーボは「古代ＤＮＡの暗黒卿（Dark Lord of Ancient DNA）」（被面接者12）、クーパーは「詰問長官（Chief Challenger）」（被面接者28）として知られるようになった。彼らはそれぞれのやり方で自らの学派を立ち上げ、追随者を集めた。

多くの研究を生み出す名声ある古代ＤＮＡ研究の拠点として、ペーボとクーパーの研究室はこの分野の未来に対して自分たちの権威を行使し、彼らの信条はとりわけ新進の若手研究者に影響を与えた。なかでも汚染の問題に対する保守的スタンスについて影響力を持っていたが、自分たち以外のコミュニティとの交流、というより対し方については両者に違いがあった。「彼らはふたりともこの保守的スタンスについてとても強い影響力を持っていたと思うけれど、違っていたのはアラン［・クーパー］のほうがスヴァンテ［・ペーボ］よりもそれを積極的に広めようとしていたことだ」とペーボの元教え子は述べている（被面接者15）。例えば、オックスフォード大学のある科学者が古代ＤＮＡコミュニティと交流したときのことを振り返り、次のように述べている。「わたしはアランのもとで博士課程研究をしていたのですが、かなり経験が浅く、世間知らずな状態で、アランが誰もかれも間違ったやり方で研究していると話しているのを聞いていました。彼はときおりわたしを会議に出席させ……研究者たるものいかに適切に研究を行うべきかという話をさせたのですが、おそらくそのためにわたしは研究者の間では最初あまり受けがよくなかったのです」（被面接者6）。被面接者らによれば、クーパーのコミュニティとの関わりははるかに積極的で独断的なものであったのに対し、ペーボはこの分野の研究に対して別の効果的なスタンスを取っていた。

ライプツィヒで、ペーボは——この分野の創始者のひとりであったにもかかわらず——自分たちの研究室を意図的にそれ以外のコミュニティから切り離していた。彼は会議に出席せず、自身の研究室外で行われていた研究をほとんど無視することで距離を置いた。このように同分野の他の研究の存在を認めなかったことで生じた分裂について、ペーボの初期の学生が振り返っている。「コミュニティは存在していた。確かに。でもそれに気づくのに数年かかった。スヴァンテ・ペーボの研究室でキャリアを始めたからね……しばらくは、自分たち以外にコミュニティが存在していることに気づきすらしなかった……スヴァンテの世界ではそれは基本的に存在しないものだった。外部の論文は引用する必要がなく、読む必要がないものだった。だから何かあるなとは思っていたけれど、まったく取るに足らないものだった」（被面接者15）。ペーボとクーパーは、いずれも自らの学派と追随者とともに妥協することなく真正性の基準を追求することで保守的スタンスを推進したが、常に成長しつつあった古代DNA研究分野の中で、自分たちの研究を他の信用できない研究と分け隔てるにあたっては異なるやり方を用いたのだった。こうしたスタンスは、彼らのもとで学ぶ学生、また同僚や共同研究者が、自らの研究を自分たち以外のコミュニティとの関係でどのように捉えるかに影響を与えた。

初期のある研究者によると、古代ＤＮＡ研究は非常にさまざまな学問分野から研究者を引きつけた。だがその過程で、分子生物学の詳細な知識を十分に身につけていない「素人」の研究者の一群を招き入れたという。「古代ＤＮＡ研究の問題は、研究者に自分でもできると思わせるところにある。モーツァルトの死因を遡って解明したいと考えるような法科学者や医者みたいな連中のことだよ［笑］」。この研究者に言わせれば、専門外の研究者が関心を抱くことで、古代ＤＮＡコミュニティの信用性、また彼らがこの学問の周りに引こうとした境界線にとって問題が生じた。「自分にもＤＮＡの研究ができると思う研究者が出てくるのだが、彼らには適切な施設がないし、古代ＤＮＡに関する正しい知識、理解も持ち合わせていないんだ」（被面接者５）。

汚染に対する懸念、あるいはその懸念を持たないことで、ついにはコミュニティは分断してしまった。当時の対立について振り返り、この研究者はこの分断を「２種類の科学者」が形になったものと表現している。「一方は研究室のクリーンルームで適切に研究を行う研究者たち、もう一方は対照や汚染について適切な配慮がなされていない法科学研究室、さらには医学研究室で研究を行う研究者たち」である。研究におけるその違いはコミュニティの多くの研究者のいう「信者」と「非信者」の「分断」を生んだ（被面接者５）。具体的には、この分断は汚染とそれを避けるための科学的基準に関する議論をめぐって生じた。[39]

分断のいずれの側も汚染の存在については認識していたが、両グループには、古代ＤＮＡの真正性の検証のために一定の方法をどれほど用いるかについて違いがあった。大まかに言えば、非信者は信者の研究結果について疑いを持っており、無条件にはねつけることもあった。そのような非信者――ペーボやクーパーなどの個人、またその学生や関係の深い共同研究者たちなど――には、信者による研究は厳密性に欠け、そのため説得力がなく、信用しがたいものに映った。興味深いことに、このような表現の区分――信者と非信者――は分断のいずれの側からも相手側を指すのに使われている（被面接者6、23、28、36）。中には この分断を「持てる者」と「持たざる者」の違いと呼ぶ科学者もいた（被面接者11）。すべての被面接者がこれらの表現を用いたわけではなかったが、程度の差こそあれ、彼らはこの分断、またそれが自分たちの科学の社会学的状況に与えた影響について認識していた。[40]

最も顕著な点として、このコミュニティの分断は別々の会議、別々の共同研究、さらには別々の論文発表の場という形になって現れた。第5回国際古代DNA会議では両者の緊張は肌で感じられるものだった。信者を自称するある疫学者はこのイベントを振り返り、次のように述べている。「あのひどい会議に参加したのですが……わたしたちの側は誰も話をするよう求められなかったので、全員ポスターを用意するしかありませんでした。彼らはそのポスターも無視しましたが」。この被面接者が言うには、会議全体が「クローズドショップ（事業所で労働組合員だけを雇う取り決め）のように感じられた」。実際、この科学者は「『戻ってこなくていいぞ！』という非常に強いメッセージを感じながら会議を後にした」のである（被面接者23）。こうした懐疑は極めてあからさまなものであり、科学者の中には歓迎されないどころではないものを感じた人もいた。このような事情から、信者と非信者はそれぞれ別の道を歩むことになった。

このような分断によって、２つの会議が誕生した。ひとつは古代ＤＮＡ・関連生体分子国際会議（International Conference on Ancient DNA and Associated Biomolecules）（もとの会議の延長で、主に信者が参加した）、もうひとつは国際生体分子考古学シンポジウム（International Symposium on Biomolecular Archaeology）（非信者向けの別の新たな会議）である。この分裂は２００２年に最も顕著になった。この年、初期の会議の延長である第6回古代ＤＮＡ・関連生体分子国際会議がイスラエルのエルサレム・ヘブライ大学で開催されている。[41]自称非信者の科学者によれば、「分裂――分断――が生まれた。というのも、次の古代ＤＮＡ会議が、古代疾患のＤＮＡに関する非常にお粗末な研究を発表した研究者によりイスラエルで開催されることになり、そのため［同僚と］わたしは『じゃあ自分たちはその会議に行くことはないな』ということになったからだ」（被面接者5）。確かに、疫学分野のさまざまな研究者が、歴史を通じた疾患の進化を研究するために遺伝学的手法を用いることに関心を持っていた。例えばイギリスのヘレン・ドノヒューとマーク・スピーゲルマン、またドイツのスザンネ・フンメルとベルント・ヘルマンはヒトの骨格などの遺骸から、結核やハンセン病といった古代の病原体の証拠を抽出しようと試みていた。[42]彼らの研究は、古代ＤＮＡの手法を人類学や疫学へ応用し成功したとみられたが、もちろん汚染の懸念があった。クーパーらによれば、この種の研究は「遺伝学的古病理学の分野の可能性」を暗示するものではあったが、彼らにしてみればこの種の研究は紛れもなく懸念がつきまとうものだった。「残念ながら、一部の病原体は現存のヒト集団でもよくみられたり（結核菌［学名 *Mycobacterium tuberculosis*］など）、土壌中や他の動物宿主によくみられる同属の近縁病原体（ウシ結核菌［学名 *Mycobacterium bovis*］など）がいたりするため、動物性製品の取り扱い、埋葬、あるいは使用による汚染の可能性が出てくる」[43]。言い換えるなら、研究者が証明できない限り、この種の研究については疑うべき理由がいくつもあったのである。

被面接者らによれば、非信者を自任する科学者たちは別の会議を立ち上げた。その会議は、彼らが求める古代ＤＮＡ研究のための認識論的基準をより適切に体現するものだった。２００４年に、第１回国際生体分子考古学シンポジウム（ＩＳＢＡ）は、信者による研究の真正性を疑う非信者のためのもうひとつの舞台として、アムステルダム大学で開催された[44]。「ＩＳＢＡは、古代ＤＮＡ会議」と「コミュニティの分断のみを理由として始まった」とある非信者の研究者は振り返っている。分断はつまるところ何をもって真に信用に足る研究とするかに関する認識の違いに帰着したという。「どうやら［古代ＤＮＡ会議は］いまも続いているらしい。そしてまったくでたらめな馬鹿げた材料についていまも論文を発表しているらしいんだ！」（被面接者22）。信者側の科学者もこの分断について振り返っている。この研究者にとって、化石ＤＮＡの探索は証拠、そしてその立証責任をめぐる闘いだった。１９９０年代は「確認の時代」であり、いく分かは、信者たちは現在でも自分たちの研究の正当性が疑われていると感じている。「あいつらが、『俺たちは絶対に信じない』と言うんだ」とこの科学者は笑いながら語った（被面接者28）。この分断は当時確かに認識されていたが、それは被面接者の記憶とその語り直しの中でも詳しく語られ、補強されたのだった。

会議がコミュニティの対立の主戦場になっていたが、汚染の懸念はさらにこの分野の論文発表の場をも分断した。事態が専門的にどのように展開したかについて、別の非信者が同様の話を語っている。「ふたつの大きな区分が存在している。研究者がどこに論文を発表するかを見ればわかる。批判的な立場［非信者］の研究者は影響力のある雑誌に発表することが多い。あまり批判的ではない研究者［信者］は誰も聞いたことのない雑誌に発表することが多い」とこの科学者は説明する（被面接者６）。とりわけ、信者側はネイチャー誌やサイエンス誌などの有名な雑誌で発表することは難しかったと述べた。信者の論文は査読者に掲載を拒否されたり、否定されたりするという噂があったと一部の信者は語っている。「彼ら［非信者］は細部にこだわって大事なものに目もくれなかった。古代ＤＮＡ研究のためだけに使用する専用の空調設備を備えた施設で行ったのでなければ、どんな研究も一顧だにしなかった。彼らはわたしのような研究者が発見したものはことごとく否定した。彼らは『もちろんこれは信用できないな。あれもやってないし、これもやってないからね』と言う。とてもいらだたしかったね」と同じ科学者は述べている。このような拒否に会い、信者たちは論文掲載と評価を得るための別の場を求めた。「わたしたちはそういう雑誌を無視し、医学微生物学の雑誌や学際的雑誌に発表した」（被面接者23）。この分断は、異なる科学的伝統と異なる認識論的基準を持つ異なる科学者集団を背景とするもので、最終的には会議や共同研究から論文発表プロセスにまで至るコミュニティの文化に影響を与えたのだった。

基本的に、コミュニティの分断は、研究者がクーパーとポイナーの論文で概略が示された「真正性の基準」を採用し、それに従うかどうかに行きついた。ある若い世代の研究者が学問の発展途上だったこの時期を振り返って次のように述べている。「『［古代］ＤＮＡ：正しく研究するか、やめるか』論文はひとつの完全専売時代の核心のようなものだった。それは『古代ＤＮＡは古代ＤＮＡ研究室にのみ属する。そのような研究室がない場合——正確にわたしたちの言うとおりにしない場合——は、出て行ってもらう。君たちの研究論文は掲載しない』という方針だ」（被面接者27）。例えば、ある指導的な研究者はこの分断を、人々が「互いに話し合うのを止め」、「悪口を言い合い」、「嫌がらせをする宗教的分裂」になぞらえている。その結果、「異なる預言者」を擁する「異なる会議」が生まれたのである（被面接者6）。

セレブリティの懸念の領域での汚染を抑えようとする中で、一部の科学者は、研究者がこの分野に参入する障壁を高くすることでコミュニティの競争を抑えようとも試みた。例えばこの分野のある分子進化生物学者によれば、「真正性の基準」は、少なくとも一定程度は、「参入を抑制または制限する手段」に映った（被面接者2）。さらなる１９９０年代の初期の研究者はこの状況を次のように説明している。「古代ＤＮＡの分野を実際に運営していたのは……スヴァンテ［・ペーボ］と［アラン・］クーパーだった。クーパーは中心になって物事を仕切ったり、一定の方向に導いたり、真正性の基準を提案したり、「古代ＤＮＡのわたしのやり方で研究するか、やめるか学派」論文を発表したりしていた——とてもいらだたしかったよ。誰もが『そんなんじゃ駄目だ！』と言っているような状況では落ち着いて研究なんてできないからね」。この科学者にとって、このような排他的態度は問題であり、非科学的ですらあった。「『ひとつの方法』なんてないんだ。科学は『ある人物』が示す方向に進むわけじゃないのだから」（被面接者11）。ある研究者が述べるように、「しばらくの間、古代ＤＮＡ研究は一種の魔術なのだ、世界でほんのふたつか3つの研究室しか研究を行えないのだ、と多くの研究者が考え――またこの分野のひと握りの科学者が他の研究者たちにそう思わせようとしていた」（被面接者15）。ある指導的な遺伝学者がまさにそのことを裏づけている。「多くの研究者はスヴァンテ・ペーボほか2、3の研究者を知っているが、彼らは他の研究者をことごとく無視している」（被面接者48）。この被面接者たちにとっては、基準はこの分野での成功を抑制するように機能していた。

全体として、境界画定作業は信者と非信者間の分断――別々のつながり、会議、論文発表戦略の形成によって具体化した分裂――により最も明らかであった。未発表の論文中で、ドイツのゲオルク・アウグスト大学ゲッティンゲンのベルント・ヘルマンとエルサレム・ヘブライ大学のチャールズ・グリーンブラットが境界画定作業の存在とその結果についてとりわけ理解しやすい実例を示している。「この科学コミュニティは支え、協力し合うような形では機能しておらず、ごく初期に『持てる者』と『持たざる者』の両学派に分裂し始めた」。いずれも自身を信者側（あるいは持たざる者側）と見ていたヘルマンとグリーンブラットにとって、非信者たちは「科学的基準を自ら割り当てることで、自分たちを専門知識の点で優位な存在として不公平な形で定義した」。具体的には、この分野の信用性をめぐる争いにおいて、信者側が「実験デザインと改ざんに関する基本的な認識論的基準」を「戦場」へと変えたと非信者側は主張した。[45] ある面接で、別の研究者が同様の意見を述べ、この分野をおどけて「領主たちが」、「覇権を握るべく」、「馬に乗って相手の王国を滅ぼそうと」、「戦い合っている封建制度」だと表現している（被面接者25）。実際、この分野の引き締めを意図していた境界は、汚染とセレブリティに関する懸念に対処する手段以上のものだった。

研究者たちにとって、境界は競争を抑える手段でもあり、古代ＤＮＡの学問としての発展、コミュニティの文化、さらには科学者がその歴史を記すにあたりどのようなアプローチを取るかにも影響を与えた。ある研究者たちは、自分たちと意見を異にしてはいたが、やはりこの分野の過去の一部であった他の研究を無視することで自分たちの歴史を語った。例えばヘルマンとグリーンブラットは、「立場の違いは科学的基準の点で議論されたわけではなく」、「引用カルテル」や「自己参照構造」といった「戦略的行動によって無視された」と論じている。[46] 確かに、ヘルマンとスザンネ・フンメルのものを含む初期の教科書は、ペーボ、クーパー、またその学派で訓練を受けた学生が執筆した研究文献の総説のものとは異なる研究をいくつか引用している。[47] 一部の非信者――ペーボ、クーパーら――は、ヘルマンやフンメルらの科学者を含む信者の研究を無視した。ある年長の研究者は次のように語っている。「確かに、過去にはわたしたちが全く信じない種類の一群の研究が存在しており、多くの時間を割いてそんな研究は信じないと主張するよりも、引用しないほうが早いという感じだったと思う」（被面接者36）。ある論文で、アラン・クーパーの研究室の学生エスケ・ビラースレウとクーパー自身も、ある種の研究を文献から除外する傾向があったことを記している。「驚くことでもないだろうが、それ以降、非常に突飛な［古代］ＤＮＡの報告の多くは論破されるか、実質的に無視されてきた……他にも宙ぶらりんの状態にとどまっている論文が多数あるが、それらは適切な方法が取られなかったり、反復実験が行われなかったために実質的に無意味になったものだ」。[48] 一定の研究やその著者を学問の歴史に書き込んだり、省略したりすることは、自分たちが望む分野のあり方と、その中に自分たちの立場を確立しようとする取り組みの一環として一部の科学者が行う境界画定作業のさらなる形だったのである。

真正性の役割

世紀の変わり目に汚染の問題が生じた後で、研究者たちは自分たちが信用されなくなっていると感じた。クーパーやポイナーら一部の科学者にとっては、そこで危機に瀕しているのはひとつやふたつ、あるいはひと握りの研究の信用性にとどまらなかった。むしろ、学問全体としての信用性が危機に瀕していると彼らは考えた。この状況を正す方法のひとつが、彼らに言わせれば、同じ分野の同僚研究者たちに真正性の基準に厳密に従ってもらうことだった。ここで、古代ＤＮＡ研究者たちは、真正性の基準を発表し、同僚研究者、編集者、査読者に等しくその基準に従ってもらうよう求めることで境界画定作業を行ったのである。ある意味では、ひと握りの研究者が、一定の技術やテクニックを用いることによる基準の履行を通じて、この学問をめぐる技術的境界を提唱したのである。別の意味では、「古代ＤＮＡ研究室」の有無が、信用できる研究と信用できない研究の境界線を引くべく一部の科学者が用いた物理的境界であったことから、この境界画定作業はまさしく文字通りのものであった。真正性の基準、そして結果の反復を求める呼びかけは、古代ＤＮＡ研究の判断基準をなす実験上の専門知識の証しとなったのである。

しかし２００５年には、研究者たちは古代ＤＮＡの真正性の基準が絶対に正しいわけではないことに気づきつつあった。例えば、技術的、概念的進歩が生じたにもかかわらず、DNA劣化のパターンと過程が十分に解明されていないことが明らかとなってきた。この事態を受け、それぞれかつてクーパーとペーボの研究室の学生であったトーマス・ギルバートとミヒャエル・ホフライターが、ハンス＝ユルゲン・バンデルトとイアン・バーンズとともに、クーパーとポイナーの画期的論文で提案された基準の使用に異議を唱えた。この新たな論文で、著者らはクーパーとポイナーがそもそも同基準を古代DNAの真正性を得るための指針としていたことを指摘している。だが実際には、研究結果の真正性を保証するチェックリストにまで転じていたのである。ギルバートらによれば、指針として始まったものが、「盲目的に従われる」なんらかの「宗教的教義」と化していたのだった。このような基準を満たしたからといって必ずしも真正性が担保されるわけではないことに研究者たちが気づき始めたため、問題となった。事実、一定の事例では基準に従うことで誤った結果を生じる可能性があった。この基準は有用なものではあったが、本来の指針としての基準が不適切にも批判的思考や科学的推論の代わりに用いられていたと著者らは主張した。「だがこのような基準は絶対確実なものではなく、またその基準は、実際には古代DNA研究のデザインと実施の際に払うべき配慮や慎重さの代わりに用いられてきたと我々は考えている」[49]

そのようなチェックリスト化した基準に教条的に従うことで、ふたつの問題が生じた。科学者があらゆる基準を満たして論文を発表しても、なおも「発表した結果が間違っていた」ケースが多々あったという。一方で、研究者がすべての基準を満たさなかったため発表されなかった論文の中には、実際には「優れた結果を得ていたのに発表できなかった」ものがあった（被面接者6）。この懸念は、基準を満たすことを古代DNA研究の最大の目的とするべきではないし、実際にはそれは不可能であるとするギルバートらの主張に表れている。著者らによれば、「古代DNAデータの真正性と信用性は、いくつかのよく理解されていない知識分野の複雑な相互作用により生じる」のであり、「何によって研究が信用に足るものとなるのかについて明確な答えは存在しない」[50]。長年の議論と学問分野の発展を経た後にあっても、何をもって実際に「優れた」あるいは「誤った」古代DNA研究とするのか、コミュニティは明確な合意に達していないようだった。

この批判は必ずしも古代DNAの真正性の基準を否定するものではなかった。むしろ、彼らが注意を促していたのは、この基準が不完全なものであり、厳格に従うことには問題があるということだった。ギルバートらはある解決策を提案している。「古代DNA研究者は、自らのデータの信用性と結論を評価するにあたり、より認知的なアプローチを取るべきだというのが我々の考えである。提案の基準はなおも重要なものであり、軽々しく捨て去るべきではないが、基準をチェックリストとして用いて研究を計画したり、評価したりするのではなく、示された証拠が、問題を踏まえたうえで真正性を満たすに足るほど強いものかどうかをケースバイケースで検討することを推奨しているのである」[51]。彼らは、科学者が実行可能性について問うことで自分たちのプロジェクトを評価すべきだとした。例えば、試料の古さと環境はDNAが保存されていることを示唆するものなのか？　あるいは試料の取り扱い歴に、検出が難しく、そのため古代DNAの真正性を損なう可能性のある、以前の汚染を示唆する情報はないか？

興味深いことに、ペーボとヘンドリック・ポイナー、またクーパーとビラースレウも自分たちの基準に内在する問題について気づき始めていたため、「古代DNA：正しく研究するか、やめるか」論文の発表から数年の間に自分たちで同様の提案を行っていた。[52] この論文の発表について振り返り、この分野の影響力のある科学者は次のように語っている。「そしてこの論文の……大きな過ち――巨大な過ち――はリストの最後に次のように記さなかったことだ。『結果が基準をすべて満たしたとしても、なおも間違っている可能性がある。それは反証できなかったことを示すに過ぎない』と」（被面接者32）。それにもかかわらず、このような基準とその基準の遵守について求められた厳格さはなおもコミュニティ内にさらなる議論を引き起こした。

何をもって完全な実験とするかをめぐる議論は、あらゆる科学分野を通じてよくみられるものであるが、新分野や議論に満ちた領域ではとりわけ問題となる。ハリー・コリンズとトレヴァー・ピンチは次のように記している。「実験の問題は、適切に行われなければ、いかなる情報も得られないということだが、議論に満ちた科学の領域においては、何をもって適切とするかについて合意が得られないということである……このため、議論においては、科学者が結果についてだけではなく、お互いの研究の質についても争うことになるのは避けられない。このため実験を決定的なものとすることができず、退歩が生じてしまう[53]」。理想的には、「再現性」が科学の「普遍性」を示す証拠としての役割を果たすべきである。「誰であれ、どのような存在であれ、誰もが原理的に、科学的主張が妥当なものであることを自ら実験を行うことで自ら確認できる必要がある[54]」のだ。しかし、新たな科学分野や議論に満ちた科学の領域の場合は、実験が「誰」や「どんな組織」により「いかに」行われたかが議論の的となる。汚染をめぐるこの議論の激しさは、この科学を取り巻くセレブリティのために一層激しいものとなった。

研究者たちが境界画定作業にいそしむにあたり、彼らはふたつの領域で、社会一般に対する自らの正当性と科学コミュニティにおける自らの権威に影響を与えるふたつの別個の、しかし互いに絡み合った問題への対応としてその作業を行った。[55] 彼らは文字通りかつ技術的な意味での汚染を懸念しつつ、セレブリティの影響についても懸念していた。一方で、この分野の内外で研究を行っていた一部の研究者は、化石ＤＮＡの探索に常に向けられているマスコミの関心を、より比喩的ではあるが、やはり悪影響をもたらす汚染の発生源と捉えていた。彼らは不釣り合いで不相応なマスコミの関心や影響が、自分たちの信用性、従って科学的権威を汚染するよう働いていると考えていた。もう一方で、マスコミの関心は、この分野の初期の形成と大枠のアイデンティティを与えるという点で成長に欠かせない要素だった。長年にわたり、マスコミは一貫してこの発生期の科学を宣伝してきた。一方では、科学者たちも関心を集める機会を自ら作り出した。この科学者とマスコミの間の意図的なやり取り——とりわけ世界で最も古くカリスマ的な、恐竜やマンモスなどのいくつかの生物からＤＮＡを見つけるというアイデアをめぐるやり取り——は、研究課題や学生の補充から論文発表やさらなる資金獲得に至るまで、科学の実践に影響を及ぼした。現実に、化石ＤＮＡの探索に対する大衆の関心とマスコミがその探索に示した注目は、ひとつの科学分野の誕生と成長に役立ったのである。

その結果、研究者たちは支持を求めてマスコミや大衆にアピールする必要性と、この分野を特徴づけるようになっていたハイプから距離を取る必要性との間で引き裂かれた。科学一般についての文脈で、カルチュラル・スタディーズ研究者のピーター・ブロクスはこのジレンマを次のように要約している。「権威を維持するために、学問分野は社会一般から距離を取る必要があるが、正当性を維持するためには社会一般にアピールすることが必要となる」。だが現実には、このような状況は避けがたい緊張をもたらす。「距離を取れば疎外感が強まる。『人気』を高めようとすれば権威が損なわれる」[56]。実際、古代ＤＮＡ研究者は自分たちが際どいところを歩んでいることに気づいた。研究者が正当性と権威のバランスを取る力量を得ることは難しく、とりわけ技術的制約と汚染の問題が明らかになりつつことに照らせばなおのことであった。21世紀を迎える頃に、古代ＤＮＡコミュニティの研究者たちは、自分たちの科学のセレブリティがこの分野に力をもたらすと同時に力を削ぐという、逆説的な状況に直面していることを知ったのである。

第７章　古代遺伝学から古代ゲノム学へ

次世代シーケンシング

２００５年、４５４ライフサイエンシズ社――コネチカット州ブランフォードに本拠を置くバイオテクノロジー企業――が、次世代シーケンシング（ＮＧＳ）のイノベーションに関する発表を行った。[1] 同社の創業者ジョナサン・ロスバーグが、数十人の研究者とともに生み出したＮＧＳは、長年にわたり時間効率と費用対効果の高いＤＮＡシーケンシング技術の開発に注力してきた成果だった。全ゲノム配列決定などの大規模配列決定プロジェクトが登場し、その作業を自動化できる装置が求められたことが同社の研究の大きな動機となった。ＮＧＳが登場する前に開始され、登場直前に完了したヒトゲノムプロジェクトがその典型例である。このプロジェクトは１９９０年に始まり２００３年に終了したもので、ヒトゲノムを構成するＤＮＡの約30億もの塩基対の配列を決定するために、数千人の科学者が参加し、10年以上の研究期間と30億ドル弱の費用をかけた前例のない国際的取り組みだった。

これに比べ、ＮＧＳは全ゲノム配列決定を、生産速度を劇的に高めつつ、総費用を抑えることではるかに容易なものにした。事実、この最先端技術の長所はその比類ない処理量《スループット》にあった。NGSはわずか数日間の一度のランで10億近い配列データを生み出すことが可能だった。この技術のおかげで全ゲノムの配列を効率的に決定することができるようになった。これは、生物を構成するDNAすべてを同定し、DNAの各鎖のすべての塩基、つまり文字（A、G、T、C）の正確な順序を決定することからなるプロセスである。例えば、2007年には科学者たちがジェームズ・ワトソン――DNAの二重らせん構造の共同発見者のひとり――のゲノムの配列を、わずか2か月、100万ドル以下で決定している。これは「10年かかったヒトゲノムプロジェクトの費用を1000分の1にする改善である」[2]。研究者たちはNGSを、技術革新と科学の可能性の新たな時代への「パラダイムシフト」そのものと呼んでいる。[3]

NGSは多数のハイスループットのシーケンシング技術を表す広義の用語として用いられており、並列プラットフォームを用いて一度に100万以上のDNAのショートリード（50～400塩基対）の配列を決定するさまざまな装置が実用化されている。この技術は広くゲノム学の分野に重大な影響を与え、実行可能な研究の規模と範囲をいずれも一変させた。NGSは化石DNAの探索に役立つよう開発されたわけではなかったが、研究者はその利点とポテンシャルが自分たちの研究を大きく変えるものであることにすぐに気づいた。利用できるプラットフォームはいくつかあった（化学的、技術的側面に違いがあった）が、特にふたつの装置がこの時期の古代DNA研究で広く用いられるようになった。つまり、ロシュ社の454GS FLXシーケンサーとイルミナ（ソレクサ）社のゲノムアナライザーである。[4] 古代DNAは損傷したり、断片化していることが多いため、研究者はＤＮＡ配列の短さに制約されてきた。しかしＮＧＳは短い配列が得意である。このため、かつては古代ＤＮＡ研究にとって欠点であったものがいまや利点となったのである。全体として、この技術のおかげで研究者は、それまでの配列決定法との比較で、ごくわずかな時間と費用ではるかに大量かつ高品質のデータを生み出すことができるようになった。

最も顕著なのは、ＮＧＳ以前の時代とＮＧＳ後の時代の間で、生み出せる配列の数が少数から数十億へと変化したことである。それまでの古代ＤＮＡ研究では、ＤＮＡが劣化、損傷しているために対象は主にミトコンドリアＤＮＡに制限され、核ＤＮＡはときおり扱える程度だった。ミトコンドリアＤＮＡは最も手に入れやすいタイプのＤＮＡである。動物細胞や植物細胞に豊富に存在するためであり、つまり少なくともいくらかの遺伝物質が保存されており、それを抽出できる可能性が高いということである。ミトコンドリアＤＮＡは母方から受け継がれ、多くの情報をもたらすが、生物の遺伝史の全体像の一部しかわからない。しかしミトコンドリアＤＮＡを父方から受け継がれる核ＤＮＡと組み合わせれば、より完全な全体像を知ることができる。ＮＧＳの登場により、試料に含まれるいかなるＤＮＡもすべて容易に配列決定できるようになり、このため大昔に死んだ生物の全ゲノムを、現存する生物の場合とほぼ同じ速度、同じ費用で得ることが理論的に可能になった。

ふたつの研究――わずか６か月を隔てて発表された――が、ＮＧＳがとりわけ古代ＤＮＡ研究の分野にいかに劇的な影響を及ぼしたかを端的に示している。２００５年にサイエンス誌に発表された最初の研究では、２頭の４万年前のホラアナグマから約２万７０００塩基対の古代ゲノムデータが回収された。この研究——ジェームズ・P・ヌーナンとエディ・ルービン（いずれも米国エネルギー省共同ゲノム研究所とカリフォルニアのローレンス・バークレー国立研究所所属）がライプツィヒのMPIEVAのミヒャエル・ホフライターとスヴァンテ・ペーボらの同僚との共同研究として行った——は直接クローニング法を利用したが、これは以前は古代DNA研究の分野で広く用いられていた従来の標的配列のPCR増幅を用いないものだった。彼らが開発したテクニックは従来のものとは異なり、PCRに付随する問題を回避しつつ、対象の試料からより大量、より高品質のDNAを生み出すことを目的としていた。このテクニックを用いて、彼らは古代のホラアナグマのゲノム以上の配列を決定することに成功した。彼らはそのメタゲノム、つまり単一の試料に関連するあらゆる生物のゲノム配列をまとめて決定することに成功したのである。ここでいうメタゲノムとは、対象の生物、この場合はホラアナグマの古代DNA配列に加え、試料と接触した他の生物や外的環境に由来するあらゆるDNA配列をあわせたもののことである。2005年の発表時点で、彼らの成果は絶滅種から得られた古代DNA配列として最大のデータセットとなり、この研究は全体として古代生物の全ゲノムを入手できる可能性を効果的に示すものとなった。[5]

だがこの偉業は1年と経たずして影の薄いものになってしまう。2番目の研究は、やはりサイエンス誌に発表されたものだが、ヘンドリック・ポイナー——カナダ、オンタリオのマクマスター大学の古代DNAセンターの所長に先ごろ任命されていた——らが、近年利用できるようになったNGSの強みを利用し、2万8000年前のケナガマンモスの古代ゲノムデータ1300万塩基対分の配列決定に成功したのである。このデータ量を生み出すために、チームはショットガンシーケンシングと呼ばれるテクニックを用いた。NGS以前の時代には、特定のDNA配列を標的としてPCRとサンガー法が用いられていた。これに対し、NGSでは（ショットガンシーケンシングとの組み合わせで）試料中に存在するあらゆるDNAの配列を決定することができるようになったのである。そのプロセスでは、DNAは重複する無数の短鎖へとランダムに切断され、その後クローニング、配列決定が行われ、最後に再び組み立てられる。配列が再び組み立てられたときに、科学者はマンモスの遺骸にマンモスのDNAをはるかに超える内容が含まれていることに気づいた。科学者は合計2800万塩基対のDNAの配列を決定し、うち1300万塩基対が真正な古代マンモスのDNAとして確認された。残る約1500万塩基対のデータは、環境や細菌からのDNAや未確認のDNAだった。[6] このふたつの論文のデータ産生量の差は明らかだった。ケナガマンモスから回収された1300万塩基対のゲノムデータは、絶滅したホラアナグマから得た約2万7000塩基対のゲノムデータとの比較で、実に480倍の収量の増加だった。[7]「変化は圧倒的だった。実に圧倒的だった」とある科学者は語っている（被面接者15）。

ある総説論文で、アラン・クーパー——かつてオックスフォード大学にいたが、その当時はアデレード大学のオーストラリア古代DNAセンターに着任して間もなかった——が、NGSがいかにこの分野に影響を与えたかを強調している。6週間と空けずに次々と発表された、マンモスのゲノムをほぼ完全に配列決定したとする3つの論文を彼は説明のために取り上げた。クーパーによれば、この一連の研究は、技術的可能性の点で彼が古代DNA研究の過去、現在、未来として考えた内容をうまく表していた。[8] いずれの研究も同様の成果を上げていたが、研究者がそれを行うために用いたテクニックは全く異なるものだった。最初の論文は、遺伝学者のエフゲニー・I・ロガエフらによるもので、PCRを用いていたのに対し、2番目の論文はヨハネス・クラウゼらによるもので、マルチプレックスPCR法を用いていた。これはPCR法の一種で、ひとつだけではなく複数の標的を同時に増幅するものである。[9] 3番目の論文はもちろんポイナーらによるマンモスのメタゲノム——約2800万塩基対のゲノム配列——の回収を報告する画期的論文で、454ライフサイエンシズ社が開発した新たなハイスループットのシーケンシング技術を用いて1回のみの実験で行われたものである。[10] クーパーによれば、最初のふたつの論文がそれぞれこの分野の過去と現在を示していたのに対し、3番目の論文は未来の技術がどのような形を取り得るかを示すものだった。全体として、この3つの研究とその中で用いられた多様な手法は、この学問の歴史と考え得る未来の概念的、技術的な概略を示していた。「現在はエキサイティングな時代だ」とクーパーは記す。「というのも新たな並列シーケンシング法のポテンシャルを活かして研究者が古代ゲノムの大規模研究を構想し、ついに作用中の進化を明らかにする［古代］DNAの持つ力が最大限に発揮される可能性があるからだ」[11]。そのポテンシャルを踏まえ、古代DNAコミュニティの多くの研究者がこの新技術を熱心に採用した。

NGSは、とりわけこのコミュニティに長年の技術的課題のいくつか、つまりデータ量と汚染の問題を克服するチャンスをもたらした。誤解のないように言えば、NGSによって汚染の可能性がなくなったわけではないのだが、その問題自体の意味が変化したのである。古代の試料には確かに汚染配列が含まれていたが、研究者がその汚染量を計算し、DNAの真正性に関する信頼度を高められるようになったのである。その作業は、研究者が配列データを読み、化学的劣化の分子的特徴、多くの場合は真正な古代DNAの特徴である死後損傷（生物の死後に生じる変化）を探すことで行われた。汚染量の推定にはさらに高度な計算手法も必要となった。NGSによる入手可能なデータ量の増加と、科学者がDNAの劣化を示唆するパターンを認識、分析する能力が結びつくことで、どの配列が生物自体に由来し、どの配列が外的環境からのものなのかを研究者が判定することができるようになったのである。研究室と試料取り扱いに関するプロトコルはなおも厳格に守られていたが（さらなる不要な汚染を避けるため）、古代DNA研究者は、ある意味、実質的に汚染量を推定できるという事実に安住することができたのだ。「つまり、今では対照を用いるだけでなく、データを直接調べて汚染の問題があるかどうかを判断できるようになったのです」とある研究者は説明してくれた（被面接者7）。別の科学者によれば、このように汚染の懸念からある意味で解放されたことは、コミュニティにとって非常に大きな意味を持っていた。「発表した配列が本物なのかどうか［について］会議でやり合ったこともありました。それは汚染ではないのか、というわけです」。しかしNGSの登場により、このようなやり合いは過去のものとなった。「もう実際の問題ではなくなったのです。汚染があっても計算して除外できますからね［笑］」（被面接者13）。

このように真正な古代DNAと現代の汚染DNAを容易に鑑別できるようになったことは、NGSがもたらした大きな利点だった。実際、黒死病の原因をめぐるほぼ10年にわたるこのコミユニティの論争が古代の遺伝子データによって解決した事例は、NGSが汚染の懸念の点でいかにこの分野を変えたかを示す典型的な例である。黒死病——人類史上最大級の被害を出したパンデミック——は14世紀半ばにヨーロッパ中で数億人の命を奪っている。その生物学的原因については歴史学的推測が多々行われていたが、決定的な証拠はまだ見つかっていなかった。2000年に、フランスのエクス＝マルセイユ第2大学（地中海大学）のディディエ・ラウールとミシェル・ドランクールらの科学者チームが、古代DNAによるこの問題の解決を試みた。チームはフランス南部の集団埋葬地に葬られていたヒトの遺骸から試料を採取した。その試料から彼らは特定の細菌（ペスト菌［学名 *Yersinia pestis*］）のDNA配列を回収した。米国科学アカデミー紀要に発表された論文によれば、彼らは黒死病の原因を突きとめ、600年来の謎をようやく解明したのだった。[12]

だがNGSが発明される5年前のこの時点では、この分野はなおも汚染に関する議論の真っただ中にあった。まもなく別のチームがラウールらの結論に異議を申し立てた。トーマス・ギルバート——クーパーのもとで研究を行っていた博士研究員で、当時オックスフォード大学にいた——が率いるグループは、ヨーロッパ中の伝染病死者を埋葬した穴から採取した100以上の試料からの細菌の抽出、確認を試みた。包括的とも見られた試料採取だったが、彼らは陽性結果を反復することができなかった。[13] ある研究者がその後に起こった論争について振り返っている。「つまりディディエは『見つけた！』と言い、トーマスは『いや見つけていない！』と言うわけです。『見つけた！』、『見つけていない！』と。ほぼ10年にわたってこの問題に関する論文の応酬が続きました」（被面接者27）。

数年後、別のグループ——論争のいずれの側とも無関係だった——が独自に試料を収集し、新たに登場したＮＧＳを用いて配列の決定を行った。[14] オンタリオでヘンドリック・ポイナーを指導教官とする博士課程学生だったカーステン・ボスは、同僚との共同研究で、ロンドン中心部の伝染病死者を埋葬した穴で見つかった歯からＤＮＡの試料を採取した。彼らはＮＧＳとの併用で特殊テクニック——ターゲット・キャプチャー法——を用いた。このテクニックを使えば、他の遺伝物質に手を付けずに、対象とする配列のみをピンポイントで標的とすることが可能だった。論文の共著者で、現在はチュービンゲン大学教授のクラウゼが、大学院生としてライプツィヒのペーボの研究室にいた頃にこのテクニックについて学んでいたのである。彼らはペスト菌の証拠を得ただけでなく、そのゲノムの配列決定にも成功した。これにより彼らの研究は論争に終止符を打った。ペスト菌が黒死病の原因だったのである。ある研究者がこの事例がこの分野に与えた影響について振り返っている。「ゲノムをすべて手に入れてしまえば疑問の余地はなかった。そうだろう？　論争は完全に終わったんだ……それはこのコミュニティに爆弾を落としたようなものだった——巨大な爆弾さ［笑］。当時の科学者たちにとって、極めて重要な瞬間だった。「それは次世代シーケンシングが［いかに］状況を完全に一変させつつあるかを示す最初期の出来事のひとつでもあった。わたしたちは別の時代に移っていて、その技術が問題にすっかりケリをつけたんだ」とこの研究者は述べた（被面接者27）。

しかし、２０００年のクーパーとポイナーの論文発表から２００５年のＮＧＳのイノベーションまでの年月を、古代ＤＮＡ研究者たちは次の最高の技術が登場するのを座して待っていたわけではなかった。ひと握りの研究者は粘り強く化石DNAの探索を続けており、古代の試料からより多くの質の高い遺伝物質を回収できる効率の高い手法を――可能性は低かったが――探し求めていた。[15]研究者はひとつ、ふたつの試料から少数の配列を得てもあまり価値がないことに気づいた。彼らはより多くの化石、より多くのDNAを必要としていた。真正性に対する確信も必要としていた。この変化は、化石DNAの探索が進化生物学界にとって重要性を持つものとなるには、個体レベルだけでなく、集団レベルで疑問に答える必要があるという研究者間の意識の高まりを示していた。その実現のために、一部の科学者は幅広い古代試料からのDNAの回収と分析に乗り出した。

この方向への動きを示す最初期の例がジェニファー・A・レナード、ロバート・K・ウェイン、アラン・クーパーによる論文で、この研究で彼らは永久凍土に保存されていた氷河時代の7頭のヒグマから配列を得ることに成功した。[16]このデータを用い、彼らは個体群統計と地理の点で、現在のヒグマの分布が過去のものとは明確に異なることを遺伝学的に実証した。古代DNAが、現代の遺伝物質のみによる推論ではわからないストーリーの一面を示したのである。ある研究者が次のように語る。「集団遺伝学への移行――系統学からの――という点での大きな変化は、かつては決して扱えなかった時代幅を集団遺伝学にもたらすことになった」。この研究者によれば、この論文は「大きな概念的ブレークスルー」を示すものだった（被面接者32）。この移行をさらに示したのが、オックスフォード大学でクーパーのもとで博士課程研究を行っていたベス・シャピロが主導した研究だ。[17]これは、多数の試料を対象とし、個体群統計学的モデリングを活用し、バイソンの進化と絶滅に関するそれまでの仮説に異議を唱える結論を得たことで、概念的、技術的に重要なものとなった。全体として、この研究は――同様の研究の中でも特に――古代の遺伝学的データを大量に入手し、それを利用して過去の生物集団の進化と絶滅に関する仮説だけでなく、それが保全生物学や気候変動のメカニズムにどうかかわってくるかを検証できる可能性を示すものだった。[18]

ＮＧＳがこれほど重要なものとなったのは、化石ＤＮＡの探索を進化生物学のより大きな疑問を扱うことのできる確かな学問へと、はるかに容易かつ効率的に変容させる可能性を研究者にもたらしたからである。その長所により、ＮＧＳは１９７０年代末からの主要シーケンシング技術であったサンガー法を凌駕し、古代ＤＮＡ研究分野の誕生の引き金となりながらも技術的限界によりその発展を妨げていたＰＣＲを見劣りさせることになった。ある科学者は次のように語っている。「もうＤＮＡ研究は引退したよとよく冗談を言ったものです。でもそこで大きく状況を一変させた《ゲームチェン》存在《ジャー》――疑いの余地なく――がウルトラハイスループットシーケンシング、つまり次世代シーケンシングだったのです。この技術のおかげでこの分野は完全に救われました」。ＰＣＲとＮＧＳの時代を比べて、この科学者は両技術間のデータ産生量の違いを強調している。「ＰＣＲは古代遺伝子を扱うことができましたが、ＮＧＳなら古代ゲノムを扱うことができます」（被面接者21）。

ネアンデルタール人のゲノム

2006年7月――NGSが登場し、多数の古代DNA研究に応用されるようになってまもなく――ペーボとMPI EVAは、454ライフサイエンシズ社とともに、ネアンデルタール人の全ゲノムの配列決定に初めて取り組むことを発表した。絶滅したわたしたちの古代の祖先の最初のゲノム配列を決定するという計画で、わずか2年で行うとしていた。これらの情報はすべて綿密に準備された記者会見と報道発表を通じて初めて発表された。[19] ペーボの回想録によれば、その記者会見は「興奮に満ちたイベント」であり、「室内はジャーナリストであふれ」、「世界中のメディア」がオンラインで視聴したという。[20] 誰もが、科学者と大衆がかつては不可能と考えていた内容を聞きたがっているようだった。その発端から、ネアンデルタール人ゲノム計画は大規模なメディア的産物だった。さらに、ビッグイベントと報じられたものはより大規模な事業になりつつあった。ペーボのような、熟達しているが注意深く、保守的な研究者がかかる規模の冒険的事業を始めると同時に社会に向けて宣伝したことは、この驚くべき成果を自分たちが上げるのにNGSが役立つとの自信の表れだった。

このような前人未踏の取り組みを発表した興奮の後に訪れたのは、研究を短期間で成し遂げなければならないというプレッシャーだった。ペーボは自分で自らと研究室にかけたプレッシャーを痛感していた。「しかし今、危険を覚悟の上で、ネアンデルタール人の全ゲノム解読を公の場で約束した」と回想録で彼は記している。実際、リスクは高かった。「成功すれば、わたしにとって明らかにこれまでで最大の成果となるだろう。だが、もし失敗したら、ひどい醜態をさらし、キャリアには終止符が打たれるはずだ」。彼は、計画の成功が記者会見で示したほど容易ではないことを認めていた。実際、計画を公式に発表するわずか２か月前に、ペーボはその計画をコールド・スプリング・ハーバー研究所のゲノム生物学年次シンポジウム（Annual Symposium on Genome Biology）で仲間の科学者たちに発表していた。その時点で、彼らはネアンデルタール人のＤＮＡについては約１００万塩基対の配列を決定したばかりだった。だが１００万塩基対というのは、確かに偉業ではあったが、最終的に全ゲノムの再構築に必要となる約30億塩基対にはほど遠かった。得られたデータは全ゲノムのわずか０．０３パーセントに過ぎなかったのである。[21] それでも、実現するだろうと主張した。ペーボが言うには、原理上はそれは可能だった。

ペーボの同僚と共同研究者たちも状況の容易ならぬことを感じていた。計画自体が技術と費用の面で難しいものであっただけでなく、マスコミの関心を引きつけたことで計画を実行し、成功させることへのプレッシャーが高まったのである。「わたしたちが感じていたプレッシャーは、スヴァンテがゲノムを2年……というむちゃな期間で発表すると公表したことで招いた自業自得のものだった」と計画に参加したある研究者は語っている。ペーボの研究室はこの分野のエネルギッシュな研究機関のひとつだったが、その持てる技術的専門知識や資金調達手段をもってしても、目標を達成するには準備不足だった。「わたしたちは計画を実行するための試料すら持っていなかった」と同じ科学者は振り返る。計画が提案されたとき、その達成は実際のところ、技術的、方法論的進歩がわりあい早く生じるはずだという希望的観測をあてにしていたのである（被面接者12）。彼らはさらなる資金、装置、十分に開発されたテクニック、そして最重要のものとして、保存状態の良いネアンデルタール人のDNAを含む化石を必要としていた。

ネアンデルタール人ゲノム計画は、それ自体は類のない取り組みではあったが、予想だにしないアイデアというわけでもなかった。むしろ、それは大きな技術的進歩と全ゲノム配列決定計画に対する幅広い関心が結びついて生まれたものだった。[22] 例えば、ヒトゲノムプロジェクトは並外れた量の才能、資金、技術、そして資源を必要とするきわめて困難な取り組みだった。その開始までの期間と実施期間を通じて、このプロジェクトは科学者、記者、政治家から等しく生命自体を理解するための「聖杯」として喧伝された。[23] さらに、ネアンデルタール人ゲノム計画は、DNAを通じてネアンデルタール人の進化と絶滅を研究しようとするさまざまな科学的、概念的、技術的発展から生まれたものでもあった。[24] ルートヴィヒ・マクシミリアン大学ミュンヘンのペーボの研究室とペンシルヴェニア州立大学のマーク・ストーンキングの研究室は、初めてネアンデルタール人のDNAの配列決定に成功したあと、ネアンデルタール人とわたしたちの古代人の祖先が数万年前に交配していたという証拠を見つけられなかったことを明らかにしている――だが、彼らはこの結論をミトコンドリアDNAのみから確実に下すことはできない点についても指摘していた。彼らはゲノムデータを、それも多くのデータを必要としていたのである。[25]

NGSは、大量のネアンデルタール人のDNAの配列決定を、時間と化石物質の点ではるかに低コストで行い、そのうえより質の高いデータを得る可能性をもたらした。当初、ペーボとエディ・ルービン——カリフォルニア大学バークレー校の生物物理学者で後に遺伝学者に転じた——は共同で研究を行うことで合意した。彼らが化石化した4万年前のホラアナグマの遺骸から得た数千塩基対の古代ゲノムデータの配列決定について、先に共同研究を行っていたためである。しかし今回の共同研究での研究対象は、それよりはるかに希少な種の化石だった。MPIEVAは、それぞれの研究室で真正なネアンデルタール人のDNAの配列決定に取り組めるよう、バークレー校に、クロアチア北部のヴィンディア洞窟で発見された3万8000年前のネアンデルタール人の化石から得た抽出物を送った。だが当初から、ペーボとルービンは、DNAの抽出と配列決定を正確にどのように進めるべきかについて違う考えを持っていた。ルービンが近年進歩した従来の細菌クローニング法による間接配列決定法を使おうとしたのに対し、ペーボは、少ない化石物質でより多くのDNAの配列決定を行うことができるとの考えから、NGSによる直接配列決定法を主張した。最初、彼らは別の方法で進めることで合意した。ルービンの研究室は間接配列決定法を用い、3万6000塩基対のネアンデルタール人のDNAを回収した。一方ペーボの研究室はNGSによる直接配列決定法を用いて約75万塩基対のDNAを回収した。[26] いずれの研究室もまだ全ゲノムの配列決定には至っていなかったが、部分的ドラフトの回収には成功しており、さらなる成果が得られることを予期しつつ、その結果を発表することにした。

しかしほどなく研究法に関するルービンとペーボの違いが不和へと発展してしまう。ルービンとペーボは大きく異なる方法を用いていただけでなく、それぞれの方法で得られたデータ量にかなりの違いがあったのである。ふたりにとって、それぞれ別に発表する必要があることが明らかとなった。[27] 2006年11月16日に、ネイチャー誌がリチャード・E・グリーン――バイオインフォマティクス研究者でペーボの研究室の新しい博士研究員だった――が主導するMPIEVAの研究を掲載した。翌日、サイエンス誌がルービンの研究室のジェームズ・P・ヌーナンが主導したバークレー校の論文を掲載した。世界的に有名な雑誌に立て続けに掲載されたことで、両論文の相違点が明らかとなった。両グループは異なる方法を用いただけでなく、たどりついた結論も明らかに異なっていたのである。ルービンの研究室のデータからは、ネアンデルタール人のDNAの現生人類への遺伝的寄与を示す証拠は示されなかった。これに対し、ペーボの研究室の結果は両者の間にかなりの交配があったことを示唆していた。「両研究の結論はほぼ正反対なのです。一方は現生人類との交配はなかったといい、もう一方はかなり生じたという。そして奇妙なのは、彼らが同じ骨を分析していたことです。つまり、別のネアンデルタール人ですらなかったのです」とある研究者は振り返る（被面接者6）。論文の発表後まもなく、いずれの研究室とも無関係なさまざまな研究者からなるチームが、その対照的な結論を受けて両データセットを分析し直した。最終的に彼らが発見したのは、ペーボの研究室で配列決定されたネアンデルタール人のDNAが汚染されているという証拠だった。具体的には、現生人類のDNAの証拠が発見されたのである。これにより、ペーボの研究室の結論がネアンデルタール人と現生人類の交配を裏づけ、従ってルービンの研究室のデータや結論と矛盾するものになったことの説明がついた。[28]

ペーボの回想録によれば、ライプツィヒの研究室で彼らは自分たちの知見が汚染されているのではないかと懸念しており、その懸念があまりに強かったために、ネイチャー誌への掲載を待っている論文を書き直すか、撤回することすら検討していたという。自分たちの結論を確かめるべく、ペーボらは比較用にデータをルービンの研究室に送った。実際に、ルービンの研究室は、配列の違いに基づいてペーボの研究室の結果になんらかの汚染が生じていることを確認している。ペーボが言うには、その違いの原因は細菌による汚染、さらには遺伝子変異によるものである可能性があった。確認の結果を受けて、ペーボの研究室は再度大急ぎで配列を決定して結果を分析し、１セットのネアンデルタール人のＤＮＡ配列を現生人類のものと比較することで汚染の可能性を計算するのに成功した。再分析したＤＮＡ断片に基づき、ペーボらは自分たちが確かに研究対象のネアンデルタール人の試料から真正な配列を回収しており、汚染の程度は低いと判断した。従って、自分たちの研究室とルービンの研究室で認められた配列の違いはおそらくは他の未知の因子によるもので、汚染の直接の証拠ではないと考えた。このため、ペーボの研究室はとにかく発表することにしたのだった。[29] 彼らはこの得られたばかりの結果を公表し、後で問題について分析することにしたのである。[30]

このふたつの論文とその異なる結論について、古代ＤＮＡコミュニティの研究者たちは激しい議論を繰り広げた。一方の論文が汚染の問題を抱えているように見えただけでなく、その研究を率いていたのが、古代ＤＮＡ研究における汚染のリスクに関する保守主義の象徴であったスヴァンテ・ペーボだったからでもある。彼は長年にわたって汚染をやり玉に挙げることで自身と研究室の名をあげてきた。それが、そのペーボの研究室が汚染を知りながら、少なくとも汚染の可能性を知りながら結果を発表したのではないかというのだ。ある研究者が振り返って述べている。「彼が汚染されていることを知りながら論文を投稿したという噂すらあります。そしてそのことを裏づける根拠のひとつが、エディ・ルービンの名前がスヴァンテの論文に記載されていないのに、スヴァンテの名前がエディの論文に記載されていたことです。つまり、エディがスヴァンテの論文になんらかの問題があることを知っていたために彼の論文に名前を出さなかったことを示唆しているのです……でも興味深いのは、スヴァンテが論文について正誤表を決して発表しなかったことです。それが標準的なやり方であることを考えれば妙なことです」(被面接者6)。

ペーボ自身がその緊張、特にルービンとの共同研究での緊張について記している。ペーボとルービンはかねてからネアンデルタール人のゲノムの配列決定で用いる手法について異なる考えを持っており、それぞれの論文の発表後、ルービンがネアンデルタール人のゲノムについてペーボと共同研究を行わない場合は、彼が研究の競争相手になるだろうことが非常に明白になったという(少なくともペーボにとって)。ペーボによれば、ルービンは、彼らがいずれも長年研究をともにしていた同じ人物あるいは機関から、同じネアンデルタール人の骨を手に入れようとしていたという。[31] 回想録の中で、ペーボは、ワイアード誌の記者とのインタビューでルービンが語った次の言葉を引用している。「もっとたくさん骨が必要です……枕カバーと封筒に詰め込んだユーロを持ってロシアへ行き、頼りになる人たちと会うつもりです。何としてでも」[32]。ルービンが全ゲノムを先に発表するのではないかとの不安に突き動かされて、ペーボは自分の研究室のスタッフに計画をできるだけ早く完了させる必要があるとはっぱを掛けたのだった。[33]

2010年、ネアンデルタール人の配列が初めて回収されてから10年後――ネアンデルタール人ゲノム計画が最初に発表されてから4年後に、MPIEVAはようやくネアンデルタール人の最初の完全なドラフトゲノムを発表した。[34] 彼らが先にゴールインしたのである。この計画は50人を超える科学者により、約500万ユーロの費用をかけて行われ、異なる3人のネアンデルタール人から得たDNAの40億塩基対以上の配列決定に成功した。[35] だがこの計画と論文をこれほどまでに印象的なものとしたのは、ヒトの進化を解明するために科学者が行ったデータ分析とその意義の解釈だった。ペーボはハーヴァード大学の集団遺伝学者であるデイヴィッド・ライクに、すべてのデータを理解するための協力を求めた。実際に、ライクはこの計画の全体的成功において主導的な役割を果たした。データがあるだけでは十分ではなかった。その解析のためのツールがこの計画にとって不可欠な要素だったのである。事実、彼らが現生人類とネアンデルタール人の交配の徴候を検出することができたのは、ペーボの研究室が生み出したゲノムデータとライクの研究室が開発した統計学的手法を組み合わせたからである。つまり、データを分析することで、初期の人類が、古代の祖先であるネアンデルタール人と、およそ4万年前に彼らが絶滅する前に交配していたことを示す明確で詳細な証拠が得られたのである。

非常に重要な点だが、その交配の証拠は、ネアンデルタール人が特定のヒト集団、アフリカを出てヨーロッパに移住した初期の集団とのみ交配していたらしいことを示唆していた。ネアンデルタール人のゲノムを世界中の現生人類のゲノムと比較することで、ネアンデルタール人との類似性は、現代のアフリカ人集団よりも非アフリカ人集団のほうが高いことを科学者は突きとめた。ネアンデルタール人のDNAは、特定の集団（ユーラシア人集団）にわずかな割合（1〜4パーセント）

で含まれていた。つまり、ネアンデルタール人のDNAは、現代の人類の中でもアフリカ人の子孫ではなく、ヨーロッパ人やアジア人の子孫のDNAの中に少量含まれているのである。「今度誰かをネアンデルタール人と呼びたくなったら、鏡をのぞき込んだほうがいいかもしれない」とナショナル・ジオグラフィック誌は記している。[36] 確かに、現代人の中には、絶滅したわたしたちの親戚であるネアンデルタール人との共通点を、それまで考えられていたより多く持っている人がいる可能性があるのだ。

ペーボはネアンデルタール人ゲノム計画とその知見の発表が考古学コミュニティや人類学コミュニティに大きなインパクトを与えるだろうとは思っていたが、社会からの反応は予期していなかったと無邪気にも述べている。実際には、ネアンデルタール人と交配が生じていたという驚くべき結論はマスコミの大きな関心を生み出した。ペーボの回想録によれば、サイエンス誌に発表された彼の論文は、例えば、アメリカの保守的な原理主義の宗教グループである特殊創造説コミュニティの関心を引いたという。彼らはペーボらの成果を、ネアンデルタール人と人類および創造説との関係に関する自分たちの見解を裏づける証拠と捉えた。[37] 数人の女性からは、自分の夫が実は現代に生きて呼吸しているネアンデルタール人なのではないかとする手紙がペーボのもとに寄せられている。プレイボーイ誌すら、「ネアンデルタール人の恋人：この女性と寝たい？」と題する4ページの特集でこの研究を取り上げている。[38] 古代DNA研究の科学とヒトの進化の研究に大衆が常に関心を抱いてきたことを考えれば、このような反応もほとんど驚くにあたらないことだった。実際、ネアンデルタール人ゲノム計画は、この文脈において、そしてその科学的意義とともにニュース価値を念頭に置いて提示され、宣伝され、さらには意図的に実施されたのである。

ゲノム革命

古代ゲノムの探索は、ＮＧＳの技術的利便性とゲノムデータを迅速かつ比較的安価に生み出す能力のおかげで容易になり、古代の植物、動物、疾患などの多様な試料の全ゲノムの配列決定で一番乗りを目指す研究者間の競争をもたらした。中には古代のパレオ・エスキモー、オーストラリア先住民、またイングランド王リチャード３世といった歴史上の著名人などの古代人からゲノム情報を回収することに目を向けた研究者もいた。[39] 古代人ゲノムの探索から得られたデータを利用し、科学者は中石器時代や新石器時代の狩猟採集民などのわたしたちの初期の祖先の行動に光をあてたり、ラクターゼ活性持続の自然選択という形でわたしたちの進化に直接影響を及ぼした動物のミルク摂取などの、ヒトの文化的習慣の変容を調べたりした。[40] また広い地理的範囲と時間幅でブタ、ウシ、イヌの家畜化を示す遺伝情報を得ることで、人類と動物の長期的な交流を調べる研究も多数行われている。[41] ＮＧＳを用いることで科学者はさらに時間を遡り、絶滅したわたしたちの古代の祖先であるネアンデルタール人について詳しく知ろうとしている。その全ゲノムデータを用いて、科学者は初期の人類とネアンデルタール人が、後者が絶滅するまでにどれほど交配していたかを推定することに成功した。[42] その興奮に輪をかけるように、研究者たちはデニソワ人のゲノムデータの配列決定にも初めて成功している。デニソワ人とはかつては知られていなかったヒト族動物の絶滅種であり、詳しい化石記録が存在しないため、小さな指の骨から抽出されたDNAのみによって独立した古代人類の種としての正体が判明した。[43] 科学者やジャーナリストによれば、このような研究は——数ある中でも——わたしたちの起源、進化、世界的な移住の点でヒトの歴史を理解するうえでの革命を象徴するものである。[44]

一部の科学者にとっては、このように、化石DNAの探索にハイスループットのシーケンシング技術を適用し、それにより莫大な量のデータを手に入れ、さらには研究者がそのデータから壮大な結論を引き出せたことは、この分野がそれまでの限界を克服し、成熟したことを示すものだった。しかし同時に、この分野はひと回りして探索とハイプの時代に戻ったようでもあった。この最初または最古のゲノムを求める競争（また一番多くゲノムの配列を決定する競争）、そしてそれに伴う、ネイチャー誌やサイエンス誌への注目度の高い論文の発表にメディアが示す関心は、1990年代にあった最初または最古のDNAを求める探索との著しい類似性を示していた。ある意味では、このハイプは、科学者がNGS技術により古代試料から大量かつ高品質のゲノムデータを生み出せるという新たに得た自信だけでなく、自分たちがそれまでの汚染の懸念を克服できるという新たな自信を通じても形成されたのである。別の意味では、このハイプは、この分野が十分に成長し、新たにDNAを通じてヒトの進化史を語る権威としての役割を担うことになるだろうという科学者の——また記者の——予想を通じても形成された。古代DNA研究者が次世代シーケンシング技術によりもたらされた可能性を探っていく中で、これら2種類のハイプは学問が進む方向と大衆がこの分野に抱くイメージに影響を及ぼした。

NGSが古代DNA研究に取り入れられることでPCRに関わる真正性の基準やこの問題をめぐる数十年来の論争が一掃されたわけではなかったが、科学者が問うことのできる研究上の疑問と、それに答えるために必要となるリソースの種類の点で、研究が根本的に変革されることになった。NGSにより、化石DNAの探索の性質は具体的に3つの形で変化した。まず、NGSの明らかな有用性、そして科学者がこの技術をこの分野特有の化石からのDNA探索に応用する能力により、データ産生の規模と範囲が変化した。[45] ハイスループットシーケンシング技術を使えば驚くべき量のゲノム情報を生み出すことができ、このため大量データの保管とデータ分析のための最新スキルが必要となる。「処理作業は一変しました。以前はそれぞれの配列を目で見て手作業で編集することもできましたが、いまでは相手が……億単位の配列なので、何であれバイオインフォマティクスでやらなければならないのです。完全に変わってしまいましたね」とある進化生物学者は語る（被面接者15）。

2番目に、データ量の莫大な増加を受けて、データを分析し、進化史に関する疑問に答えるために、研究者が専門的な数学的、統計学的、計算科学的スキルを身につけたり、スキルを持つ人材を求めたりする必要が生じた。別の進化生物学者によれば、「いろんな研究にありつき、富と名声をすべて手に入れることになるのは、そうしたデータをまとめて分析する研究者たちだ」とのことである（被面接者25）。

最後に、これらすべてのことから汚染をめぐる議論が変化した。つまり、この古代遺伝学から古代ゲノム学へという変化により、議論の焦点がデータの汚染からデータの産生へと移ったのである。「いまでは結果の真正性についてそれほど議論することはなくなりました。話し合うのは、手持ちのデータセットにどのようなフィルターを適用するのが適切なのかと、そのような大量のデータをいかに扱うかですね」とある古遺伝学者は打ち明ける（被面接者13）。研究者たちによれば、ゲノム配列を迅速に決定する能力の向上が、データを分析する能力に取って代わったとのことである。データについて問うことのできる疑問に取って代わることすらあった。例えばある被面接者は次のように述べる。「研究者たちはやりすぎている。というのもそれが可能だからだよ――なんでもかんでもひたすら配列を決定している。つまり、わたしたちは再びこういう探索の時代にいる。『できるだけたくさんデータを手に入れ、優秀なバイオインフォマティクス研究者を雇い、その後で得られたデータセットで問いを立てよう』という状況だ」（被面接者22）。全体として、このような変化は、自分たちが新たな探索の時代に直面している状況に科学者たちが気づいていることを示していた。

だがPCR時代からNGS時代への移行は容易なことではなかった。移行するためには、遺伝学とバイオインフォマティクスに関する幅広い専門知識とシーケンシング装置を入手するためのかなりの資金的リソースが必要となった。実際に行った科学者でさえ、その難しさを感じていた。「数年かかりました。それも遺伝学教室にいてのことです。人類学教室や考古学教室の研究者ということになると話はまったく変わってきます。考古学や人類学からこの分野に乗り換えるのは不可能な状況になってきました」とある研究者は語る（被面接者21）。その結果、多くの研究室が取り残される一方で、着実に移行を進めた研究室もあった。「キットは高価で、プライマーも高価、そしてなにもかもがとても新しい。多くの研究室にとってはこれは本当に脅威で、多くが移行できていない。費用がかかり、まったく新しいツールセットを開発する必要があるからね」とある考古遺伝学者は述べている（被面接者27）。研究室がＮＧＳベースの手法に移行しようと思えば、専門的、金銭的に大きなリスクを伴うことから重大な取り組みとなった。

それでもうまく移行を果たした研究室もあり、えり抜きの少数の研究室はトップに躍り出た。ライプツィヒにあるＭＰＩＥＶＡのスヴァンテ・ペーボの研究室はそのひとつである。かつてのアラン・クーパーの研究室の博士研究員で、現在はデンマークのコペンハーゲン大学にいるエスケ・ビラースレウの研究室もそうである。コペンハーゲンでは、トーマス・ギルバートとルドビク・オーランドがそれぞれ率いるふたつの研究室が非常に生産的な仕事を行っており、研究はさらに層の厚いものとなっている。ビラースレウの研究室とあわせ、彼らの研究室は地理遺伝学センターを構成している。同センターが生み出す研究成果とビラースレウのマスコミ通のパーソナリティのおかげで、これらの研究室は世界的に有名になっている。さらに、デイヴィッド・ライク――遺伝学者でネアンデルタール人ゲノム計画でのペーボの共同研究者――が、マサチューセッツ州ケンブリッジのハーヴァード大学で自身の古代ＤＮＡ研究室を立ち上げている。彼はかなり新進の研究者だが、またたくまにこの分野の有力者となり、ライバル研究者ともなった。「いくつかの研究室ははるか先を進んでいます。どこだかわかるでしょう。ライプツィヒ、コペンハーゲン、ハーヴァードです。これらは大規模で生産性の高い研究室です」とある研究者は語る（被面接者21）。さらに近年になりヨハネス・クラウゼ――かつてのペーボの研究室の博士課程学生――が、ドイツ、イェーナのマックス・プランク人類史科学研究所の考古遺伝学教授に任命され、この分野の中心的研究者として頭角を現している。

これらの研究室に共通する特徴は、かなりの金銭的、制度的支援を享受していることであり、そのおかげで世界中から人材を集め、大規模で影響力の高い研究を行うことが可能となっていた。その結果、サイエンス誌、ネイチャー誌、セル誌、米国科学アカデミー紀要（ＰＮＡＳ）といった主要科学雑誌とも良好な関係を築くことで、さらなる名声がもたらされ、資金や化石試料を手に入れることが一層容易になった。その過程で、研究室のリーダーたちはマスコミの注目に慣れ、世界中の報道機関から多くのインタビューや人物紹介を受け、自分たちの研究室を古代ＤＮＡ研究の分野、とりわけヒトの進化史の研究における有力な科学研究機関として確立している。[46]それ以上に、これらの研究室から生まれた研究は、ヒトの歴史に関するわたしたちの知識を一変させる主張を行っているのである。ニューヨーク・タイムズ・マガジン誌の記事は、ペーボ、ライク、クラウゼが全体として古代ＤＮＡ研究の分野にふるっている影響力を、はっきりと「最新技術の寡占状態」として描いている。[47]事実、過去10年で古代ＤＮＡ研究とヒトの進化の分野でなされた最大級かつ最も大胆な主張のいくつかはこれらひと握りの研究者が行ったものなのである。

２０１８年に、ライクは議論を呼ぶものではあるが、かなり包括的な書籍を出版している。古代ＤＮＡ研究の分野で得られた最先端の全ゲノムデータが語る、古代と現代のヒト集団の進化に関するその書籍――『交雑する人類――古代ＤＮＡが解き明かす新サピエンス史』［日向やよい訳、

ＮＨＫ出版、２０１８年」――で、ライクは自身の研究について自伝的に記し、また同分野の研究者の研究も取り上げて、遺伝的証拠を用いることでヒトの歴史について新たな、より正しいストーリーを語れると主張している。ライクは次のように述べる。「古代ＤＮＡ・ゲノム革命は今や、以前なら解決不能だった遠い過去に関する問いに答えを出すことができる。何が起こったのかという問い――古代人は互いにどのようにつながり合っていたのか、移住は考古学的な記録で明らかになっている変化にどのような影響を及ぼしたのか、といった問いである」。彼は考古学者たちも同じようにこの新たなデータソースに興奮しているはずだと述べている。「古代ＤＮＡは、考古学者が自由に使えるものとすべきだ。そうした問いへの答えが手に入れば、考古学者は常に抱いているまた別の疑問、つまり『なぜ変化が起こったのか』の解明に取りかかることができる」からだ[48]。彼に言わせれば、古代ゲノムデータから得られた情報は、ヒトの歴史に関するわたしたちの理解を深めるだけにとどまらなかった。彼の考えでは、その情報はわたしたちが何者で、いかにして現在にたどり着き、現在互いにどのような関係にあるかに関するわたしたちの理解を変容させたのであり、これからも大きく変革し続けるのである。

「ゲノム革命」は驚くべきものではあるが、これまで極めて多くの議論を巻き起こしてきたし、その事情はいまも変わらない[49]。一部の考古学者によれば、遺伝学者の中には遺伝的証拠が持つ説明力をあまりに過信しているため、考古学、言語学、歴史学などの既存の学問で得られた他の種類のデータを退けたり、軽視したりしている研究者がいるとのことだった。確かに考古学者の中には、一部の遺伝学者は、意図的にせよそうでないにせよ、自分たちが選択したデータ（分子データ）をヒトの進化史を解明するための最高の証拠とする点で、そこから何でも説明できるという態度を取りがちだと考える人もいた。ケンブリッジ大学の考古学者アレクサンドラ・イオンは、古代の遺伝子やゲノムのデータを、従来の考古学的疑問に対し常により優れた斬新な答えをもたらすという意味で「聖杯」と考えるのは問題だと指摘している。一例として彼女は、15世紀に戦死したことで知られるが、その遺体の所在が不明なままであったイングランド王リチャード3世の事例を取り上げている。死後500年以上を経た2012年に、研究者がイギリス、レスターの駐車場の地下から1体の骨を掘り出し、その遺体が亡き王のものである可能性を確認する作業に取りかかった。その経緯について語る中で、イオンは、遺伝学的、骨学的、考古学的、歴史学的なさまざまな種類の証拠の価値について研究者がどのように折り合いをつけ、マスコミが報道したかを述べている。この学際的チームの研究者は、古代の骨格からゲノムデータを抽出し、その配列を決定する自分たちの能力がリチャード3世の遺体を確認するのに大きな役割を果たすことを理解していたが、そのデータにどれほど確信を持てるかは他の証拠といかに一致するかにかかっていることもわかっていた。

研究者はこの点を理解していたようだが、マスコミはDNAを真の決定的証拠、このミステリーを解く証拠として大々的に取り上げた。イオンはこの各種の証拠の間の折り合いをつけるという考え方について、古代の分子データを活用し、狩猟採集民から農民へと人々の生活習慣が変化した大きな変革期である新石器革命に光を当てることを試みた、もっと大規模な研究を引き合いに出して詳しく述べている。彼女は「ハードサイエンス（物理学・化学・生物学・地質学・天文学などの自然科学）」により得られた遺伝学的データが、いわゆるソフトサイエンス分野の考古学者にとっての対象の歴史的、文化的背景

（と彼らの従来的な証拠ソース）と本当にうまくすり合わせられたのか疑問を呈した。確かに、考古学者たちは新しい方法やデータについて受容的で、多くが遺伝学者としっかりした有益な関係を築いている。だが遺伝学的データが常に考古学的、歴史学的証拠とうまくすり合わせられると考えるのは問題である。イオンが論じるように、真に学際的な研究は、こと遺伝学やヒトの歴史に関して言えば、簡単にはなし得ないのである。[50]

古代人のＤＮＡが大規模に入手できるようになり、そのデータをヒトの歴史に関する疑問に応用する事例が増えてきたことで、考古学者や、人文科学分野の他の学問の研究者が多くの理由により憤慨する状況が生まれている。この問題や議論には多くの側面があり、遺伝学者と考古学者がはっきり白黒いずれかの立場を取っているわけではない。[51]だがゲノム革命をめぐるハイプについては多くの懸念があり、それはとりわけ未来へと向かう古代ＤＮＡ研究の学問的発展に影響を及ぼしているのである。

問題のひとつは、考古学者が歴史上の疑問を解明するうえで遺伝学的データが持つ価値を否定したことではなかった。むしろ遺伝学的データだけを用いて、ヒトの歴史に関する大きな疑問に、過去に関するあまりに単純かつ大げさな語り口で答えを出せるという遺伝学者の過剰な自信だった。最も広い意味では、一部の研究者――考古学者のレイチェル・Ｊ・クレリンやオリヴァー・Ｊ・Ｔ・ハリスら――は、これを古典的な自然と文化の二元論として捉え、これが多くの古代ＤＮＡ研究の特徴だったと論じている。彼らは、このような二元論は世界を理解するうえで不適切であるばかりでなく、遺伝学者、さらには一部の考古学者に遺伝学的データを優先するよう仕向け、従って「考古学や物質文化を副次的、従属的位置に置く」ものであるとしている。[52]

ある面では、考古学者たちは、考古学的記録を通じて残された物質文化や儀式などの、過去を知るための従来の証拠を否定する遺伝的証拠が出てきた場合の、遺伝学者のとどまるところのない自信とでもいうべきものに悩まされてきた。考古学者は、遺伝学者、考古学者、人類学者、歴史学者はいずれも自分たちの方法とデータが互いに競合するものではなく、いかに補い合えるものなのかを理解すべきだと主張している。彼らの考えでは、DNAは議論を深めるものであるのに対し、考古学、歴史学、言語学といった学問はそもそも議論の前提をもたらすものなのである。

別の面では、考古学者、さらに歴史学者たちは、遺伝学者が自分たちの領域に踏み込んでくることで、ヒトの歴史についての、望ましくない時代遅れの過度の単純化が生じるのではないかというさらに深い懸念を抱いている。「だが、一部の考古学者は分子的アプローチによりこの分野から微妙なニュアンスが失われてきたことを憂慮している」と、ネイチャー誌の別の論文でユーウェン・キャラウェイは記している。「考古学者は、生物学と文化の間の結びつきについて、彼らが言うところの根拠がなく、危険ですらある仮説を立てる大ざっぱなDNA研究について憂慮しているのである」[53]。人類学者のマイケル・L・ブレイキーは、遺伝学を、あらゆる文化的、社会的現象を生物学的原因や遺伝学的原因にまでさかのぼって説明できるとする生物学的決定論だとまで述べて批判している。[54] このような意見は決して個人的にデータを羨望して述べているのではなく、より大きな文化的、社会的、政治的問題に深く関わっているものなのである。

このような考古学者の懸念を具体的に示す研究論文はたくさんあるが、ライクの著作は、古代

ＤＮＡ研究の分野における彼の傑出した地位と、彼がこの分野にもたらした賞賛の大きさから格好の代表例であり、ターゲットとなった。その著作でライクは、古代ゲノム研究には、必ずしも人種差別主義者となることなく、科学的根拠に基づいて人種の研究と議論を行うことのできる可能性があると論じている。彼は自分の研究が科学的人種差別主義であることを否定し、遺伝学は実際には人種概念の社会的あるいは文化的区分を超越したものであり、その生物学的事実のみを扱うものなのだと主張している。[55] 善意からのものであっても、生物学的なものと文化的なものを簡単により分けることができるという、彼らからすれば素朴な科学者の認識に反論している研究者もいる。[56] もっと激しく、ライクらを、本人たちが否定しているにもかかわらず、あからさまな人種差別主義的思想の持ち主だとして真っ向から非難している研究者も存在する。[57] 実際に、科学史研究者は、人種、ジェンダー、民族、アイデンティティの問題については、意識的なものであれ、無意識的なものであれ、その背景には常に思い込みが存在することから、ライクらのような生物学的なものを文化的なものから切り離そうとする試みは問題をはらむものであることを指摘している。[58] 科学史研究者のジェニー・リアドンが述べるように、「生物学者たちは過去数十年にわたり、人種を政治に関係のない科学的目的に限定しようとしてきたが、人種の取り扱いを中立的に行えることは決してない。それは必ず政治的、社会的性質を帯びた問いと結びついている」のである。[59]

さらに科学史研究者は、考古学者とともに、一部の遺伝学者が社会的文化的区分をいかに容易に遺伝学的なものを含む生物学的区分に対応させられるかを示そうと試みてきたことに、おそらくより深い懸念を抱いてきた。彼らは、自分たちが文化的、社会的なものと捉えている現象が生物学的な起源を持つものとされることに、また生物学的説明が他のいかなる説明よりも優先されることに懸念を抱いているのである。考古学者たちは、古代ゲノム分野の研究の多く、あるいは少なくとも遺伝学者による研究に関する語り口を、意図的にせよそうでないにせよ、時代遅れであるだけでなく、生物学的決定論のような、道義的に問題をはらむ多くの考え方をよみがえらせるものと捉えている。[60] 近年、多くの考古学者、歴史学者その他の分野の研究者が、生物学的概念を社会的文化的概念に結びつける試みがはらむ問題、とりわけ遺伝的な祖先集団について語る場合の問題、またそのような研究に伴う多くの認識論的、政治的リスクを強調している。

この議論の厄介さに加え、考古学者たちは古代DNA研究が行われているやり方についても懸念を深めつつある。確かに、ヒトの歴史に関する大きな疑問の解明のためDNAを用いることに対する懸念の大半は、ライクらのような研究室が、古代DNAデータの産生と分配を管理する大規模な産業的活動へと成長しつつあることから生じているのである。ライクは自著で、自身の研究室を「アメリカンスタイルのゲノムデータ作製工場」へと変えることで「古代DNA解読を産業規模」にするという目標について率直に語っている。[61] このように科学をビジネス化するという発想は一部の研究者の神経を逆なでした。過激な批判者は、ライクの研究室を生物帝国主義だと批判している。メキシコ国立自治大学の国際ヒトゲノム研究所の集団遺伝学者マリア・C・アヴィラ・アルコスは、科学を産業化するというライクの目標には無神経な感じがつきまとうと指摘する。「研究対象とされるヒト集団の社会的、歴史的背景を考えれば――その多くは歴史的に周縁化され、植民地化され、搾取されてきた――この表現は問題をはらむものとなる。そのような意図は、容易に搾取や生物帝国主義の延長として受け取られる可能性がある」とアヴィラ・アルコスは言う。この点について、彼女はライクが自著で語った次の言葉を引用している。「わたしたちは……18世紀後半の探検家たちのように、世界のすみずみまで航海しているのだ」。アヴィラ・アルコスが説明するように、「ライクが言及している時代に、確かにヨーロッパの冒険者たちは世界中から標本を集めたが、その標本はたいていはしかるべき所有者である社会の同意を得ることなく、あるいは彼らに対する敬意を払うことなく収集されたのだ」[62]

この植民地主義者的態度は、試料の採取、研究対象となっているヒト集団を超えて広がっていると論じる研究者もいる。ニューヨーク・タイムズ・マガジン誌に掲載された特集記事で、記者のギデオン・ルイス＝クラウスは、大手研究室――ライプツィヒのペーボ、ハーヴァードのライク、イェーナのクラウゼの研究室――が影響力を行使して最高品質のヒト化石を手に入れていると噂されていることを明らかにしている。[63] ルイス＝クラウスの説明によると、これらの研究室は苦労なく資金、技術、化石を入手し、一流科学雑誌に論文を発表することができるため、小規模な研究室が競争したり、共同研究を行うよう迫ることが難しくなる。その結果、自国で研究できない化石の多くがこれらの大手研究室の研究者に外部委託されていると噂されているのである。ルイス＝クラウスによれば、ある科学者が次のように語ったという。「一部の遺伝学者は、世界の他の地域を19世紀の植民地主義者がアフリカを見たようにしか見ていない――原材料を手に入れる場所であり、他の何物でもない」。このような状況から「不安と疑念」の「空気」が醸成されてきた。[64] 実際、考古学者や遺伝学者と話す中で、ルイス＝クラウスはほぼすべての科学者から、職業上の不利益が生じることを懸念して名前を明かさないよう求められたと述べている。

絶滅した古代生物からのＤＮＡの探索はこれまでも常に注目を集める研究領域だったが、近年立て続けに古代人のゲノムの配列決定が行われ、ヒトの進化史が書き換えられたことで、マスコミはさらに大きな関心を示すようになった。被面接者たちによれば、一部の研究者は莫大なデータ量、そのデータから導かれつつある結論、そしてこの分野の高まる一方のセレブリティ的地位は、おそらくあまりに動きが早すぎてこの分野のためになっていないと考えている。ある研究者はこの学問の現状を１９９０年代の研究初期になぞらえている。「この研究分野は、あらゆる科学――新しい科学分野――が発展する筋道をたどって発展してきた。つまり最初に素晴らしい発見があり、多くのハイプと強い期待が生まれ、次に問題が起こって落ちぶれ、そして発見とはいったいどういうことなのか、本当にできることは何なのか、何が現実的で何がそうでないのかを理解するために懸命に努力するという筋道だ。そしてこの研究分野ではその取り組みに今後10年から20年かかる可能性がある」。この科学者に言わせれば、このコミュニティは現在2回目のハイプ・サイクルを経つつある可能性があった。「次世代シーケンシング技術が登場したことで、わたしたちはすべてをもう一度繰り返さなければならないと思う。問題に出くわして落ちぶれ、何が可能で何がそうでないかをより分けるんだ。だからこれは循環的なものなんだろう」（被面接者5）。だが学問発展のこの時期にあって明らかに異なるのは、ハイプの持つ意味合い、またその期待に応えられなかったり、かみ合わなかったりした場合の結果が以前にも増して深刻なものになるということである。科学者はヒトの進化史を書き換えることができるという明らかな自信を持っているが、その中には世界中を人々が移動して互いに交配する中で培われた多面的な政治的、文化的、国家的アイデンティティについても扱えるという、ひそかな主張も含まれているのである。確かに、この種のハイプの倫理的リスクは非常に高いのだ。

2回目のハイプ・サイクル

古代ＤＮＡデータの研究はかつてはミトコンドリアＤＮＡの研究、そしてときおりの核ＤＮＡの研究に限定されていた。しかし近年では、ハイスループットのシーケンシング技術により全ゲノムの配列決定が可能となることで、研究者は大量かつ高品質のデータ（数個から数十億個の配列まで）を生み出せるようになり、これにより汚染量をこれまでより正確に算出し、ＤＮＡの真正性を保証することができるようになっている。また古代生物の全ゲノム構成を、現代のゲノムを解析するのと同様の方法で研究することも可能となり、表現型、適応、また進化についての疑問に対するこれまでより詳細な答えを、移住や遺伝子流動がいつ生じたかという記録とあわせて得られるようになった。その結果、研究者たちは、近年この「分野」が「ゲノム学の新時代に入り、過去に関わる具体的仮説を検証するのに役立つ情報をもたらしつつある」ことを報告している。[65]

古代ＤＮＡ研究者との面接で、数名が２０００年代初頭のＮＧＳのイノベーションが、１９９０年代にＰＣＲの登場によりこの分野が経験した最初のハイプ・サイクルと非常に似た形で2回目のハイプ・サイクルを引き起こしたと述べている。特に、最初または最古のゲノムを求める競争は、絶滅した古代生物からの最初または最古のDNAを求める競争を思い起こさせるものだと言う研究者がいた。ある研究者は次のように語る。「全ゲノム研究の多くは、『自分が絶滅したXという種のゲノムの配列を決定する最初の研究者になる』という思いに突き動かされている……そしてそれは『絶滅したフクロオオカミやクアッガ、あるいはエジプトのミイラやマンモスなどから古代DNAを回収した』と主張してネイチャー誌に論文を発表できた古代DNA研究の最初期の時代とほとんど変わらない」。この科学者はさらに続ける。「答えが何だって実際にはどうでもよかった。それができるということが重要だった。そしておそらくいま古代DNAコミュニティの多くの研究者を突き動かしているのは——必ずしも知的な疑問に答えることではなく、やはり何かしらのことを初めてやった研究者になるということだと思う」（被面接者25）。

確かに、世界的範囲で数千年もの長期間を対象とする古代人の研究をめぐって使われている「革命」というレトリックに特に注目が集まっていることを見れば、PCR時代の最盛期の古代DNA研究における学問的発展の最初期と、現在の楽観主義との間には共通点があるように思える。例えばある研究者は次のように語る。「古代DNAコミュニティの何人かの有名な研究者がヒト研究の流行に飛びついたんだ。彼らがメガファウナ（特定地域・時代の大型動物）を研究しようとしていたなら、すでに多くの論文が生まれていたことだろう。サイエンス誌やネイチャー誌が古代人ゲノムの論文にうんざりすればたちまちそういう状況が訪れる。そしてそれが3〜4年のあいだ次の流行になる。そうした絶滅動物の研究をこれでもかと目にし始めることになる。そのゲノム配列が決定され、集団データの配列が決定される」。この研究者は続ける。「科学者はマスコミが他のものより夢中になる、これというタイプの研究があることを知っているんだ。わかるだろう？　だから、誰のものかわからない古代人のゲノムの配列決定とイングランド王リチャード3世のゲノムの配列決定……のどちらかを選べと言われれば……リチャード3世のゲノムを選ぶだろう。マスコミが夢中になるのがわかっているからね。おわかりのとおり、そうすればゆくゆくは助成金を獲得できる可能性が高まる」（被面接者38）。

さらに、一部の研究者は、莫大なデータ量、そのデータから導かれつつある結論、そしてこの分野の高まる一方のセレブリティ的地位は、おそらくあまりに動きが早すぎてこの分野のためになっていないと考えている。例えばある指導的な科学者がこの見方を示している。「わたしたちは別の段階に足を踏み入れている……そして誰もがいまの状況はまったく素晴らしいと考えているんだよ……彼らは10年後に――5～10年後に――大いに驚くだろうね！　そのような主張の多くを修正しなければならないということになって。わたしたちは現在ゲノム学で実際にやっていることの限界を決して理解していないと思う。そして正直言って、古代ゲノム学の時代が、何の疑問を抱くこともなく人類学コミュニティに受け入れられている状況にとても驚くんだ」。古代ゲノム学の時代は、エキサイティングな可能性と探索的性質の点で1990年代の古代遺伝学の時代に似ていた。だがこの研究者によればはっきり違う点もあった。「汚染による問題はそれほどでもないと言える。今回の問題は別の種類のもの……データ分析だよ。データ分析を行う方法、そして分析から引き出す解釈だ……すでに問題が生じているのがわかっているし、問題は確実に増えてくるだろうね［笑］」。

研究者たちはとてもショックを受けると思うよ」(被面接者7)。

このことは、この種の研究がマスコミに大きく取り上げられがちなことで、仕方のないことではあるが、記者が研究の複雑さを切り捨ててわかりやすいシンプルなストーリーに仕立てようとしがちなために、特に問題となる。例えばリチャード3世の事例でイオンが論じたように、マスコミは骨格の身元確認をする際のDNAの役割を、それ以上とは言わないまでも同じように重要な他の証拠よりも大きく取り上げた。ストックホルム大学の考古学者アンナ・カレンらは、有名なビルカの「戦士」——10世紀の墓室で発見された骨格——についての科学研究論文とその後の大衆化に関する分析で、似たような状況を認めている。1870年代末に最初に発掘された際に、研究者はその骨格を男性のものと考えていた。遺骸がヴァイキングの時代に遡る戦士の装備とともに埋葬されていたためである。その発見から1世紀以上を経て、科学者は古代DNAデータを用いて骨格が実は女性であることを突きとめた。この近年の発見についてマスコミがどのように報道したかをカレンらが調べたところ、この結論が世間で流行っていた物語や当時の政治的議論を引き合いに出して大衆に伝えられたことが判明したのである。[66] 同様に、考古学者のキャサリン・フリーマン(オーストラリア国立大学)とダニエラ・ホフマン(ベルゲン大学)は、ヨーロッパ全域へのヒト集団の移住に関する古代DNA研究が、いかに人種主義的、国家主義的、政治的目標を持つ極右団体に利用されてきたかを示している。フリーマンとホフマンが論じるように、このような古代DNA研究の悪用に対する責めをある個人、または、マスコミや大衆などのある集団に負わせることはできない。それでも、科学者には自分たちの研究の(意図的または意図しない)意味に積極的に関わることで果たすべき役割があるのであり、とりわけ研究にマスコミと大衆の高い関心が伴うことを踏まえれば、その役割は大きいのだ。[67]

過去30年をかけて、この分野は、探索的、実験的時期にあるにもかかわらず、一部の研究者が進化生物学内の確立された一分野とみなす学問へと発展した。ＰＣＲ時代とＮＧＳ時代の間で、科学とマスコミ間の相互作用、つまり科学者が分野内で伍していくためにマスコミに後押ししてもらう必要性には確かに連続性が認められるが、明確な相違点もあるとみられる。古代ＤＮＡの探索をめぐるハイプの対象は現在では恐竜の復活から大きく離れてはいるものの、この物語は、確かにこの分野の新発見についてマスコミがどのように報道し、大衆がどのように語るかに影響を及ぼしているのである。むしろ、科学者が古代人の試料の全ゲノムの配列決定を行う技術と資金的能力を手にしたことで、科学者が古代ＤＮＡデータを利用して人類の進化史に関する従来の理解を書き換えるのではないかという別のレベルの期待が生じているのだ。マスコミはハイプに一定の役割を果たしているのに対し、古代ＤＮＡ研究者は明らかにその可能性を売り込んでいる側である。古代ＤＮＡ研究者たちは確かにヒトの起源、歴史、移住、交配に関して、さらに多くの広範囲に及ぶ主張を行っている。そして、このような主張には政治的、文化的アイデンティティをめぐる何世紀にもわたる歴史的、社会的、文化的議論を内包しているのである。科学者が古代ＤＮＡデータを用いてヒトの歴史の研究に洞察をもたらしてくれるのではないかというハイプには、社会一般に対する広範な影響力があり、ときには時代遅れの人種主義的、国家主義的、政治的目標を勢いづかせかねない望ましからざるニュアンスを伴うことがあるのだ。

第8章 アイデンティティとしてのセレブリティ

学問的団結

マスコミの注目を浴び続けた30年の歴史を経て、2000年代初頭の汚染をめぐるコミュニティの分断以降初めて、3人の科学者——エリカ・ヘーゲルバーグ、ミヒャエル・ホフライター、クリスティーヌ・カイザー（ストラスブール大学の遺伝学者）——が2013年11月に節目となる会議、「古代DNA：最初の30年（Ancient DNA: The First Three Decades）」を開催した。1980年代から多くのことが変化しており、この会議はこの研究分野の過去と現在について振り返る機会となった。ロンドン王立協会で開催された4日間の会議では約30人が講演を行い、前半はマスコミや一般人の参加も認められ、後半は王立協会チッチェリー・ホールで非公開で行われた。この会議を受けて王立協会誌の特集号も発行され、化石DNAの探索に関する18論文が掲載された。[1]

会議には祝典以上の意味があった。科学者たちが進化生物学分野における古代DNAの地位について じっくり考え、その地位を固める手段としての役目も果たしたのである。[2] 特集号の序文で、ヘーゲルバーグ、ホフライター、カイザーはこの分野がもはや好奇心の対象ではなくなり、信用に足る学問となったと論じている。「過去には、古代ＤＮＡ研究の大多数は純粋に技術的なものか、1回限りの歴史的謎解きのいずれかだったが、この特集号への寄稿論文からもわかるように、現在では古代ＤＮＡ研究者はますます多くの重要な科学的疑問に取り組んでいる」[3]。この会議の以前にも、多くの論文が同様の内容を示唆していた。例えばホフライターとマイケル・ナップによる論文では、化石ＤＮＡの探索――かつての「傍流の学問」――は「進化生物学の本流へと合流」しつつあると主張している[4]。マスコミもこの見方に賛同した[5]。古代ＤＮＡコミュニティは大きな発展を遂げ、ＳＦ的アイデアを科学的現実へと変えたのである。全体として、会議はこの分野が得た達成とともに科学者がその過程で克服しなければならなかった苦労を浮き彫りにした。

実際、化石ＤＮＡの探索と独自の学問への発展は必然的なものではなく、研究者たちはその実現のために力を尽くさなければならなかった。なぜなら化石ＤＮＡを研究し、さまざまな生物学上、歴史学上の疑問に応用するために、研究者たちはさまざまな学問の価値観をまとめあげる必要に迫られたからであり、それはもちろん困難を伴うものだったのである。古生物学や考古学から分子生物学、微生物学、生化学、遺伝学を背景とする研究者たちがさまざまなスキルと科学的、認識論的文化を持ち寄った。その結果、さまざまな学問の専門知識に配慮し、対立を抱えながらも、この分野を基礎から立ち上げるという課題に向き合ったのだった。

汚染の問題はコミュニティに対立をもたらしたいっぽうで、この学問分野の団結にとって不可欠なものともなり、科学者からも大衆からも認知される独立した学問として定義するのに役立った。

言葉を換えれば、汚染に関する苦闘はこのコミュニティ全体で共有され、共通の解決策を必要とする共通の問題となったのである。[6] ある被面接者は次のように語る。「古代ＤＮＡコミュニティというのは確かに存在した」。それは「多様な疑問に古代ＤＮＡを応用していた、同じ種類の苦闘を共有する研究者」のコミュニティだった（被面接者30）。別の研究者も同様の見方をしている。「わたしたちはまったく異なるさまざまな分野で研究しており、試料から古代ＤＮＡを取り出すことがいかに難しいか、またＰＣＲがうまくいくかどうか以外には共通するコミュニケーション基盤をほとんど持っていなかった」（被面接者32）。実際、科学史研究者のエルスベート・ボズルは、古代ＤＮＡの真正性に関する問題と、それに伴う汚染に対するコミュニティの懸念が、一連の技術的実践をめぐって非常に多様な研究者をまとめ上げる組織化原理であったと論じている。[7] 汚染はかつてこの分野の科学者を結びつける共通のテーマで、現在でもそうだと言える。

　汚染がこの学問分野の団結の大きな原動力であったなら、セレブリティもまたそうであった。具体的には、セレブリティは30年にわたってこの分野の成長にふたつの形で影響を及ぼしてきた。まず、このコミュニティの最初の形成に影響を及ぼした。『ジュラシック・パーク』とそれに続く数百万ドルの興行収入を上げたシリーズはこの生まれたての学問に勢いをもたらし、資金的、また制度的イニシアチブの面で関心を集めるのに役立った。マスコミの利益となる継続的なパブリシティが――科学者、雑誌編集者、資金提供機関によりさらに強められることで――発展の最初期の最も脆弱な段階にあった古代ＤＮＡ研究に方向性をもたらしたのである。ある科学者は次のように語る。「マスコミは古代ＤＮＡ研究に非常に大きな役割を果たしてきたと思う。マスコミは古代ＤＮＡ研究で大きな役割を果たすように意図的に利用されたと思う。というのも、考えてみれば、古代DNA研究はこういうクレイジーな分野として始まったからだ！」。この科学者が言うように、「当時、わたしたちには方法論がなかった。ノウハウを持っていなかった……わたしたちは学問を築き上げるための結び目を必要としており、マスコミはわたしたちがその段階にたどり着くまで関心を生み出し、助成金を維持するのに役立つよう利用されたということだろう」（被面接者27）。

このようにマスコミの関心を戦略的かつ実利的に利用することは、科学の歴史においては他にも例があり、特に研究の初期によく見られる。例えば社会学者のエリザベス・S・クレメンスは、1980年代の科学者が、恐竜の絶滅原因に関する論争をめぐるパブリシティを、いかに議論、また競合する仮説の妥当性を調べる機会として利用したかを詳細に述べている。この論争は小惑星衝突説のおかげで世間に知れわたり、その後はマスコミを舞台に、科学者が諸学問間でコミュニケーションを取るようになったのである[8]。クレメンスは大衆がこのテーマに関心を持ったことで、異なる学問間のコミュニケーションが促され、研究構想が増えたと論じている。「しかし天体物理学者、地質学者、そして地球化学者にとっては、恐竜の絶滅のような興味の尽きない疑問と結びつくことで、パブリシティ、セレブリティ、そしておそらくはより多額の助成金が新たに得られる可能性がもたらされた」。また彼女は、マスコミの関心が、科学者たちが従来なら行き来できない学問の境界を超えるのに役立ったという。「わたしたちがふつう科学に抱くイメージは、それぞれが特定のやり方、専門的規範、認知的志向性により規定される、制度的に別々の学問が集まったものである。だがこの隕石衝突論争が生々しく示すように、大衆文化は、普段なら制度的、知的自律性を守ろうとする諸学問間の結びつきを促す役割を果たすことがあるのだ」[9]。クレメンスが明らかにしたように、新しい科学プログラムが大衆の関心から始まり、維持されることがあるのである。

科学の境界の外から寄せられるマスコミなどの関心が、学問間の境界の橋わたしをし、研究の発展を持続させることがある。一部の被面接者に言わせれば、『ジュラシック・パーク』はこの分野の成長にとって不可欠な要素だったのであり、古代DNA研究に対する関心を、とりわけその信用性が疑われている時期に維持するのに役立ったと考えられる。ある遺伝学者は、この分野は『ジュラシック・パーク』の影響がなければ、これほど進歩しなかったかもしれないと考えていた。「『ジュラシック・パーク』がなければ、古代DNAという学問がこんにちどのような姿になっていたかわからない。以前この学問がPCRの時代を生き延びたことに驚いたと言ったことがあるが、もし『ジュラシック・パーク』がなければ、そもそものにならなかったかもしれないと思っている」（被面接者34）。実際、セレブリティはこの学問の発展のあらゆる段階で重要だったのであり、最も異議が唱えられていた時期、またセレブリティがその原因の一部であった時期（少なくとも古代DNA研究者によれば）でさえそうだったのである。研究者たちが『ジュラシック・パーク』の物語の結論や意味合い、つまりDNAの長期的保存や恐竜を復活させる可能性を否定していたときでさえ、彼らは自分たちが行っている技術的取り組みの重要性を指し示すために、この小説や映画の人気を当てにしたのである。

ふたつ目に、セレブリティは古代DNA研究の科学的専門分野としての大枠のアイデンティティにとって重要な役割を果たした。マスコミや大衆から一貫して認められていたことが、化石

DNAの探索をそれ自体の研究分野として定義するのに役立ったのである。この点は、包括的な理論的枠組みがなく、また研究のための確実な資金的、制度的支援が得られなかったり、得るのが困難であったりしたことから、とりわけ重要であった。セレブリティはこの分野とその科学者に正当性の感覚をもたらしたのである。古代DNAはブランドになった。この新しい名称を会議やニュースレター、論文、ニュースの見出し、助成金に用いることで、当初は突飛なアイデアであったものが、エキサイティングで研究する価値のあるものへと変わったのである。一方、結果として生じたマスコミの関心と世界的に成功を収めた『ジュラシック・パーク』シリーズのおかげで、この学問は社会一般にとってわかりやすく、魅力ある研究分野となった。「ブランドがあるのはよいものです。人々がそれと理解でき、自分たちがやっていることが他の分野とは違うものであることを示せますからね。この言葉は確かに自分たちの科学をマスコミに売りつけようとする研究者によって作られた部分も大きかったのです」と指導的な立場にある研究者は語る（被面接者12）。誤解のないように言うなら、ブランディングは決して表面的なものではなかった。目的を持つ、実利的なものだった。ある意味で、セレブリティは成功が必ずしも約束されていない時期の研究者たちにとっての生存戦略だったのである。絶滅した古代生物からのDNAの保存と抽出を実証する必要があった。マスコミ、大衆、そして政界から支持を得ることはそのために重要であったのだ。

コミュニティの文化

汚染のリスクの高さ、そして結果の真正性と再現性を実証する難しさと失敗のリスクの高さを考えれば、これほど多くの研究者がこの分野に参入したのは驚くべきことのようにも思える。だが被面接者たちに言わせれば、一部の研究者はそもそも古代ＤＮＡ研究というテーマをめぐるセレブリティを大きな理由として、化石ＤＮＡの探索に参入してきたのである。失敗のリスクは高かったが、成功が得られれば、同じくらい大きい、さらにはそれ以上の見返りも得られたのだ。マスコミの注目は研究者をこの分野に導くのに一定の役割を果たしただけでなく、この分野の技術的課題を引き受け、パブリシティを強く望むタイプの研究者も引きつけた。ある生体分子考古学者は次のように語る。「この分野が面白かった理由のひとつは、１９９０年代にこの分野に参入するには多少はクレイジーでなければならなかった……からだと思う。［同僚と］わたしは少しばかりクレイジーだったが、やり遂げた。誰もが多少はクレイジーだったんだ」（被面接者４）。別の研究者もこの意見に同意している。「この分野の初期は、失敗するには絶好の分野だった。誰が好んで恐竜のＤＮＡを手に入れようと出かける？」この研究者によれば、「うまくいく研究キャリアを始めたいのなら、安全なことをやりたいのなら、古代ＤＮＡには手を出すべきじゃない。90年代半ばから末の時期に？　あり得ない！」（被面接者22）。実際、このような「一風変わったタイプの科学者」を引きつける新分野の研究にはリスクがあるという感覚は共有されていた（被面接者４）。この分野は「カウボーイ的メンタリティ」を持つ科学者――「リスク回避型とは正反対」の科学者――を引きつけたのである（被面接者22）。

化石ＤＮＡの探索がハイリスク、ハイリターン的性質を帯びたものであったため、コミュニティの競争も激しくなった。「誰もが賞金を目指して走っていた。古代ＤＮＡ研究で面食らったことのひとつは……研究者たちが次の配列を手に入れようとひたすら奔走していたことだ」と初期の研究者は語る（被面接者９）。このような、世界で最高度のカリスマ性を持つ生物から最初かつ最古のＤＮＡを手に入れようとする競争は、まったく予想外のものというわけではなかった。それどころか、科学において一番手を目指す競争は、科学哲学者のマイケル・ストレヴンスが「優先規則」と呼ぶものから生じるのである。彼が説明するように、科学研究を行う上での規則は、新理論の提示、新技術の発明、あるいは新発見を最初に行った研究者を――論文発表、昇進、パブリシティ、資金提供などの形で――認め、報いる。[10] 古代ＤＮＡ研究の分野では優先規則は非常に熾烈な競争をもたらした。「絶滅した生物種の配列を初めて決定できるのは１回だけなので、二番手のニュースの扱いは最初のものより常に小さくなる」とある研究者は語る（被面接者14）。その結果、この分野の競争は熾烈なものとなったのである。

このコミュニティの中で、研究者たちは化石ＤＮＡの探索の性質を説明するための自説を持っていた。ある進化生物学者は次のように語る。「古代ＤＮＡ研究では――多くの関心を集めることは――比較的簡単だ。どういうわけか、ひとりでにマスコミの関心を集めるテーマだからだ。それこそこの分野の競争がこれほど激しくなった理由の一部だが、競争があるからといって必ずしも研究者の最良の部分が引き出されるわけではない」。そのうえ、「研究者の多くはマスコミの関心を非常に気にしているので、関心を集めるために必要なら、彼らは『一番手』になることをたくさんやる」。この科学者はさらに詳しく述べている。「『ある同僚』が以前、それは古代ＤＮＡの分野で成功するのに特に頭が良くなくてもよいという点も関係していると言っていた――必要なのは、試料を手に入れ、他の誰よりも先んじ、しかるべき相手に十分な資金を提供してもらうよう説得する実直さなんだ」。例えば、「大きな業績を上げるためには優秀な数学者でなければならない理論集団遺伝学とは事情が違う。だからこの分野が引きつけているのは必ずしもトップレベルの知的な研究者ではなく、非常に競争心旺盛で、また自分をマスコミに売り込むほうに関心がある研究者なんだ」。この科学者によれば、「理論集団遺伝学でも競争はあって――論文の高い被引用率を達成するかもしれないが、それを報じる新聞はない。でももしマンモスのゲノムを最初に発表できれば、あらゆる新聞が取り上げるだろう」（被面接者15）。

被面接者たちが指摘するように、マスコミの関心は古代ＤＮＡ研究者間の競争の原因であると同時に結果であり、その影響はこのコミュニティのカルチャーを方向づけるほどのものだった。マスコミの関心を引きつける競争は化石、とりわけ注目を集める化石（恐竜、マンモス、古代人）の入手をめぐって展開することが多かった。「同僚は、ほとんど『指輪物語』のゴラム（日本語版ではゴクリ）みたいなものだと言っていたな」とある遺伝学者は言う。「研究者はこの貴重なものを手に入れている。場合によっては人類学者に捨てられた骨かもしれない。でも骨で相手を説得できた研究者には確かに力が宿るんだ」（被面接者21）。希少な化石が試料として必要であることが競争を多く生み出した。別の研究者がさらに言う。「古代ＤＮＡの分野ほどひどく邪悪で醜いものに出会ったことはないと口にする研究者もいた」。競争がこれほどまでに激しい理由を尋ねると、この科学者は次のように答えた。「ああ、それは小さなニッチ分野だからだよ。答えを得たり、取り組んだりできる本当に大きな問いは少ししかない。少なくとも古代ＤＮＡの分野では、最優位オス《アルファメール》がたくさんうろついていて、彼らは自分のなわばりを確保したいだけでなく、すべてを自分のなわばりにしたいと思っているんだ」（被面接者25）。論争は、しばしば研究者がとりわけニュース価値の高い特定の試料の入手をめぐって競争しているときに起こった。「実際のところ、古代ＤＮＡ分野で研究するのはとても難しいことが多い。試料がとても貴重で、注目を集めるものなので、試料をめぐる競争が非常に激しくなるからだ」とある研究者が認めている（被面接者21）。

大ざっぱに言えば、競争は世代の違う研究者同士がどのように交流するかに影響を及ぼした。１９９０年代末と２０００年代初頭の競争が最も激しかった時期に、この分野に参入したある指導的な研究者が次の見解を示している。「わたしより前の世代――ひと世代かふた世代の研究者だと思う――について、とても嫌な人たちだといつも感じていた。極端に競争心が強く、とても支配的だったね。わたしの世代ではその状況は確実に改善したと思うよ」。この攻撃的カルチャーのために去った科学者もいたが、残ってそれを変えようとした科学者もいた。「わたしたちの世代は……この分野の押しの強さには……本当に［いやになるほど］うんざりするといつも口にしていたな。その意味では、わたしたちの世代は違う姿勢でやっている……わたしたちも競争をしているけれど、ときには一緒に研究もする……第3世代の間では、その前の2世代よりも共同研究が多く行われているんだ」（被面接者7）。

コミュニティが大きくなるにつれ、1980年代初頭から1990年代初頭までの第1世代は、世紀の変わり目に登場した第2世代の研究者と対立するようになった。「何が起こったかと言えば、子どもが親を殺したのです」とある年長の研究者はいう。「かなり平均的な研究者が権限を持つ地位に就きつつあったのですが、その教え子たちは彼らよりも賢かったので、ある意味指導教官を乗り越えて成長し、変わった解体サイクルが起こったのです」（被面接者9）。指導教官との関係で専門的にも、個人的にも苦労した学生もいた。第2世代を自任するある研究者は語る。「第2世代全体が博士課程の指導教官、あるいは誰かのためにトラウマを負ったというのは妙ですね。つまり、トラウマというほどわたしたちはもう苦しんでいませんからね。でも全員が苦しんだ時期もありました」。この研究者に言わせれば、「それがわたしたちを結びつけた理由なのです」（被面接者14）。この世代の別の研究者も同様の見解を述べている。「世代について考えれば、率直に言って大きく変わったのは、わたしたちはだいたい友人だということだ……みんな——同じ世代は——とても仲がいいんだ。たぶんみんな指導教官がとてもおかしい人たちだったからだろう［笑］。だから、そう、それが大きな縁になったんだ」（被面接者8）。

第1世代の指導教官との関係がぎくしゃくしたものであったことから、第2世代の科学者の多くが自らと将来の学生のために意識的に新しい空気を生み出そうとした。「心理学的に言えば2種類の反応が考えられます。殴られれば殴り返すか、まったく殴り返さないかです。わたしはまったく殴らないように努めたのです。わたしは学生を、自分が指導教官にされたよりも良く扱うようにしています。つまり自分の経験から、かなり意識的に社会的構造と自分のグループの人間関係について考えたのです」とある研究者は述べている（被面接者14）。別の科学者がさらに言う。「自分の経験から人間関係の価値を学びました。試料はなかなか手に入りませんが、手に入れることはできます。資金もなかなか手に入りませんが、得ることは可能です。でも人の場合は、人間関係を台無しにすると、それと気づくことすらなく、たちまち資金、試料、助成金の入手機会も失ってしまうのです」（被面接者22）。このような前任者に対する研究者の反応や内省は、科学史研究者のジョー・ケインが「父親殺し」と呼ぶものの一例である。「伝統を築くために歴史を利用する文脈において、父親殺しは断絶を果たす――関係性ではなく無関係性を築く――ための組織的試みである」とケインは論じる。[11] 過去の指導教官のやり方から距離を置こうとする、このような第２世代の科学者たちの取り組みは、そもそも競り合いのあるコミュニティの中で自らの専門的、個人的アイデンティティを創り出すべく、第１世代からの断絶を果たし、それにより自らを違った存在とするための組織的取り組みだったのである。

アイデンティティクライシス

２０１３年の会議に付随して発行された特集号の序文で、著者らは、いい表現が見つからないが、アイデンティティクライシスとでも言うべきものについてコメントしている。この分野では近年理論的、技術的発展が起こり、それを科学者やマスコミの記者たちはこの分野の成熟を示すものと捉えていたが、研究者の中には古代ＤＮＡ研究はそもそもひとつの学問分野なのかという疑問を抱いている人々もいた。ヘーゲルバーグ、ホフライター、カイザーは次のように記している。「このような進歩は生じたが、古代ＤＮＡ研究にはなおも若い科学という感覚がある。研究者の中には、それが果たしてひとつの学問分野なのか、そうではなくさまざまな生物学上の問題に対し分子的手法を応用した研究の集まりに過ぎないのではないかとの疑問を抱いている人もいる」[12]。研究者たちとの面接にもこのジレンマが表れていた。

一方では、古代ＤＮＡ研究をひとつの分野、それ自体独立した学問とみている研究者がいた。「ひとつの分野だと考えています。研究のために多くのテクニックが必要になります」が、「この分野はテクニックではありません」とある科学者は語る（被面接者23）。他にも、古代ＤＮＡ研究の地位をひとつの分野ではあるが、技術に依存しているものとする科学者もいた。「それ自体でひとつの分野ですが、テクニックに大きく依存している分野です。テクニックは常にこの分野に影響を及ぼしてきたし、制約もすれば、拡張もしてきました。だからわたしたちはこれからも常にテクニックに依存し続けるでしょう」（被面接者49）。同様の文脈で、ある博士研究員は、方法とテクニックを開発するのに必要となる時間、エネルギー、知識が、古代ＤＮＡ研究をそれ自体の分野としてきたとしている。「古代ＤＮＡについて――研究者はＤＮＡを抽出、保存する方法を開発し、またそれをより効率的、安価に行える方法を開発しています。それはそれ自体がひとつの分野であり、特有の問いを持っています。しかしその学問の部門を利用して多くを問うことができるのです」

（被面接者51）。

これに対し、多くの被面接者が化石ＤＮＡの探索をどちらかというとテクニックだと考えていたが、それがひとつの分野であるなら、少なくとも変わった分野であるとも述べている。「古代ＤＮＡはそれ自体は研究分野だとは思わない。少し――なんというか――挑発的に言っているけれど。そうでなければ、少なくとも非常に変わった種類の研究分野だ。これはテクニックだよ」。この被面接者はこの点を説明するために次の話をしてくれた。「古代ＤＮＡ研究者のイメージはこんな感じだ。決して特別な研究者というわけじゃなく、それどころか、この分野の研究者としてはとても普通のことなんだけど、あるときにはシベリアの植生史を調べ、次の瞬間には新世界に足を踏み入れた最初の人々の人種について研究し、同時にラクダの系統発生について調べているという具合だよ」。この被面接者に言わせれば、これは他の分野の研究課題や研究手法とははっきり異なるものだった。「この研究機関では……そういう研究者は見つけられない……ここにいるのは生涯をかけて藻類の系統発生を研究している研究者、初期の哺乳類の放散について研究している研究者、ヒトの進化について研究している研究者だよ。なぜなら彼らが問いを抱えていて、ある種の動機を持っているからだ」。だが彼はすぐにこの見解を修正した。「いま言ったことと矛盾するかもしれないが、言えるのはこれはたしかに専門家のテクニックだということだろう。いま言った……指導的な研究者がこういったいろんな領域で研究をしているのは、彼らがさまざまなソースからＤＮＡを抽出する専門知識を非常に豊富に持っているからだ。それ自体がスキルなんだ」（被面接者３）。

この学問上のジレンマは研究者のアイデンティティにも及んだ。古代ＤＮＡ研究は、古生物学、考古学、遺伝学などの諸学問の接点から生じた学問であることから集学的、学際的性質を持っており、そのことが科学者が自らの専門的アイデンティティをどのようにみるかでも問題となった。専門的アイデンティティについて尋ねられて、ある研究者は次のように答えている。「それは非常によい質問で、とても答えにくい。誰に尋ねられるかで答えを変えている」(被面接者12)。他のコメントも似たようなものだった。「自分は集団遺伝学者か、進化生物学者か、DNAを使ってヒトの歴史を研究している研究者か、あるいは何だろう。誰と話しているかによって自分のことをどう説明するか変えていますね」(被面接者48)。「わたしが自己紹介する場合は分子進化学者か分子考古学者のいずれかを使いますね。その時に話している相手や研究しているプロジェクトによって変えています」(被面接者32)。「なんでも屋で器用貧乏ですね。本当にいろいろなことをたくさんやってきましたから」(被面接者25)。

ボズルも、新しい科学分野なのか、他の分野と共通して使われるテクニックなのかという物議をかもす古代DNA研究の地位の性質に気づいていた。彼女が指摘するように、生物学的なものであれ、歴史学的なものであれ、研究課題に答えるための原資料としてのDNAの位置づけは、どのような疑問が問われているのか、誰がその問いを研究しているのかによって大きく異なっていた。例えば、集団遺伝学者は古代のDNAと最近のDNAの両方、また考古学的試料と現在生きている人々の両方を用いて研究を行っている。彼らのデータとその出どころは時間、空間的に広がりがある。別の例で、生物考古学の研究では、古代DNAの分析は重要ではあるが、他のもっと従来的なデータ源や方法よりも下位にあるとボズルは言う。古人類学や古植物学の研究でも、古代

DNAの分析はデータ源としては価値のあるものだが、従来の形態学的データ源に置き換わるものではない点で同様のことが言える。古代DNAデータの優先順位づけがこのようにさまざまであることを踏まえ、ボズルは、「古代DNA研究」という表現はさまざまな研究者により1980年代末に登場した研究者のコミュニティを漠然と指すものとして使われてきたが、その研究を定義したり、包含したりする厳密な学問的境界は存在しないことを認めている。[13]

古代DNAの地位がひとつの分野なのか、テクニックなのか、あるいはその混合物なのかというアイデンティティクライシスは、その研究の性質が集学的、学際的なものであるために、雇用や研究助成金に関する既存の制度的枠組みとしばしば重ならない、あるいは容易に重ならないことと強い関わりがある。確かに、この種の研究に固有の学術雑誌、教授職、あるいは明確に定義されたキャリアパスは存在しない。これはつまり、古代DNAデータを用いて研究している研究者のほとんどが従来の考古学科や遺伝学科で雇用されているということであり、場合によっては、自らを両方の分野の研究者と考えている研究者もいる。例えば、人類学と遺伝学の分野で学んだある被面接者は「両方の分野にしっかり根を張っている」感覚があると述べている。同時にこの研究者――ふたつの大学の学部（人類学と遺伝学）で雇用され、社会科学専攻と科学専攻の学部生に教えている――は、この掛け持ちのせいでしばしば手を広げすぎている感覚に襲われることを認めている。「どちらの分野でも自分が不適格だと感じることもあります」（被面接者30）。これは個人的あるいは専門的な問題を超えたものだった。それは資金的問題だったのであり、今現在もそうであり、特にアメリカの研究者にとっては大きな問題である。化石DNAの探索が最初に専門的、大衆的関心を引きつけたのはアメリカでのことだったにもかかわらず、研究に対する政府の助成金は、ヨーロッパと比べて大幅に少ないままである。アン・ギボンズはサイエンス誌の記事で次のように記している。「ヨーロッパでは変革的なテクニックへと力強く進んでいる一方で、アメリカの研究者たちは資金調達に苦労している」。ギボンズが説明するように、「研究方法が学際的なものであることはその強みの一部ではあるが、アメリカの制度にあっては無視されやすい要因ともなっている」[14]。この無視されがちな傾向は、古代DNA研究者が、自分たちが研究を行っている学問とされるものをどのように見ているかに対し、興味深い影響を及ぼしてきた。ヨーロッパでは、古代DNAの探索に取り組むための設備の整った施設が存在し、知識と方法の隔たりを埋める努力を払いながら、既存の諸研究分野の垣根を超えた研究を行っている。例えば生化学と進化人類学の分野で学んだスヴァンテ・ペーボやヨハネス・クラウゼといった研究者は、それぞれライプツィヒとイェーナのマックス・プランク研究所で腰を据えて研究を行っているが、それはこれらの施設が彼らに考古学と遺伝学というふたつの分野を統合するのに必要な柔軟性と資金を与えているからである[15]。だがそのような立場は例外的なもので、どこでも手に入るわけではない。

自分たちの学問の位置づけになぜ疑問符がつくのか、その理由についてこんなふうにいう科学者もいる。数人の被面接者によれば、NGSの革新によって汚染の懸念が一変し、絶えずつきまとう問題というほどではなくなったため、古代DNA研究の科学は以前ほど問題を軸にまとまることがなくなった。ある若い世代の指導的研究者は次のように語る。「古代DNAで起こった最大の変化のひとつは、この研究が本当にひとつの分野ですらなくなったことだと思う。当初は古代

ＤＮＡには独自のものがあった。独自の方法があったし、いずれも専門的だった……それ自体が独立した世界だった」。研究者がＰＣＲとサンガー法からＮＧＳに乗り換えたことでこの状況は変化した。「それがいまやこの研究はゲノム学でしかない――古代試料に応用するタイプの。もう自分たちのデータセットや方法を適合させたり、統計データを適合させたりする必要はなくなった。ゲノム学の全分野で誰もが使っているのと同じ統計学的手法を使えばいい……他の研究者ができることは基本的になんでもできるんだ」（被面接者27）。別の言い方をするなら、かつての専門的テクニックは、汚染がそれほどの問題ではなくなったことから、主流へと近づいたのである。「ブードゥー教的秘儀の時代は終わった」とある遺伝学者は述べる（被面接者21）。長年この学問に輪郭をもたらしてきた問題がなくなることで、科学者たちは自分たちの分野の将来に疑問を抱き始めた。例えばある初期の研究者はこのコミュニティはもはや用済みになったと言う。「この学問は十分に成熟したので、もはやひとつのコミュニティではなくなったんだと思うね」と研究者は笑って言った。「疑問に答えるためにこうしたテクニック――技術――を使おうとみんな集まっていたわけだけれど、それが十分に成熟したので、こうした異なる分野の研究者が互いに話をする必要がなくなってしまったんだ」（被面接者24）。

　汚染とそれが古代ＤＮＡの真正性にもたらした問題は、コミュニティの深刻な対立の原因となったが、それに劣らず強い団結の源泉ともなった。ベルント・ヘルマンとチャールズ・グリーンブラットというふたりの研究者が、未発表論文の中でこの分野の未来について次の見解を示している。「悲しいことかもしれないが、わたしたちのコミュニティはあらゆる先駆的コミュニティがたどる運命に直面している。その役割は、一定程度まで終わっているといえるだろう。次の展開は、どのようなものであれ、関連分野の問題の解決において［古代］ＤＮＡ技術が適し、役立つテーマでルーチン的に使用されることである。［古代］ＤＮＡ研究はこれまで学際的科学とされてきた。ここに至って不確かな未来がわたしたちを待ち受けている」。学際的な関心と交流を伴う、新しく登場した学問の研究者として、科学者たちは化石ＤＮＡの保存、抽出、配列決定に関わる共通の問題を軸に団結した。１９８０年代後期と１９９０年代初頭には、汚染は、研究者たちがニュースレターで話し合ったり、会議で議論したりすることで、コミュニティの団結の源泉となった。だがこの分断のどちら側にいるか、信者であるか非信者であるかを問わず、真正性の基準はこの学問を定義し、自分たちの歴史についての研究者の記憶を彩り、そのアイデンティティの形成に寄与したのである。実際、古代ＤＮＡの探索は、汚染の懸念をめぐって定義された方法をベースとする科学だったという研究者もいる。ヘルマンとグリーンブラットは次のように述べている。「［古代］ＤＮＡ研究には共通の認識論的枠組みはなく、方法論的枠組みがあるだけである。わたしたちには、この分野の研究者のほとんどは方法論的開発や認識論的開発にはあまり関心がなく、もっぱらの関心事は、自らの科学的疑問の答えを得ることだったように見える。だがその答えを得ようとする中で、研究者たちはまず自らが方法の開発者となる必要があり、このことが研究を行う中で同じ限界、障害、陥穽《かんせい》に取り組んでいる研究者たちを引き合わせたのである」。彼らはさらに続ける。「これが［古代］ＤＮＡコミュニティの真の背景であって、共通する大きな疑問を解決するための科学プログラムではなかったのであり、そのことがわたしたちの欠点のひとつなのかもしれない」[16]。汚染は古代ＤＮＡ分野の社会的構造の中核となる要素だったが、その問題性が薄れていく中で、さまざまな被面接者が汚染問題のないこの分野の未来の姿がどうなるのかを疑問視していた。

移行期の科学

化石ＤＮＡの探索は、古生物学や考古学から疫学、分子生物学に至る、それぞれ特有の研究上の伝統と認識論的基準を持つ別個の学問分野が交差するところから誕生した。そのため、古代ＤＮＡ研究者はその交差点から独自の科学的カルチャーを創り上げる必要があった。科学哲学者ピーター・ギャリソンの「交易圏」という概念は、さまざまな科学的背景を持つ多様な研究者たちがどのようにまとまっていき、ある種の統一されたコミュニティを創り出すに至ったかを理解するのに役立つ。[17] 粒子検出器やレーダーに関する共同研究に参加したエンジニアと物理学者についての研究を取り上げ、ギャリソンは交易圏という概念を用いて、いかに両者が、異なる科学的パラダイムから互いに共同研究を成功させたかを説明している。古代ＤＮＡ研究の歴史では、古い分子をめぐる共通の関心が研究者たちをまとめた。化石からＤＮＡを抽出して進化史の研究に利用するというアイデアが境界的オブジェクトとなり、それを軸にして多様な研究者が集まり、互いにコミュニケーションを取り合ったのだ。だが関心があるというだけではまとまったコミュニティを形成するには不十分だった。ボズルが論じるように、化石ＤＮＡの探索を行う研究者たちは、ときには失敗しつつも、学問的境界を超え、自分たちの大きく異なる科学的、認識論的、文化的相違を統合することに飽くことなく取り組んだ。[18] この取り組みは、とりわけ科学者たちが過去に関する、特にヒトの歴史に関する解釈を行うために、遺伝学的なもの、古生物学的なもの、考古学的なもの、あるいは歴史学的なものなど、複数のソースの証拠をどの程度組み合わせ、優先順位づけすることができるのかという問題に直面したときに大きく進展した。この交易圏では、必ずしも意見の一致が得られたわけではなかったが、形成されたコミュニティの研究者間では協力が生まれ、競争も生じた。実際、科学者たちが研究実践と専門家としての地位を標準化すべく、真正性の基準を通じて限界を検証し、制約を課す中で、多くの境界画定作業が行われたのである。

どこまで用い、徹底するかは合意点には至らなかったものの、真正性の基準は古代DNA研究者の間の共通の概念および懸念として、この分野全体に影響を及ぼした。化石DNAの探索は高度に技術的、方法論的な難題であり、学問的境界を克服し、この学問の信用性にとって不可欠とされる古代DNAの真正性と再現性をめぐる汚染の問題に対処するために、科学者の間で協力する必要があった。長年にわたって共通の問題であった汚染の問題が新しい科学者グループを定義する役割を果たしたのである。

しかしセレブリティもこの分野の形成に一定の役割を果たした。具体的には、マスコミと大衆の関心は1980年代からこんにちに至るまで、古代DNAという学問の形成にふたつの形で関わってきた。まず大衆の関心は、研究者の問い、助成金、また一般大衆や政治的関係者に学問の重要性について伝える際に自分たちの研究をどう位置づけるかに影響を及ぼすことで、科学実践を形成するのに役立った。２番目に、マスコミと大衆から認知されることは、化石ＤＮＡの探索をそれ自体の学問として定義するのに役立った。包括的な理論的枠組みがなく、一貫した資金的、制度的支援が得られない中で、この分野とその科学者は一定の地位を確保することができたのである。

しかし世紀の変わり目に登場したＮＧＳがこのようなコミュニティの状況を変えることになる。ＮＧＳはコミュニティが長らく抱えてきた技術的問題のいくつか、すなわちデータ量と汚染の問題を克服する機会をもたらした。誤解のないように言うなら、ＮＧＳによって汚染の可能性がなくなったわけではなく、問題のあり様が変わったということである。確かに古代試料には汚染による配列が含まれていたが、研究者は汚染の量を計算できるようになり、ＤＮＡの真正性に関する信頼度を高められるようになったのである。しかし学問分野自体を長年定義づける存在だった汚染の問題がなくなることで、被面接者たちはこの分野の未来に疑問を抱くようになった。

ＰＣＲからＮＧＳへと全般的に移行したことを踏まえ、多くの被面接者は古代ＤＮＡ研究が、考古学の分野での放射性炭素年代測定法と非常に似た形で、他の分野でツールとして用いられる、信頼性が高く、ルーチンで使用されるテクニックに近づくだろうと述べている。その結果、この学問は徐々に「蒸発して消える」だろうとある研究者は予測している（被面接者３）。さらに大胆に踏み込んで、この学問の死とまで表現する研究者もいた。「古い化石から古代ＤＮＡを取り出すだけでは研究者としてのキャリアをもはや続けることができなくなった。それで古代ＤＮＡ研究の死が訪れたんだ。いまじゃ得られたデータを実際に理解しなければならないからね」。この被面接者に言わせれば、古代ＤＮＡ研究は生物学的、考古学的、歴史学的疑問を解くための手段として、主流に近づきつつあった。「この学問が死んだのは、デイヴィッド・ライクのチームやスヴァンテ[・ペーボ]のチームのようなグループが登場し、古代DNAをそのチームの一部として扱い始めるようになった時期だ。突如、集団遺伝学の一部に成り下がった。もはやひとつの学問ではなくなったんだよ」。さらに次のように説く。「古代DNAは専門的なトレーニングを必要とする学問だった。汚染の程度が非常に強く、テクニックが非常にお粗末だったことで、専門家としてのスキルが求められたからね」。汚染がそれほど大きな問題ではなくなったことで、研究者は統計学者やバイオインフォマティクス研究者の専門知識に目を向けた。「集団遺伝学がわかる研究者が必要なんだ。いまや彼らこそが古代DNAのデータを拾い上げ、現代のデータと突き合わせ、意味のある研究をすることができる研究者となった。その結果、古代DNAという分野は死んでしまった」。だが非常に重要なのは、この学問が失敗だったわけではないということだ。それどころか、研究者の中にはその死を成功と捉えている人もいた。「それは死ではない。完成したからだ。成功したからだよ。主流へと移行したんだ」（被面接者9）。別の研究者が付け加える。「従って、古代DNAコミュニティの終焉は、成功したことによるものだよ」（被面接者28）。

そこに新たな機会が新たな障害とともに登場する。古代ゲノムの探索を行っている科学者たちによれば、新たに姿を現したのは集団遺伝学だった。影響力を持つある研究者が語る。「この分野が死に絶えるのをかれこれ12年の間待っていた。古代DNAが成熟すれば、古代DNAコミュニティはもはや必要なくなり、生態学、進化学、考古学といった従来のコミュニティの中で古代DNAがツールとして応用されるようになるだろうとかねがね思っていた」。この研究者はこの見解を急いで修正し、やはりコミュニティの必要性、ただし違う種類のコミュニティの必要性があると語っている。「技術的発展、つまり次世代シーケンシングが登場しつつあるからだ。いまわたしたちは次世代シーケンシングに関わる分析法やソフトウェアの開発をやっており、古代ＤＮＡに特有の、少なくとも特有な部分のある展開が生じていて、それが古代ＤＮＡコミュニティのなにがしかの存在意義になっているんだ」（被面接者46）。数学、統計学、バイオインフォマティクスの専門知識は一方通行だった。ある遺伝学者が述べたように、「だから未来はギリシア人《グリーク》ではなくコンピュータオタク《ギーク》のものだと思うよ［笑］。確実に」（被面接者21）。このような新しいスキルセットが登場することで、研究者、とりわけ考古学者たちは、必ずしも自身が集団遺伝学者にならなければならないわけではなかったが、過去の集団の起源、移住、進化を再構築する際に集団遺伝学者ならどのようなことができるのか、またできないのかを理解することが必要となった。[19] ＰＣＲからＮＧＳへの移行は、ある技術が別の技術へと変わるだけの話ではなかった。それは研究者にとって、この学問がより広い科学的文脈の中で抜本的に再編される事態だったのである。

第9章　戦略としてのセレブリティ

疑問を求める答え

古代ＤＮＡ研究の歴史を通じ、この新分野で研究を行っている研究者たちは自らの探求に役立てるために多くの戦略を用いてきた。化石ＤＮＡの探索において、科学者たちは、貴重な試料、最先端の技術と手法、また入手可能な試料から既存の技術を用いて回収できる分子情報（ＤＮＡ）を求めるという意味で、データ駆動型戦略を用いた。同時に、化石物質のＤＮＡの理論的保存とその抽出可能性に関する問いを立てて解くことで、また研究対象の生物や集団に関する歴史学的、生物学的疑問を問うことで、問題駆動型戦略を用いた。だが研究者たちはさらなる研究戦略も採用している。それはセレブリティ駆動型戦略である。この戦略により、科学者たちは、この新たな研究領域の価値だけでなく興奮を専門家、大衆、そして政治関係者に伝えるために、パブリシティの機会を利用し、また関心を得るための機会を自ら作ってきた。その中で、科学者たちはこの科学を取り巻くセレブリティを（しばしば試料を採取する生物のカリスマ性とその試料から古代の遺伝学的データを回収する可能性により）利用し、古代ＤＮＡ研究の科学的、技術的発展を、データ収集や仮説検証という従来的な戦略とほとんど変わることなく駆動したのである。

この分野の誕生を記念する中で、「古代DNA：最初の30年」と題した会議の主催者——エリカ・ヘーゲルバーグ、ミヒャエル・ホフライター、クリスティーヌ・カイザー——は、化石DNAの探索は「純粋に技術的なもの」あるいは「1回限りの歴史的謎解き」であった研究を超えて進化したと記している。いまでは、古代DNA研究者は「ますます多くの重要な科学的疑問に取り組んで」いた。[1]言葉を換えれば、古代DNA研究はもはや技術駆動型や試料駆動型というだけではなくなっていた。科学者たちがもっと範囲が広く規模の大きい、科学的により重要な問いを立てて解決するようになることで、この分野は成熟したと彼らは感じていた。この変化は2000年代初頭にNGSが登場し、研究者がPCRやサンガー法に技術的に依存していた状況が変化したことでもたらされた。事実、多くの被面接者によれば、NGSにより研究者がPCRの制約から解放されることで、技術的制約に労力を割かれず、生物学的疑問に集中できるようになったのである。「この分野の歴史で初めて、わたしたちは技術により研究を駆動されることがまったくなくなったと思う。現在では技術を使ってできることが増えたからね。いまはその技術で答えることのできる問題に駆動されている。まあ実際にはまだそこまで行っていないが、近づいてはいる」（被面接者8）。別の被面接者によれば、過去のものになったのはこの学問の技術駆動型の性質だけではなかった。「この分野は試料駆動型ではなく問題駆動型になっていると思う」。この被面接者が言うには、「いまや手に入れやすい獲物は残らず手に入れてしまったので、疑問駆動的傾向が強まっている」のである（被面接者43）。科学者たちは技術と試料が古代DNA研究の実践の中で果たしてきた役割を確かに認識していたが、彼らはこのような疑問駆動的な手法への流れを成熟の証しと捉えていた。成熟は科学者にとって、とりわけ信用性について懸念が持たれている中では望ましいものだった。

事実、30年の歴史を振り返って、他にも多くの被面接者がこの学問の初期を基本的にデータ駆動型の学問と捉えていた。ある被面接者に至っては、化石ＤＮＡの探索を、「答えを求める疑問」ではなく、「疑問を求める答え」とまで述べていた（被面接者２）。一部の研究者に言わせれば、この分野は答え、つまりＤＮＡそのものがＤＮＡについて問うことのできる疑問に取って代わっているような研究に満ちていた。誤解のないように言うなら、「疑問を求める答え」は、データ駆動型の手法のものと一部の研究者が考えた研究を簡潔に言い換えたものである。このような表現は、古代ＤＮＡの配列に、その出どころの生物とその進化史に関連する分子情報が含まれていることを前提としていた。それは確かではあったが、データを実際に入手し、理解するためには、科学者はＤＮＡを分析、解釈し、進化生物学上の疑問に適切に応用することでそのＤＮＡの意義を解明する必要があった。言い換えれば、「答え」は配列自体にはっきり示されているわけではなく、科学者はその意義を読み取るためにデータを調べる必要があったのである。それでもこの分野の科学者は、試料、技術、そして既存の技術を用いて入手可能な試料から回収する分子情報という意味で、しばしばデータ駆動型の手法を取った。

このデータ駆動型戦略は、他の被面接者が述べるように、古代ＤＮＡの探索のためにセレブリティ駆動型の手法と組み合されることが多かった。「研究者たちは研究上の疑問を持っていたかもしれないが、ときには疑問を抱く以前のケースすらあった。『これを研究しよう。この化石にDNAが含まれているか調べよう』みたいな感じだ」とある純古生物学者は語っている。この研究者は、研究プロジェクトを始める際の意思決定プロセスで考慮されていた優先順位について次の話を教えてくれた。「あるとき、ある有名な古代DNA研究者に言われたことがある。『どんな生物を研究すればいいんだろう？』……状況は博士課程学生がいたとして、その指導教官が『まだ誰もやっていない生物はどれだ？　ジャコウウシはまだ誰もやっていない。よし、君はジャコウウシをやれ』と考えるようなところまで行っていた。明確な疑問もなしにだ」。このデータ駆動型の手法は、データは得られるだろうが、インパクトの強い論文につながる可能性も高いカリスマ的生物に対するマスコミと大衆の関心が動機となっている部分もあるとみられた。「『この生物について集中的にやろう』という例をいくつも見てきた。わたしたちは博士課程学生にこの生物をやらせる。彼らは至る所から化石を集め、DNAを取り出し、系統樹を描き、その後にようやく問いを立てる……そして指導教官はたいていインパクトの強い切り口を探すんだ」とこの被面接者は笑って述べた。「科学をやるには少しばかり妙なやり方だね」（被面接者3）。この被面接者をはじめ数人の研究者は、この分野の初期の科学をデータ駆動型、さらにはセレブリティ駆動型の研究として批判的に捉えていた。

しかし誤解のないように言えば、化石DNAの探索には、データ駆動型科学としての初期にあっても、実際には疑問駆動的な側面もあった。例えば初期の研究で、研究者は実際に疑問——絶滅した古代生物からのDNAの理論的保存とその抽出可能性に関する疑問——に駆動されていた。

このような疑問に答えることはたやすいことではなかった。1980年代と1990年代を通じ、科学者たちは古代生物の皮膚、組織、さらには骨のDNAの保存と抽出について何ができるのか知ろうとし、非常に厳しい技術的課題に直面したのである。だが一部の研究では、疑問は生物学的性質も帯びていた。例えば、1984年のクアッガ研究は理論的、技術的課題として始められたものだが、試料のクアッガは、それまでの化石データからは結論が出ていなかった絶滅種の進化史に関する仮説を検証するために特に選ばれたものだった。[2] 同様に、古代の琥珀の中の昆虫からDNA抽出を試みた初期の研究では、昆虫の進化と絶滅に関する仮説を検証するために、特定のシロアリの種の試料としてマストテルメス属を選んでいる。[3] このようなケースでは、生物学的疑問が立てられていたが、それは化石からDNAを回収する技術的達成を主目的とすれば従属的なものであった。

初期には、生物学的疑問や歴史学的疑問は技術的疑問なしには答えを得ることができなかったため、技術的疑問が優先されるのは当然だった。だが優先されたからといって必ずしも他の疑問が排除されたわけではなかった。それどころか、実際には、データ駆動型、セレブリティ駆動型、そして問題駆動型の手法は互いに相いれないものではなく、むしろ密接に関連していることが多かったのである。そのような混合的手法は可能なだけでなく、実際的だった。現実的であり、必然的ですらあった。確かに、ある戦略を用いても別の戦略が排除されるわけではなかった。またこの学問分野の発展を通じ、ひとつの戦略があらゆる研究者に等しく、また同程度あるいは同頻度で用いられたわけでもなかった。言葉を換えれば、研究者たちは、置かれた状況、目的、その時点で感じたプレッシャーに応じて、慎重にデータ駆動型、問題駆動型、セレブリティ駆動型の戦略の組み合わせを選んだのである。

一部の科学者が問題駆動型の（そして彼らの見方では、より成熟した）研究の多い時代に移行しつつあると主張していた一方で、それとは異なる状況を示唆する証拠――他の被面接者の引用を含む――もあった。実際、数人の被面接者は古代ＤＮＡ研究者はなおも利用可能な試料と技術により駆動されている面が強いと述べている。実際、古代ＤＮＡ研究はいまに至るまで「疑問を求める答え」のままであるというのだ。例えば２０１５年に、ある研究者チーム――コペンハーゲン大学のモーテン・Ｅ・アレントフトとエスケ・ビラースレウら――が、新しい道具と伝統が登場し、ユーラシア大陸中に広がった時期の進化と移住に関する仮説の検証を最終目標として、紀元前３０００年から紀元７００年の時代にわたる１０１体分の古代人ゲノムの配列を決定した。[4] このプロジェクトは問題駆動型ではあったが、試料と技術が動機となって進められた部分も大きかった。研究者たちは、単に可能であったという理由から、目標を超えて必要以上のゲノムデータを生み出した。ネイチャー誌の記事で、ユーウェン・キャラウェイは特にこの研究を取り上げ、そのデータ駆動的手法に注目している。キャラウェイはアレントフトの言葉を引用している。「『80体でやめることもできた』。でも『どうしてだ？　１００を超えるまでやろう、と考えた』とアレントフトは語る」。ＮＧＳの登場後、問題はもはやデータが少なすぎることではなく、多すぎることであった。特にこの点について、キャラウェイはオックスフォード大学のグレガー・ラーソンの言葉を引用している。「『面白い時代だ。なぜって技術がわたしたちがそこから疑問を立てる能力を超える速度で進んでいっているからね』とラーソンは語る。彼の研究室は飼い犬の起源を図示するために、古代のイヌとオオカミから約４０００の試料を集めている。『とにかく全部の配列を決定して、それから問いを立てよう[5]』というわけだ」。この流れは現在も続いているのである[6]。

古代ＤＮＡの過去から現在までのデータ駆動的側面には確かに連続性はあるが、一番の相違点は、科学者が手にするデータが少なすぎることから多すぎることへと状況が変わったことである[7]。例えばある研究者は、このことが研究過程に及ぼした影響について次のように述べている。「わたしたちは新しいゲノムを手に入れたが、それはもはや問題駆動型ではなかった。わたしたちがそのようなゲノムに目を付けたのは、そのゲノムが疑問に対する鍵だったからというわけではなく、ゲノムが良質な試料であり、全ゲノムを手に入れることができた［からだ］」（被面接者13）。別の科学者に言わせれば、このアプローチは新たに利用できるようになった技術と試料から開けた可能性がもたらしたものなのである。「新しい技術が登場したときはいつでも『ジャジャーン！　ほら、新しい技術でこれを分析したぞ！』という状況がたくさん出てくる。そういう研究はその技術と試料を入手した研究室によって進められる」（被面接者30）。

最初期の研究者には化石ＤＮＡの探索を問題駆動型のアプローチで行っていた人たちもいたにもかかわらず、被面接者の多くは自らの経歴を振り返る中で、初期の研究は基本的にデータ駆動型だったと述べている。彼らは、自分たちの学問分野の進歩をめぐってなんらかの時間的、方法論的境界を画定すべく、自分たちが見るところのデータ駆動型の過去と問題駆動型的性質を高めた現在の間に線を引こうとしたのである。言い換えるなら、この、答えを求める疑問ではなく、疑問を求める答えという表現は、事後的な境界画定作業のさらなるエピソードだったのである。この表現は、意図的かそうでないかはさておき、この学問分野の登場時と、現在のおおよそ確立された地位との間に線を引くことで、科学者たちが古代ＤＮＡ研究の物語を紡ごうとする中で生まれたものだった。彼らがこのように事後的に境界画定作業にいそしんだのは、進化生物学の分野内での自分たちの信用性について懸念していたためである。その信用性は、汚染の懸念と、センセーショナルな論文をめぐる不釣り合いで不相応なマスコミの注目と一部の研究者が捉えた状況のために揺らいでいたのだった。

　重要な点だが、問題は古代ＤＮＡ研究が科学なのか非科学なのかということではなく、進化の研究に対するアプローチとして信用できるものなのかそうではないのかということであった。その答えは、古代ＤＮＡ研究が、科学コミュニティと大衆からの期待と結びついていた長い歴史のために決して簡単なものではなかった。絶滅した古代生物からのＤＮＡの探索が社会を舞台として学問へと発展したことから、科学者たちは、自分たちが見るところの信用性の高い研究と低い研究の間に線を引くために、プロトコルや検証の意味での技術や方法論のみには頼れないと考えた。自分たちの分野に社会的側面があることから、古代ＤＮＡ研究の適切な実践に関して社会の反応も必要だと考えたのである。[8]その結果、研究者は、汚染の懸念を受けて研究室の基準を作り出しただけでなく、セレブリティの懸念を受けて、レトリックによっても、とりわけ自らの経歴を振り返る中で、境界線を引いたのである。

　全体として、境界画定が科学者にとって重要であったのは、自らと自分たちが行った研究を信用に足る厳密なものとすることで、広く進化生物学の分野内における妥当性を示せたからである。科学的成熟は権威を示すものであり、このことは30年に及ぶ汚染とセレブリティの懸念をめぐる信用性の議論から抜け出しつつあった古代ＤＮＡ研究者にとって重要な点であった。本書の趣旨では、ポイントはこのデータ駆動型とセレブリティ駆動型のアプローチが、古代ＤＮＡ研究の世界において肯定的な現象だったのか否定的な現象だったのか、また現在はどうなのかを判断することにあるのではない。むしろ、科学者が科学をデータとパブリシティの不足や必要性に影響を受ける形で実践していたこと、また彼ら自身がそのような影響のために、知識の生産と自らの進化生物学内の地位が脅かされると考えていたことを浮かび上がらせることにあるのだ。

　科学者が信用性の高い研究と低い研究とを区別しようとする試みは珍しいものではなかった。科学の歴史と哲学において、境界画定は重要なポイントである。[9] 実際、境界画定の議論には、科学実践の正しい方法、そうでない方法、さらには誤った方法、また何が適切な科学とみなされるのかに関する長く激しい議論の歴史がある。[10] 著名な哲学者カール・ポパーは、科学を非科学と分け隔てるものは、仮説が検証可能なもので、誤りと証明できる可能性がある点だと論じた。ポパーによる仮説や理論の反証可能性（検証可能性や反論可能性とも呼ばれる）の基準は、現在でも科学と非科学の境界画定、また優れた科学と悪しき科学の間の境界画定のための基準として強い影響力を持っている。[11] 事実、適切な科学実践を測る基準としての仮説検証は、他の研究方法をおさえてしばしば特権的地位を与えられてきた。[12] 実は、科学分野全般にわたるビッグデータの登場、また多くの科学者が新しい形のデータ駆動型科学研究と呼ぶものの登場により、仮説駆動型研究の地位と優先は再び脚光を浴びているのである。[13]

答えを求める疑問

現在の哲学者はこのデータ駆動型科学という現象に対する関心を深めている。例えば2012年、ある哲学者のグループが、データ駆動型科学の特徴、またどのように科学知識生産の原因となったか、またどのような結果をもたらしたかを明らかにしようとこのテーマに取り組んでいる。彼らはこの種の方法論において仮説や理論が果たす役割も明らかにしようとした。そして、データ駆動型科学は、所与のデータからの帰納過程を科学的推論の正当なアプローチとして評価し、また技術の役割を所与のデータを分析し、意味のあるパターンを抽出する手段として評価する場合が多いことを彼らは見出した。哲学者たちはこの特定の現象についてさらに問いかけた。このデータ駆動型アプローチは科学研究の新しいアプローチなのか、それとも過去の研究実践との類似性を持つものなのか？

対象論文の選択について論評する中で、ブルーノ・J・ストラッサーは過去数世紀にわたるデータ駆動型の諸科学間の全体的な類似性と相違点について検討を行っている。[14] 彼の言うところでは、初期の博物学の「驚異の部屋《ワンダーキャビネット》」——地質学的、歴史的、宗教的遺跡から集められた珍品蒐集物——は、こんにちの「電子データベース」とそれほど異なるものではなかった。ストラッサーによれば、

「ルネッサンス期の博物学者は、現代人と変わらないほど新情報に圧倒されていた」。確かに、「新世界の発見に代表される移動範囲の拡大により、ヨーロッパの博物学者たちはギリシャ人やローマ人から受け継いだ知識の体系に当てはまらない新事実に接した」のである。[15] カール・リンネ（18世紀のスウェーデン出身の医師で植物学者）の研究を通じて、研究者のスタファン・ミュラー＝ヴィレとイサベル・シャルマンティエは、新種データの「情報過多」とも呼べる状況の整理と分析のためにリンネが用いたさまざまな方策の観点から、博物学のデータ駆動的性質を明確に浮かび上がらせている。まずふたりは、リンネが研究対象のデータ量を抑えるべく新たなツール――二又状分岐図、ファイル、索引など――を用いた点に注目した。だが興味深いことに、これらのツールは、当初はデータ量を抑えることを意図したものだったが、実際にはデータの流入を促進したのである。こうしたデータの氾濫のさなかで、リンネが情報を整理するさらなる手段としてある仮説、すなわち別個の区分としての「属」概念を生み出し、それに従って生物を分類、比較することで、情報を理解しようとしたことをヴィレらは指摘している。[16] ストラッサーはこの点を次のように表現している。「言い換えるなら、リンネは目の前のデータに駆動されたかもしれないが、そのアプローチは純粋にデータ駆動型だというわけではなかった」[17]。この例は、データ駆動型研究が現代の科学的、技術的実践にとってそれほど目新しいものではない可能性を示す手法のよい見本である。それどころか、博物学は情報過多を生み出し、それを扱ってきた長い伝統を持っているのだ。さらに、博物学者は、現代の科学者と同じく、自分たちを取り巻く世界を理解するために、データ収集や仮説検証などの異種の要素からなる研究法を取ることにも積極的だった。

データ駆動型研究の過去と現在の間には明確な相違点がある。ストラッサーによれば、現代のデータ駆動型科学をかつての博物学研究と分け隔てる特徴には次の3つのものがある。（1）現代のデータ分析は、データを生み出した研究者とは異なる学問的背景を持つ研究者によって行われる。（2）データ分析は統計ツールの利用と理解に左右される。（3）データは、かつての博物学研究で一般的であったような野外ではなく、主に研究室の中で生み出される。ストラッサーは、なぜこれほど多くの科学者が現在のデータ駆動型研究を比類なく圧倒的、さらには革命的なものとみなしているかについても説明を試みている。「結論を言えば、それは基本的に、19世紀末に実験科学が博物学よりも優勢になり、それ以来科学といえば実験科学のことだと社会が考えるようになったため、現在になってデータ駆動型研究が21世紀の新たな科学の特徴として受け止められているからである」。しかし、歴史的検討を加えた事例研究からは、このようなデータの氾濫がなんら目新しいものではないことが示されている。「博物学は、ポストゲノム的アプローチとシステム生物学の提唱者たちが自らの方法を根本的に新しいものと主張し始める以前に、何世紀にもわたって『データ駆動型』であった[18]」。

著書『データ中心の生物学：哲学的研究（*Data-Centric Biology: A Philosophical Study*）』で、サビーナ・レオネッリは現在のデータ駆動型科学についてさらなる見解を述べている。レオネッリによれば、データ駆動型科学は必ずしも面白いものではないが、それはデータ駆動型だからではなく、研究の一部である莫大な量のデータの生産と分析に社会的、組織的、制度的構造化が必要となるためである[19]。独自の事例研究で、彼女は自らが「データジャーニー」と呼ぶものを精密に示すために、モデル生物の生物学における植物系データベースに着目している。特に関心を抱いているのは、全分野の研究者たちがどのように共同作業を行い、最終的にさまざまな科学的目的で使用されることになる多様なデータソースの収集、統合、分析、共有をどのように行うかについて概略を示すことだ。レオネッリのデータ駆動型科学への切り口は、その成果物よりも過程にはるかに大きな重点を置いたものである。

同じように、古代DNA研究者も同様の大規模な組織的体制のもとで研究を行う方向へと進みつつあるようにみえる。古代DNA研究者は、新しい全ゲノム配列決定の技術と手法を得て新たな課題に直面し、その対応として新しいタイプの制度的インフラストラクチャーを生み出そうとしている。実際、古代DNA研究者は妥当な期間で試料から配列を決定し、意味のある科学的分析へと進めるためには多くの資源が必要となることに気づきつつある。技術によりもたらされる機会に対応し、一部の科学者は古代DNAデータの生産と分配を管理する大規模な産業的活動を構築することで対応しつつある。マックス・プランク進化人類学研究所のスヴァンテ・ペーボの研究室、コペンハーゲン大学の地理遺伝学センターのエスケ・ビラースレウの研究室、ハーヴァード大学医学部遺伝学部門のデイヴィッド・ライクの研究室は、古代DNA研究で必要となる産業的活動の例である。化石DNAの探索に対するこのような「やるからには思いっきりやれ」的アプローチの多くは、科学者が自分たちで行っているのである。

ここ最近、古代DNA研究者は、新たな全ゲノム配列決定技術により、いまや100単位の試料から抽出することのできる莫大なデータ量を分析するために、統計学、バイオインフォマティクス、集団遺伝学のスキルを新たに身につけるよう明らかに迫られている。非常に重要な点だが、古代DNA研究者は、装置を利用するだけのユーザーでは決してない。彼らは抽出と配列決定プロセスの最適化のために研究室で用いることのできる新たな方法の開発に注力しているのだ。言い換えるなら、新しい技術と手法は、古代DNA研究にとって、またデータをどれほど利用可能なもの、分析可能なものにできるかという点で重要なものだが、研究者は他分野での開発を当てにするだけでなく、そのようなイノベーションを積極的に自分たちの目的のために適応させているのである。古代DNAは現代のDNAの性質とは異なることから、データを巧妙に取り扱い、管理する必要がある。劣化、損傷したDNAの抽出、配列決定、分析には、DNA損傷に関する生化学的特性を理解し、配列の相違が長期的にどのように個人や集団間の相違と対応しているかを正しく推論するための専門家のスキルセットが必要となる。[20]

このように古代DNA研究が産業的活動へと移行しつつあることは、この分野がこれまでデータ駆動的性質を強め、今後も強めるであろう変化を浮き彫りにしている。30年の間に、この学問は、初期にはPCR技術を用いて化石物質からDNAの抽出を試みる変わり種の取り組みであったものが、NGSの革新を採用することで生産量を増やす意図的取り組みへと進化し、そしていまや、少なくとも一部の研究グループにより、この科学を真に大規模な産業的自動化工程へと変えるべく生産量を最大化する、事業的理念へと進化してきたのである。[21]

データ駆動型アプローチはこれまで化石DNAの探索の主要部分であったし、今でもそれは変わらない。従来、科学哲学者と当の科学者たちは科学研究をデータ駆動型と仮説駆動型に分けようとしてきた。しかしこの二項的な捉え方は、データ駆動型研究がしばしば他の科学研究の方法との組み合わせで行われている点に研究者が注意を向けることで変化しつつある。例えば、多くの研究者がデータ駆動型科学において探索的実験が果たしている役割を取り上げている。[22] システム生物学に関する独自の事例研究で、ウルリヒ・クロースはあらゆる科学が常に仮説駆動型である必要はなく、現実的ですらないと指摘している。さらに、実験の目的は仮説の検証にあるとする古典的な考え方に反論し、「探索的実験の検索モード」や「データ駆動型研究」などの「他のモードの実験」を、「仮説駆動型研究以外の、またそれとの併用で行う本格的な認識論的戦略」と考えることができるとしている。[23] 他にも、科学の過程と実践を理解しようとするなら、アプローチ間の相互作用の余地を広げる必要があると主張する科学哲学者がいる。生物学の哲学者のモーリーン・A・オマリーは次のように記している。「理論駆動型の仮説検証が、科学者、科学への資金提供者、科学哲学者により、実践では存在しない（してこなかった）形で考えられてきた可能性はあり、それが、わたしたちがこれまで思ってきたよりも探索的実験や博物学的実験に近く、またそのような実験との相互作用を伴っている可能性が考えられる」。[24] 古代DNA研究の歴史が示してきたように、セレブリティ駆動型の戦略は――しばしばデータ駆動型や問題駆動型のアプローチとの組み合わせの形でも――以前からこの分野でよくみられ、多くの成果を上げてきた原動力なのである。

ネアンデルタール人ゲノム計画はその典型例のひとつである。2006年、NGSが登場し、多数の古代DNA研究に応用されるようになってまもなく、ライプツィヒのスヴァンテ・ペーボとMPIEVAは、454ライフサイエンシズ社とともにネアンデルタール人の全ゲノムの配列を初めて決定するという試みを発表した。綿密に準備された記者会見とプレスリリースを通じ、彼らはこの事業をわずか2年で成し遂げる予定であると発表した。[25] その発端から、ネアンデルタール人ゲノム計画は、技術、セレブリティ、そして最終的に生み出されるはずの知見の研究上の反響を当てにして展開した、大規模で極めて意図的なメディア的産物だった。これには前例がないわけではなかった。例えば、科学論研究者のスティーヴン・ヒルガートナーは、ヒトゲノムプロジェクト（ＨＧＰ）時代のゲノム研究者の強まる一方だった「メディア志向」について論じている。ヒルガートナーによれば、「科学とマスコミの結びつき」は「戦略的相互作用」だった。ゲノム研究者たちはヒトゲノムの配列を決定するレースにおける競争に直面してメディアに目を向けたと彼は言う。ヒルガートナーが説くように、「ＨＧＰのリーダーたちは、展開しつつあるイベントに戦略的に反応」し、「メディアのメッセージを自らの正当性を守る方向へと調整する」判断について、「彼らとしては、企業の経営者ならほぼ確実に行うであろうことをやった」のである。[26]

実践における科学

先に述べたように科学者たちは、古代ＤＮＡ研究における自分たちの経歴を振り返るときに、データ駆動型およびセレブリティ駆動型の時代の研究と、より問題駆動型となった方法論との間に境界線を引こうとした。初期の研究者、さらには現在の研究者に対して一部の研究者がときに口にした、試料、技術、さらにはセレブリティを追いかけているだけという軽蔑的、否定的コメントは、この分野の過去と現在を修辞的、認識論的に隔てようと試みる境界画定作業のさらなる例といえる。他の研究者の戦略をどのように捉えたか（排他的に、適切に、あるいは不適切に）は、それがどのようなものであれ、自分たちが何をもって科学の適切な過程や実践とみなしたのかという見解の問題である。だからこそ、面接した研究者たちはある科学的アプローチに、強く自分たちを結びつけていた。一部の被面接者にとって、試料駆動型、技術駆動型、セレブリティ駆動型ではなく、問題駆動型であることは科学的成熟の証しだったからだ。

研究者による境界画定作業は、科学コミュニティ内部における自らのアイデンティティと権威を確立するために社会学的に重要なものではあるが、現在の科学哲学者がデータ駆動型研究と仮説駆動型研究の間に必ずしも違いを認めておらず、また科学者が現実にこのような二元論的形で科学を実践していないことを踏まえれば、この境界画定作業は素朴なものでもあった。代わって、近年の哲学的観点では、科学実践における研究についてもっと多様な形態を考慮する必要があるとしている。この観点からすれば、セレブリティ駆動型戦略――古代ＤＮＡ研究者自身が明確に、一貫して利用したような戦略――を、研究者、また編集者や資金提供者が研究課題、論文の受理、そして助成金提供に関する選択をする際に用いる「本格的な認識論的戦略」と考えることができる。確かに、あらゆる研究が大衆の関心を引きつける可能性に導かれた（あるいは導かれる必要があった）わけではないが、その歴史において、古代ＤＮＡ研究の科学を取り巻くセレブリティは、研究者の判断の背景として考慮すべき重要な点であり、データ収集と仮説検証の過程に影響を及ぼしたのである。

これまで述べたような、被面接者が化石ＤＮＡの探索に対するアプローチをデータ駆動型、問題駆動型、セレブリティ駆動型の各アプローチのいずれかとして択一的に特徴づけたことは若干の誤解を招くものである。実際には、古代ＤＮＡ研究者はさまざまなアプローチを用いており、研究対象への疑問よりセレブリティの魅力を優先することもあれば、セレブリティよりも技術を優先することもあった。現実においては、科学者たちは――古代ＤＮＡ研究者を含め――複数のアプローチを同時に、反復的に用い、研究結果の達成可能性を技術、試料、資金の入手可能性、また自分たちが得ることのできる名声やパブリシティに照らして評価しているのである。確かに、この学問分野の発展の時期、とりわけ新技術が登場した時期には、科学者はその技術の活用を優先させ、セレブリティ的研究よりも説明的研究を多く行うこともあった。また別の時期には、もっぱら達成したい目標に応じ、自らの研究のセレブリティ性を強調したり、控えめに扱ったりしている。とにかく、古代ＤＮＡ研究者は、それをあまり快く思わない研究者がいたとしても、機を見るに敏であり、実利的であったのである。

第10章 ジュラシック・パーク効果

絶滅種の復活

１９８０年代初頭にこの分野が誕生して以来、化石ＤＮＡの探索は絶滅した生物種、とりわけ恐竜を復活させるアイデアと分かちがたく結びつけられてきた。この結びつきは、科学者（またメディアの記者）により形成され、１９９０年代の『ジュラシック・パーク』シリーズの世界的成功により発展中のこの学問に大衆が関心を抱き続けることで揺るぎないものとなり、強化された。この10年の間、絶滅した生物を復活させるアイデアがたとえ突飛なものであっても、多くの科学者がマスコミの関心を引きつけるために復活というレトリックを使い続けた。

現在でも『ジュラシック・パーク』の遺産は続いており、なんらかの形で化石ＤＮＡの探索に関わっている科学者は繰り返し次の質問への答えを求められる。「恐竜を復活させることはできますか？」興味深いことに、古代ＤＮＡ研究者の大多数は絶滅種の復活《ディ・エクスティンクション》の科学とはほぼなんの関わりもない。その大きな理由は、その復活には古代ＤＮＡデータの回収と応用が必要とはされるものの、それはこの壮大な課題を実現させるための一連の手順のひとつにすぎないからである。だが古代DNA研究者の多くは、絶滅生物を復活させることが可能か、あるいは復活させるべきかについて確かに意見を持っている。

古代DNAコミュニティ内では絶滅種の復活に関する意見は非常に多様である。多くの被面接者が、その実現にはなおも信じがたいほどの技術的、生物学的進歩が生じ、哲学的、環境的、倫理的検討が行われる必要があるとの考えを持っていた。絶滅種の復活は話題作りに過ぎず、決して科学ではないとまで言う被面接者もいた。その結果、彼らは意識的に関わり合いを避けた（被面接者2、48）。このアイデアに公然と反対する研究者もいた。ある研究者は絶滅種の復活を「酔狂なアイデア」だと述べている（被面接者37）。「馬鹿げたもの」と呼ぶ研究者もいた（被面接者2）。復活の取り組みに関わっている研究者を「変人」、「クレイジー」、「頭がおかしい」と評した研究者もいた（被面接者30、18、5）。さらに、単に自分の研究にはなんの関わりもないという理由で、絶滅種の復活にまったく無関心な研究者もいた（被面接者1、4、21）。しかしその可能性をそれほど簡単に退けない科学者もいた。その主な理由は、絶滅生物の復活という神秘的なアイデアを実現させるかもしれない最新の科学の進歩について多くの情報を得ていたためだった（被面接者6、15）。実際に、過去5〜10年で登場した新たな技術や手法——またかなりの組織的取り組み——を踏まえ、改めて復活を真っ当な見込みのあるものと考えるようになった古代DNA研究者も多くいた。

例えば2013年、ワシントンDCのナショナル・ジオグラフィック協会が「絶滅種の復活」の科学と倫理をテーマとした初の公開会議を主催している。この1日限りのイベントでは、さまざまな専門分野の世界中の20人以上の研究者が絶滅種の復活に関する科学的、技術的、政治的、倫理的意義について発表を行っている。ナショナル・ジオグラフィック協会、TED、リバイブ&リストア（スチュアート・ブランドとライアン・フィーランが生物多様性を研究し、絶滅危惧種や絶滅種を復活させるために創設した非営利団体）が共同主催したこの会議は、絶滅種の復活というテーマが公然と本格的に検討された最初のものとなった。[1]

TEDx絶滅種の復活《DeExtinction》と呼ばれるこの会議には、古生物学や遺伝学から保全生物学、生態学、合成生物学などの多様な分野の科学者が参加した。古代DNAコミュニティからも数人が参加している。カナダ、オンタリオのマクマスター大学のヘンドリック・ポイナーとカリフォルニア大学サンタクルーズ校のベス・シャピロはともに、絶滅したマンモスの復活について可能性はあるが、極めて困難であると述べている。[2] ポイナーとシャピロ——かつてオックスフォード大学でアラン・クーパーの研究室の学生だった——はいずれも古代DNA研究の分野における指導者として高い評価を得ていた。彼らは絶滅種の復活というアイデアを受け入れてはいたが、その意義については非常に慎重な意見を持っており、批判的でもあった。かつてのポイナーの研究室の学生で、現在はシャピロの共同研究者であるベン・ノヴァクも、リョコウバトを復活させるという、リバイブ&リストアからの資金提供を受けている自身のプロジェクトについて発表している。[3] ポイナーやシャピロの発表とは著しく対照的に、ノヴァクは絶滅種の復活が現実に可能であり、環境に良い影響を及ぼすものであると、熱心に、自信たっぷりに論じた。実際に、その大事業の実現は彼の個人的な研究上の使命となっていた。絶滅種の復活の未来についての研究者の見通しはさまざまだったが、彼らは種の復活というアイデアはもはやむげに退けられないものであることを理解しており、そのため正面から扱う必要があった。

近年、NGSや特定のDNA配列を切り出し、別の対象の配列に挿入することでゲノムの編集が行えるCRISPR／Cas9のような技術のおかげで、絶滅種の復活は単なるアイデアから実際の研究課題へと進展している。「古き良き時代には、『マンモスのクローンなんてできっこない』と都合よく言っていればよかった。それで話は終わったものだ」とある研究者は語る。「でもNGSが出てきて、いまでは少しばかり面倒になった」（被面接者2）。新たに登場した全ゲノムの配列を決定できる性能とCRISPR――サイエンス誌の2015年の〝ブレークスルー〟・オブ・ザ・イヤー――との組み合わせが技術的はずみとなり、研究者は種の復活について再び考えるようになったのである。[4] ハーヴァード大学医学部の遺伝学者ジョージ・チャーチのような、大きな実績を持ち尊敬を集めている科学者が絶滅種の復活を真剣に取り上げ、公然と語り、さらにはその実現可能性を調べる研究を主導している。ある研究者が振り返っていう。「ジョージ・チャーチは、絶滅種の復活をクレイジーなものから……信頼できるものに変えた人物だ。彼が言うことなら誰もが耳を傾ける。彼は自分が語っている内容についてよくわかっているからね」。いろいろな意味で、絶滅種の復活には正面からの再評価が必要となった。「絶滅種の復活を言う研究者をクレイジーな人たちと呼ぶのは危険だ。かつてはそうだったが」と同じ科学者は明かす。「わたしが興味を持ったのは、思いがけなくまともな人たちが関わっているのを知ったからだ。絶滅種の復活を唱える人には確かにクレイジーな研究者もいるけれど、すごく信頼できる研究者もいるらしい」（被面接者6)。

現在、科学者が絶滅した生物を復活させる方法として提案しているアプローチには、戻し交配やクローン化から遺伝子工学まで、いくつかのものがある。[5] 南アフリカのはく製師ラインホルト・ラウによるクアッガの復活計画は戻し交配の例である。これは現存のシマウマに対し、クアッガに近い特徴を持つ個体を掛け合わせる選抜育種プロセスを行ってクアッガ特有のシマ模様パターンを再現する方法である。ラウは2006年に死去しているが、その死の前に、3世代の戻し交配の成果で、1世紀以上を経て初めてクアッガに近い模様を持つ個体となったヘンリーの誕生を見届けている。[6] 戻し交配に加え、クローン化もさらなる復活研究の選択肢である。2000年に、一般にはブカルドと呼ばれていたヤギの仲間であるピレネー・アイベックスが絶滅した。2009年、あるチームがクローン化による復活を試み、数百の胚から1頭のブカルドを誕生させたが、発生時の呼吸不全のために10分後に死亡している。[7] さらに、リバイブ&リストアが、ベン・ノヴァクやベス・シャピロによるリョコウバトの復活計画などの、遺伝子工学を用いて現存生物を絶滅生物に似せる研究を続けている。[8] ハーヴァード大学のジョージ・チャーチが主導する研究でも、ゲノム編集を利用し、遺伝子工学的にケナガマンモスを復活させる実験が行われている。[9] 他にも、例えば古生物学者のジャック・ホーナーが、リバース遺伝子操作を用いた実験によりニワトリから恐竜に似た生物を作り出す研究で、世界初の「チキノサウルス（chicken-o-saurus）」を生み出そうとしている。[10]

だが、科学者が技術をどのように利用するかは生物学的、哲学的論点によっても左右される。例えば、ある種を「種」とするものが何なのかという問いは、生物学の歴史と哲学において長らく議論されてきた。[11] 絶滅種の復活はこの問いを再び、だが非常に異なった観点から提起している。２０１３年に、スタンフォード大学ロースクールが「絶滅種の復活：倫理、法律、政治（De-Extinction: Ethics, Law, and Politics）」と題する会議を主催している。この会議で、弁護士のハンク・グリーリーやリバイブ&リストアのスチュアート・ブランドといった専門家が「真の絶滅種の復活の定義」を「絶滅種から完全な生物をよみがえらせた場合」とした。この定義は、種の連続性や真正性についての疑問を避けたことから完全には程遠いものだった。[12] 例えば、被面接者らは、生物の発生に一定の役割を果たす外的、環境的因子であるエピジェネティクス（遺伝子の作用と直接の関係なく生じる変化）を考慮すべき極めて重要な点だと述べている。ある研究者は次のように語る。「マンモスを復活させたとしても、マンモスを——ゾウから——取り出したとしても、それはゾウから生まれた生物なので、マンモスのエピジェネティック的変化をまったく備えていない可能性がある。現在ではエピジェネティクスが非常に重要であることがわかっているので、これは極めて重要な問題となり得る」（被面接者6）。このような生物学的に厄介な問題には、マンモスと、ある被面接者が「マンモスもどき」と呼んだものの違いに関する哲学的意味があるとする研究者もいる。[13] 別の科学者は次のように述べる。「マンモスに似せることはできる」が、「決してマンモスそのものにはならないだろう」（被面接者37）。指導的な立場にある古代ＤＮＡ研究者もこの点に同意している。「それは絶滅種の復活ではなく」、「生命を『フランケンシュタイン化』するようなものだ」（被面接者8）。

　これとは対照的に、ある博士研究員は絶滅種の復活の定義にははるかに微妙な観点が必要だと主張する。「まずこれは非常に興味深い問題であり、やはり意味論に行きつく。どうやってリョコウバトを定義するのか？ 十分な数の遺伝子を変えた時点だろうか？ すべての遺伝子を変えて、ゲノムを入手したトリとまったく同じゲノムを実現させた時点だろうか？」この研究者によれば、「それがリョコウバトと遺伝子的に同一であるとしても、おそらく環境的、生態学的に［同じには］ならないだろう」という（被面接者52）。別の科学者は、リョコウバトプロジェクトの場合は、真正性は機能によって判断されるだろうと述べている。「わたしたちは必ずしもリョコウバトを再現したいのではなく、その生態環境を再現したいのです。リョコウバトの生態環境を形成する特性に着目しているのであって、必ずしもその生物を１００パーセント『そのもの』にする特性に着目しているわけではないのです」（被面接者45）。リョコウバトプロジェクトの本拠地であるリバイブ&リストアは、手掛けているマンモス復活プロジェクトについても同様のことを述べている。

重要な点だが、絶滅種の復活の科学的意義を支持する意見も存在し、古代ＤＮＡコミュニティでも数人の科学者が時間を割いて絶滅種の復活の可能性について学んでいる。『マンモスのつくりかた：絶滅生物がクローンでよみがえる』［宇丹貴代実訳、筑摩書房、２０１６年］で、ベス・シャピロは絶滅種の復活の科学とＳＦについて初めて詳細に記している。[14] 彼女は絶滅種の復活の実現可能性を、実現のために克服すべき一連の手順と障害についてポイントを挙げていくことで探っている。また絶滅種を復活させることでどのような利益が得られるかについても考察し、最終的目標は必ずしもはるか昔に絶滅した生物種を復活させることではなく、むしろ、生態系の再活性化と安定化にあると述べている。例えば、マンモス、あるいはマンモスに似た特徴を持つゾウを復活させて寒冷な気候の地域に戻すことで、マンモスが絶滅する前はツンドラ生態系の重要な要素であった草原が復活する可能性がある。ニューズウィーク誌に寄稿しているジャーナリストはこれを次のように説明している。「マンモスはカリスマ性のある存在だが、大昔に姿を消した大型動物相《メガファウナ》を取り戻すための壮大な取り組みの一部に過ぎない。科学者はその取り組みを再野生化と呼んでいる。このアイデアは、人類と自然の関係に関する新しい考え方と密接な関わりがある――つまり、最初期の文明でさえ、周囲の自然界に不自然とも言える影響を及ぼしたという考え方だ[15]」。このような文脈では、絶滅種の復活は保全生物学というホリスティックな取り組みの一環と理解することができる。

ふたりのロシアの科学者、セルゲイ・ジモフとニキータ・ジモフが最大規模の再野生化の試みに取り組んでいる。21世紀に変わるころ、彼らは更新世《こうしんせい》パーク（Pleistocene Park）の開園を発表した。これはシベリア北東部に用意される亜寒帯草原の生態系を再生するための自然保護区で、その中ではいつの日か、数万年前に繁栄していたケナガマンモスが暮らすようになるかもしれない[16]。ニューズウィーク誌はこのパークを「現実のジュラシック・パーク」と呼んだ[17]。このように絶滅種の復活を保全生物学にひねりを加えたブランドとして再構築したにもかかわらず、絶滅種の復活とその種がかつて生息していた環境の再生というアイデアは、やはり科学と大規模なショーの組み合わせなのである。

科学とショー

多くの古代DNA研究者にとって、絶滅種の復活は倫理的問題であり、復活させなくてはならない理由があった。例えば当時シドニーのオーストラリア博物館の館長を務めていた古生物学者マイケル・アーチャーはこの立場の急先鋒のひとりであり、フクロオオカミなどの絶滅種について、人類が――人口と捕食の増加により――1世紀以上前のその絶滅の原因となったのであるから、わたしたちには復活させる道義的責任があると論じている。[18] 現実に、アーチャーは「フクロオオカミ・クローニング・プロジェクト」――ビンの中に漬けられ、同博物館の棚に保存されていた100年前の仔の標本からDNAを抽出し、配列を決定することでフクロオオカミを復活させる大胆かつ先駆的な取り組み――の指導者だった。2000年、化石DNAの探索のハイプが最盛期で、懐疑論も盛んだった時期に、オーストラリア博物館はこのプロジェクトを公表し、20年以内の目標達成を約束した。[19] はたせるかな、このプロジェクトの登場は国内外でニュースとなった。[20]

アーチャーとこのプロジェクトは大きな熱狂とマスコミからの注目に迎えられると同時に同僚からの批判も集めた。驚くことでもないが、この分野の科学者は快く思っておらず、このプロジェクトは科学というよりショーだと批判した。ある科学者はこのプロジェクトがマスコミや大衆の関心を集めるための戦略に過ぎないと述べている。「初めから終わりまで文句を言ってきた」とある年長の研究者は憤る。「頭にきたよ。これに関しては少しばかり怒ってもいいだろうと思った。見当違いもいいところだと思うのでね。わたしの考えではこれは実現しないよ。マスコミや社会の関心を集めるやり口も安っぽくてくだらない」。批判的な科学者に言わせれば、技術的、生物学的ハードルが高すぎたのだが、このプロジェクトの発表のされ方も気に入らなかった。彼らにしてみれば、このプロジェクトはハイプと先走ったパブリシティばかりで、実現可能性を裏づける技術的、科学的証拠がほぼまったくないのだった。「フクロオオカミは格好の例だよ。『いまやっているところです！　もうすぐできます！　1、2年で実現しますよ！』これじゃ偽薬のセールスマンだ」（被面接者32）。

科学論研究者エイミー・リン・フレッチャーが鋭く指摘するように、フクロオオカミの復活をめぐる議論は主に、このプロジェクトがマスコミを通じて科学かショーのいずれに位置づけられ、解釈されるべきかに対するコントロールをめぐる議論だった。「オーストラリア博物館がフクロオオカミ・クローニング・プロジェクトを開始したとき、博物館は『科学としての古ゲノム学』と『ショーとしての古ゲノム学』という足元の危うい崖っぷちの上を歩き始めた」とフレッチャーは論じている。[21] 研究者はプロジェクトを売り込むためにマスコミの注目を利用したが、その過程で、彼らが気づいたように、その注目は不安定化の原因となったのである。フレッチャーによれば、博物館と賛成派はそのストーリーをなかなかコントロールできないことに気づいた。彼らはプロジェクトを科学的、技術的イノベーションとして売り込んだが、反対派はショーに過ぎないものとして批判した。

アーチャーのフクロオオカミ・クローニング・プロジェクトの他にも、社会の関心を引きつけ、専門家からの批判を招いた復活の取り組みは多数ある。現在、復活という表現はなおも古代DNAの探索と密接に結びついているが、その対象には微妙な変化が生じている。問題が恐竜の復活からマンモスの復活へと移っているのである。例えば2006年に、科学者たちが2万8000年前のケナガマンモスから1300万塩基対のDNA配列を決定し、化石に応用した場合のNGSの高いポテンシャルを実証している。マスコミによれば、これは全ゲノムの生成に一歩近づいたということであり、それはマンモスのような大昔の生物の復活に一歩近づいたということでもあった。ニューズウィーク誌はこの研究を次のように報じている。「科学者たちは、別の言い方をすれば、ケナガマンモスのゲノムの半分を組み立てるのに成功したのである。彼らはあと3年で作業を終えられるだろうとしている。そうなれば科学者はさらなる偉業に王手をかけることになる。つまり大昔に絶滅した生物の復活だ[22]」。

2年後の2008年、別の研究室がケナガマンモスの核ゲノムの配列を決定した[23]。ニューヨーク・タイムズ紙は次のように報じている。「科学者は絶滅種の復活というおなじみのSFの定番アイデアを、初めて実現可能であるかのように語っており、生きたマンモスの復活はおそらく1000万ドルという少ない費用で実現できるだろうとしている」。ニコラス・ウェイド記者は、これは決して簡単な芸当ではないが、ペンシルヴェニア州立大学のステファン・シュスターという研究者によって手の届きそうなところまできたと記している。ウェイドの記事によれば、「現在マンモスのDNAを合成してゲノムサイズにする方法はなく、それを実際の動物まで成長させる方法は言わずもがなである。だがシュスター博士によれば、ひとつの近道として、ゾウの細胞のゲノムを40万か所以上修正して十分にマンモスのゲノムに似せ、その細胞を胚に戻してゾウに産ませる方法があるという。博士はこのプロジェクトの費用を約１０００万ドルと推定している」。ウェイドはさらにシュスターの言葉を並べる。「『これは手間と費用はかかりますが、実現可能なものです』と博士は述べた[24]」。ある研究者はこのコメントを振り返り、マスコミにいかに魅力的に映ったかを次のように述べている。「最初のマンモスのゲノム……ステファン・シュスターは……マスコミの大好きな言葉を与えた。彼が言ったのはこういうことだよ。『ユーロかドルで数百万くれたらマンモスを復活させてあげるよ』」（被面接者37）。それが遅かれ早かれ可能だとしても、絶滅種の復活をどこまで進めることができるのか、あるいは進めるべきなのかに関する判断は危険をはらむ問題だった。「ところで、わたしたちがマンモスを『絶滅から復活させる』ことができるなら、ネアンデルタール人も『絶滅から復活させる』ことができるだろう」とある純古生物学者はコメントしている。「そうなれば倫理的問題は桁違いに大きいものになるだろう」（被面接者3）。

研究者によるフクロオオカミやマンモスの復活の試みよりもはるかに議論を呼んだのは、科学者は、理論的にはいつの日かネアンデルタール人を復活させることができるだろうという推測だった。２０１３年、まさにこの可能性が国際的にニュースとなった。ドイツのシュピーゲル誌が「ネアンデルタール人をその死からよみがえらせることは可能か？」と題する記事でジョージ・チャーチにインタビューし、技術的には可能だろうとする彼の答えを引用したのである[25]。このニュースはまたたくまに広がった。ＭＩＴテクノロジーレビュー誌は次のように記している。「求人：ネアンデルタール人の赤ちゃんの代理母[26]」。ロンドンのデイリーメール紙は次の記事を掲載した。「求む：ネアンデルタール人の子を産む『冒険心のある女性』――ハーヴァード大学の教授が穴居人のクローンベビーを産む母親を求める[27]」。カナダのハフィントンポストもこのニュースを取り上げている。「健康なネアンデルタール人の赤ちゃんを産む夢を見ませんか？　世界一流の遺伝学者はそれが可能だと考えている。ハーヴァード大学医学部のジョージ・チャーチがシュピーゲル誌に語ったところによれば、技術的には大昔に絶滅したわたしたちの親戚のＤＮＡを復元するだけでなく、実際に復活させることが可能とのことである[28]」。同分野の科学者たちはすぐに批判的に反応した。例えばスヴァンテ・ペーボはニューヨーク・タイムズ紙に寄稿し、チャーチの主張について、技術的に不可能であるだけでなく倫理的に問題があると非難している[29]。別の研究者もこの意見に賛同している。「ジョージ・チャーチも、ネアンデルタール人のクローンを作ることは可能だという彼のアイデアもまったく馬鹿げている。何よりも技術――決してとは言わないまでも――現在の技術はその実現レベルからはほど遠い。さらにクローンを作りたい理由がわからない。単に見たいからかね？」（被面接者18）。しかしチャーチは自分のメッセージが報道機関からひどく誤解されていると感じていた。これに対応し、シュピーゲル誌は「ネアンデルタール人の代理母（まだ非）募集」と題する別の記事を掲載し、混乱の解消に努めた[30]。それでもこの議論は、研究責任に関する倫理の問題、また特に科学者が絶滅種の復活の生命倫理について意見を持っていることを浮き彫りにした。

研究者が絶滅種を復活させる動機に疑問を投げかけたことには多くの理由があった。科学的目的、可能性、利益を明確化するよう求める研究者もいた。「復活させる目的は何なのか？」とある進化遺伝学者は問うている。「やる価値はあるのか?」（被面接者38）。別の研究者は「どうしてこの分野はそんなことをやってるんだ?」ともっと露骨に疑問を呈している（被面接者24）。「我々の役に立ちそうな科学的疑問がない」と別の研究者は述べている。「仮説駆動型でなければ科学をやらないことだ」とある古生物学者は言う。「恐竜を復活させたい? 疑問は何なんだ?」（被面接者39）。実際、古代DNA研究の分野の被面接者の多くが絶滅生物を復活させることに反対していたが、それはそのようなプロジェクトが絶滅種の復活の科学的意義よりも話題作りを優先していると考えたためである。

さらに、絶滅種の復活は——その動機となっている科学的疑問に関係なく——研究や資源の使い方として不適切だと主張する被面接者もいた。マンモスを含めいかなる動物も娯楽のために復活させることは倫理的に間違っているというのが彼らの言い分だった。「明らかに動物園をつくりたいだけの科学者もいる……彼らは動物園や野生動物公園にマンモスを登場させたいだけだ。金儲けのためにやっているのか? あるいは世間の人々に自然を好きになってもらうためにやっているのか?」とある分子生物学者は語る（被面接者6）。たとえ世間の人々に自然を好きになってもらったり、保護してもらうよう促したりすることが動機であっても、保全に取り組むのなら、すでに絶滅した生物を復活させるよりも現在の環境を保護するほうが適切だと考える人もいる。「費用をかけるというなら、絶滅していない動物や絶滅しかけている動物をさしおいて、絶滅した動物を復活させることに目を向けるのは道義的に間違っている」。この科学者は、もし「エイリアンが降りてきて辺りを見まわし……人類が最後の資源をマンモスを復活させる試みに浪費したのを知ったら、さぞかしびっくりすることだろう」と述べている（被面接者2）。

絶滅種の復活を、科学あるいはショーのいずれかとして位置づけようとする綱引きは、『ジュラシック・パーク』の物語とそれが化石DNAの探索に及ぼした影響によるものだった。だから科学者は絶滅種の復活と聞けば、その裏にどんな動機があるのかと疑問を抱くことにもなった。事実、復活をマスコミの関心を引きつけるための仕掛けだと捉える被面接者もいた。「これは科学というよりハイプだよ」とある分子考古学者は語る（被面接者35）。「安っぽく、薄っぺらでゴシップ紙のニュースみたいなものだ。正しいことはめったになく、それどころかいつも嘘だ」と別の年長の科学者も語っている（被面接者32）。「そういった研究をやろうとするのはナショナル・ジオグラフィック誌に記事を載せたいからに過ぎない」（被面接者14）。「あっと言わせて注目を集めたいだけなんだよ。それは科学をやる理由としては上等ではないね」（被面接者47）。被面接者たちにとって、研究の意義は重要だった。その結果、彼らはパブリシティを重視しているとみられるプロジェクトを行っている研究者に疑いの眼差しを向けた。恐竜の復活からマンモスの復活へと専門家と大衆の関心が移ったことに注目して、ある研究者は次のように述べる。「フィルムが再び回されている……今度は研究者がマンモスをいかに復活させるかという作品だ……皮肉に聞こえることはわかっているが、彼らは注目を集めるためにジャーナリスト――マスコミ――を利用しているんだよ」（被面接者17）。少なくとも被面接者たちによれば、動機が重要なのであり、絶滅種の復活ということになると、決して基礎にある研究上の疑問の代わりにエンターテインメントの可能性を動機とすべきではないのである。

前述の軽蔑的な捉え方にはっきり表れているように、古代DNA研究者の間には絶滅種の復活への反対の声があるいっぽうで、セレブリティ——特に『ジュラシック・パーク』に関わるもの——がこの分野に利益をもたらしたことを理解するのは難しいかもしれない。化石DNAの探索に注がれ、またその探索に影響を与えたマスコミや大衆の強い関心は、この学問分野のそれぞれの発展段階において重要なものだった。科学者が『ジュラシック・パーク』の物語の結論や意味合いを否定したとしても、彼らは自分たちが行っている技術的取り組みの重要性を指し示すためにその小説や映画の人気にあやかったのである。だが技術革新によって、絶滅種を復活させるアイデアが純粋に理論的なレベルから実行可能な取り組みへと発展してくると、古代DNA研究分野の内外の研究者はこれまで以上にこのアイデアに向き合う必要があると考えるようになった。絶滅種の復活に関する古代DNA研究者の意見、主にその批判は、まさにマイケル・クライトンが恐竜を復活させるSFのシナリオで伝えた懸念をなぞっていた。スティーヴン・スピルバーグによる映画版の『ジュラシック・パーク』で、ジェフ・ゴールドブラム演じる架空の数学者イアン・マルコムの有名なセリフがこの懸念を的確に言い表している。映画の中で、彼は科学者ができるかどうかにとらわれすぎて、なすべきかどうかを考えるのをやめてしまったことを批判していたのである。

ニュース価値

古代DNA研究に携わる研究者の大半が現在の絶滅種の復活の取り組みとほとんど無関係なのに、いまも絶滅生物の復活というアイデアがこれほど密接にこの分野と結びついているのはなぜだろうか？　そして一部の古代DNA研究者が、とりわけ批判を招く可能性があるにもかかわらず、そのアイデアに沿った研究を行っているのはなぜだろうか？　被面接者たちに言わせれば、絶滅生物復活の可能性は、マスコミとの関わりを持つための手っ取り早く簡単な方法なのである。確かに、世間の人々の頭の中では、『ジュラシック・パーク』は古代DNA研究者がいつか実現させるかもしれない究極のイメージなのである。「マスコミ関係者と話しているといつも彼らは、少なくとも半分くらいはあの質問をしてくる。『フクロオオカミ、ドードー、マンモス等々を復活させることはできますか？』」（被面接者25）。研究者が遺伝学的な意味で時間を遡ることのできる能力は、絶滅が永遠のものではないかもしれないという可能性と結びつくことで、ニュース価値を生み出す申し分のないレシピとなった。その結果、マスコミは繰り返し古代DNAと絶滅種の復活とのつながりを取り上げた。「マスコミは古代DNAが好きなんだ。大好きなんだよ。古代DNAを無条件に愛している。たいていポイントになる質問はクローンに関するものだ。彼らはいくら答えを聞いても満足しない」（被面接者3）。『ジュラシック・パーク』の初公開の約30年後にこの分野で研究している学生たちでさえこの質問を受ける。「初めに尋ねられるのはこの質問です。本当に何度も尋ねられました」とある博士課程学生は述べている（被面接者53）。別の学生も同じような経験をしており、この現象に名前をつけている──「ジュラシック・パーク効果」である（被面接者54）。

過去数世紀にわたり、メディアの報道はタイムリーで新しく、議論を呼ぶ科学に注目する傾向があった。科学コミュニケーション研究者のドロシー・ネルキンによれば、このようなメディアは教育を行おうとするが、同時に娯楽も提供しようとするため、科学と技術は「情報源というより娯楽源」になることのほうが多い。[31] 例えば1900年代初頭に、エドワード・スクリップスがアメリカ初の科学記事の討論誌であるサイエンス・サービスを創刊しているが、このサービスの初代編集者であったエドウィン・スロッソンは、マスコミで取り上げる科学は「世界で最も速い、または遅いもの、最も熱い、または冷たいもの、最も大きい、または小さいもの、そして何であれ最も新しいもの」に関するものだとまとめている。[32] 別の科学コミュニケーション研究者シャロン・ダンウッディがさらにこの点を詳しく説明している。「科学ジャーナリズムは、やはり他のタイプのジャーナリズムと同じように、実世界で確実に注目を集められるやり方として、売り物になるニュースの核心となるオーソドックスなニュースペグを作れるストーリーを求める」。[33] 確かにこんにちの科学報道の世界でも事情はほとんど変わらない。古代ＤＮＡの探索、とくに最初または最古のＤＮＡの探索、また絶滅生物を復活させるという賛否を呼ぶ可能性は、まさにこの理由のために見出しを飾るのである。

古代ＤＮＡ研究者は自分たちの研究にニュース価値があることに気づいていたし、それに慣れてすらいた。「古代ＤＮＡは、直感的に手が届かない、計り知れない、謎に満ちていると思えるものに触れる方法をもたらしてくれる」とある進化遺伝学者はいう（被面接者1）。別の分子生物学者は次のような観点を示している。「細菌の細胞壁に含まれるペプチドグリカンについて読みたがる読者はあまりいない。とても重要なものかもしれない――おそらくははるかに重要だ――が……普通の読者は読もうとはしない。でも王様やマンモスについては読まれるストーリーが書ける」。その結果「わたしたちにジャーナリストがひっきりなしに電話をかけてきて尋ねる……『何かネタが欲しいんです。何かありませんか？』」（被面接者6）。別の科学者が付け加える。「素粒子物理学の研究をしていて……その内容を……一般大衆に向かって……説明しようとすれば、多くは寝てしまうか、『いったいどうしてこんな研究に税金を使ってるんだ？』ということになるかもしれない」。一方で、「古代DNAはマスコミにも一般大衆にもとても話しやすい題材なんだ……マスコミにとっては記事にしやすいものだ。この分野にいる科学者にとってマスコミに売り込みやすいものなんだ」（被面接者25）。ある遺伝学者はこの点を次のように表現する。「人には好みの味がある。これは世間の好みの味なんだよ」（被面接者44）。

古代DNAのニュース価値はメディアの記者にとって都合がよいだけではなかった。研究者も利益を得たのである。ある年長の研究者は次のように語る。「古代DNA研究がマスコミを必要とすることと、マスコミが古代DNA研究を必要とすることは分ける必要がある」。この被面接者によれば、「古代DNAがマスコミのお気に入りなのは、一般大衆にとって非常に魅力的なストーリーになるものが多いからだ……ネタがないとき彼らはいつもわたしたちのところに来るが、それは何か面白いネタがあると知っているからだ。わたしたちは歴史の研究をする。人類学や考古学の研究をする。恐竜みたいな怪しいネタの研究もする。だが古代ＤＮＡ研究者なんだよ……そうやって資金獲得を正当化するんだ。わかるだろう?」この研究者がさらに説明するように、何度も世間の注目を浴びる古代ＤＮＡ研究者が大勢いる。この分野と大衆の間の有名人のひとりであるエスケ・ビラースレウと、彼の研究室から生まれた研究がその一例である。「それがエスケが資金を手に入れるやり方なんだ。デンマーク政府は自国の科学が世界レベルであることを示したがっているからね。そのためにはサイエンス誌、ナショナル・ジオグラフィック誌、ディスカバリーチャンネル、サイエンティフィック・アメリカン誌に取り上げられる［よりも］良い方法があるだろうか」。この科学者に言わせれば、科学と科学コミュニケーションのプロセスはいずれもひとつの巨大な複合システムの一部なのである。「つまりエスケはメディアに取り上げられ、政府は喜び、エスケにさらなる資金を与える」（被面接者6）。このシステムの中では、専門科学雑誌が、一番というわけではないが、重要な役割を果たしていた。

あらゆる科学系の学問の研究者にとって、ネイチャー誌、サイエンス誌、ＰＮＡＳなどの一流雑誌に論文が掲載されることは専門的名声の証しであるとともに、自らの研究とその影響を確実にメディアに宣伝してもらうお墨付きとなった。実際、科学界での名声と大衆の名声を同時に得られる可能性は多くの研究者にとって大きな魅力だった。例えばある研究者は具体例として次の話をしてくれた。「わたしは本当に優れた古代ＤＮＡプロジェクトで共同研究を行っていた——優れたプロジェクトで、優れた成果が得られた。共同研究者は『論文をネイチャー誌に送るつもりだ』と言う。『これはネイチャー向きの論文じゃない。時間が無駄になるだけだ。これこれの雑誌に送ろう』とわたしは意見した。『いや、だめだ！』結局論文はネイチャー誌に投稿され、不採択になってしまった。そこで彼らは確かＰＮＡＳ（『それまでネイチャー誌とサイエンス誌に投稿されていた』）に投稿してみた。不採択だったよ［苦笑］。そして最終的にわたしが最初に勧めた雑誌に落ち着いたんだ［笑］」。この研究者が説明するように、「一流雑誌……は事実上大衆メディアへの中継点なんだ。ネイチャー誌を考えてみよう。この雑誌は単なる科学雑誌ではない……確かにハイレベルな科学研究を掲載するが、面白いストーリーも好む。それは確かだ。わかるだろう、パンチの利いた見出しを持つ短い論文だよ」。この科学者はこの状況を次のようにまとめている。「だから研究をこういう一流雑誌に掲載してもらおうと何度も試みることで（場合によっては多くの成功を収めることで、と付け加えてもいい）、研究者は読者に訴求するいわゆる『サウンドバイト研究』とでも呼ぶものを探しがちになると思う。『この原人の配列を決定しよう』。おわかりのとおり、そこにＤＮＡが含まれていれば、ネイチャー誌に掲載される論文になる」（被面接者3）。技術文献には営利的側面があり、そのため研究者はその両面の期待に応えようとしたのである。

　現実に、科学と科学コミュニケーションのプロセスは極めて集団的な活動だった。科学論研究者のマルティナ・フランゼンが指摘するように、ネイチャー誌やサイエンス誌といった有名な科学雑誌は、マスコミとつながりがあるため、華々しい成果や驚くべき成果を好む傾向がある。[34] このふたつの科学雑誌は歴史的に専門的読者と大衆的読者の両方をターゲットとしてきたため、ニュース価値は科学の報道プロセスだけでなく、掲載プロセスにも影響を与えてきたし、その事情はこれからも変わらない。[35] 社会学者のペーター・ヴァインガルトによれば、「サイエンス誌やネイチャー誌といった一流雑誌が、新奇さやセンセーションというニュース価値を生かす掲載前のプレスリリースや関連プロモーション活動を介してマスコミとつながりを持つことが、コミュニケーションプロセスに影響を及ぼしている」[36]。古代DNA研究者もこのことを認識している。「一方では、それにより非常に注目度が高まる」とある年長の科学者は語る。「注目度は、ネイチャー誌やサイエンス誌の編集者が論文を受理するかどうかを検討する際におそらく大いに念頭に置いていることだ。どれほどマスコミの関心を集めることになるのか、どれほどの部数が売れることになるのか？　そしてその論文がどれほど引用され、自分たちの雑誌がどのような位置を占めることになるのか？　それは唯一の動機づけ――まあ唯一ではないにせよ――重要な動機づけ要因になっている」（被面接者32）。マスコミと一流雑誌により判断されるニュース価値は、逆に科学知識の生産と発表に関わる科学者の判断へと浸透していく。別の進化生物学者は次のように説明してくれた。「オーストラリアの3種類の動物のゲノムの配列を決定し、過去のなんらかの交雑情報を加えれば、自分としては面白いし、世界中の何人かの進化生物学者にとっても面白いものになるだろうが、ニュース価値、つまりマスコミ受けするようなニュース価値はないだろう」。これに対し、「現生人類、ネアンデルタール人、デニソワ人で同じことをやれば――うちふたつの種は絶滅していて、ひとつが洞窟で暮らしていた乱暴者で、もうひとつが存在していたことを誰も気づきすらしていなかったことから――それだけで論文は注目されて大きな関心を呼び、ひいてはこの種の研究に多くの資金がもたらされることになる」。言葉を換えれば、「これは自己永続システムみたいなものだ」（被面接者25）。

古代DNA研究に関わっているような科学者、とりわけ絶滅種復活の研究に関わっているような注目を浴びている科学者は、その科学が大衆の関心に強い影響を受けているとして同僚から批判されることが多い。「ときにマスコミのために研究が歪められることがある」とある分子考古学者は述べる。なぜなら、科学研究がどのように着想され、実施され、伝えられるかにおいてマスコミが一定の役割を果たしているからだという。「マスコミが研究の方向性に対しなんらかの形で影響力を持っていることは、必ずしも結果に対してではなく、どんな研究をすれば面白くなり、売り上げを伸ばせるかという点で影響力を持っているのは、少し危険なことだと思う……サイエンス誌やネイチャー誌といった知的レベルが高く、格の高い雑誌にもそれは言える」。しかしこのシステムはあらゆる科学に影響を及ぼしている。「ときにはデータが揃っていない段階で発表するよう迫られることも多少はある……つまり、わたしたちは資本主義社会にいて、科学もその一部だからだ。完全に無縁ではいられない。研究をするには誰でも資金が必要だし、自分の地位を確保しなければならないので、研究は絶えずなんらかの形で脅かされてしまう」（被面接者13）。別の研究者がとりわけ資金提供の影響について取り上げている。「資金提供は大きな問題で、残念ながらそれが行われる研究を実際に方向づけている。なぜなら多くの研究者が資金を手に入れて自分の研究を行うために、流行を追おうとするからだ」（被面接者27）。

このような科学と世間の注目の間の緊張は、化石ＤＮＡの探索に特有のものではなく、あらゆる科学に共通するものではあるが、とりわけこの研究分野の研究者にとっては、常に存在する特別な問題だった。マスコミに非常にしばしば取り上げられる分野にあっては、パブリシティには代償が伴うことがある。ある研究者が世間の関心が持つ影響のプラス面とマイナス面について述べている。「同僚らの間で『ああ、彼はテレビに出るんだ。彼にいい研究ができるはずがない』と噂されたりする。でも結局はテレビに出ることが自分の役に立ったし、他の番組に出た研究者にとっても、自分がやっている研究を説明し、資金を獲得するのに非常に役立ったと思う。なぜならそれは現に、存在する関係だからだ。いかに研究者がそれを否定し、『自分たちは研究室できちんとした科学をやるまでだ』と言ってもね。確かに存在するんだ」（被面接者14）。別の指導的研究者は、この状況を同僚からの嫉妬と「メディア芸者」だとか「資金のためになんでもする」だとかいう視線の入り交じったものと表現している。しかしこの科学者は、同僚から批判を受けても自身の研究の宣伝をする動機について次のように説明している。「それがネイチャー誌やサイエンス誌に今後さらに論文が掲載される可能性にまったく影響しないと思えば、わたしはおそらくマスコミに関わることに『ノー』というだろう」。だが繰り返し成功するためには、この科学者は「何かをする必要に迫られる」と述べた（被面接者7）。

そのような行為が確かに科学的活動の一環であるとしても、古代DNA研究分野内外のさまざまな科学者は、名声と質の高い研究を調和させるのは難しいとの考えを持っていた。著名な天文学者で1980年代にテレビ界で科学スターとして名声を得たカール・セーガンの生涯はその格好の例である。科学論研究者のマイケル・B・シャーマーが強調するように、「彼が非常に有名になったために、科学コミュニティに『セーガン効果』という概念が定着した。つまりある科学者が一般大衆から得ている人気とセレブリティは、当人が実際に研究している科学の質と量に反比例するという考え方である」[37]。このスターの座に対するイメージ——名声が高いほど、その人物の信頼性は低くなる――はよく知られたフレーズである。マスメディア学の研究者グレアム・ターナーはこの点を次のように説明している。「確かに、現代のセレブリティは、社会の関心を引きつける以外の特別な業績を求めないことがある」。詳しく説明するために、ターナーはアメリカのメディア番組の司会者で、有名であることによってのみ有名な人物として批判されることの多いキム・カーダシアンの例を挙げる。ターナーは続ける。「その結果、またキム・カーダシアンの例が示すように、ほとんどのメディア評論家は21世紀のセレブリティは、なんらかの理由で、不釣り合いにみえるほど大衆の関心を高ぶらせたと論じるだろう」[38]

ゲノム・バイオロジー誌に発表された論文で、遺伝学者のニール・ホールはこんにちの科学において、セーガン効果がカーダシアン的レベルで出現するだろうと記している。「わたしはキム・カーダシアン的現象が科学コミュニティでも生じる可能性を懸念している。有名であることによって有名である人物が出てくるのはあり得ることだ」とホールは主張する。誤解のないように言えば、ホールは科学者が注目を求めることを非難しているわけではなく、現代的なマスコミの時代にあっては、研究者の専門家としてのペルソナと社会的ペルソナを測定する方法が必要だと言っているのである。「わたしはキム・カーダシアンやその科学版の人物が名声を利用することを非難しているわけではない。利用しない人がいるだろうか？　だが科学者が分不相応の注目を浴びていないかを明確に示し、それに応じて彼らにどこまでのことが期待できるのかを判断できる測定基準を開発する時期に来ているのではないか」。彼はこの新しい測定基準――「カーダシアン指数」――により、科学者のソーシャルメディアのフォロワー数を論文の被引用数と比較することで、科学者の注目度を定量化できるだろうとする。ホールの議論、そしてそれが研究雑誌に発表されたことは、科学がセレブリティのような社会的、文化的影響と無縁ではないことを示すさらなる証拠なのである。[39]

社会を向いた科学者には、さまざまな問題に直面してもなお注目を求める動機が存在する。ネルキンによれば、研究者と研究機関は昔からこの現実に気づいており、また慣れてもおり、それを利用してきたのである。「研究者はさまざまな理由でマスコミの関心を引きつけようとする――世間のイメージに影響を与えたり、資金を呼び込んだり、『激しい』研究分野で競争力を確保したりするためである」。1970年代に、組換えDNA研究という新分野の科学者は、自分たちの研究の有望性を売り込み、遺伝子工学の危険に対する批判、さらには怖れに対処するために本格的にメディアへの出演を始めたとネルキンは論じる。またネルキンは科学者が、マスコミを通じて、社会に向かって、資金を得るための有利な枠組みの中に自らの科学を位置づける方法を学んだとしている。「こんにちの遺伝学者は、費用のかかる研究への支援を維持するためにマスコミの関心を引くよう編み出したレトリック的戦略に習熟している。彼らはゲノムを『バイブル』、『医学的水晶球』、『生命の青写真』などと表現する。またヒトゲノムプロジェクトによって『生命の秘密が解明』され、病気を予測したり、予防したりできるようになると断言している」。[40] このような研究者と同じく、古代DNA研究者もやはりリソースを呼びこむ必要性に、とりわけその歴史の初期に直面し、やはり支援を得るべく社会に目を向けたのである。

マスコミからの関心は、正当性を主張するための認識論的戦略としても、あらゆる科学分野で利用される場合がある。社会学者のマッシミアーノ・ブッキが示唆するように、研究者は、議論を呼ぶ主張を行う場合や、競争があったり、協力を得たりしたい危機の時期、また科学の境界を画定したり、取り決めたりする必要のある時期に、正当性を求めて社会に目を向ける。[41] 実際に、研究者たちはこの点についてさまざまな例を見つけている。1980年代末と1990年代初頭の常温核融合の論争に関するブルース・V・レーヴェンシュタインの研究は、議論を呼びそうな主張を通すために、科学者がいかに従来的な研究やレビューの方法を無視するかを浮き彫りにしている。[42] 常温核融合の発見はマスコミを通じて発表されただけではなかった。その実在と再現方法に関する議論もマスコミを舞台に行われたのである。同じように、科学論研究者のアンジェラ・キャシディは、進化心理学に関し、研究者がこの分野の自身の専門知識を主張しようとした際に、いかにポピュラー・サイエンスが、学界の通常のやり方から離れたところで分野を超えた議論を行う独特の舞台となったかを説得力をもって論証している。[43] 他にも科学論研究者のフェリシティ・メラーが、惑星科学者と天文学者の精鋭集団が近未来に小惑星が地球に衝突するおそれについて積極的に声を上げた事例について取り上げている。彼らは小惑星衝突の脅威を、証拠を示し、問題解決のための技術について語り、また自分たちの懸念が重要な科学的問題であるという正当性を裏づけるためにマスコミにアピールして売り込んだと彼女は論じている。[44] さらに科学コミュニケーション研究者のレイ・グッデル、デクラン・ファーイ、ジェーン・グレゴリーによる研究は、ポピュラー・サイエンスの形成に果たす科学者個人の役割、またいかにスターの座が科学自体の形成に関わってくるかを実証している。[45] 古代DNA研究の事例により関わりの深いものとして、エイミー・フレッチャーは、科学者が絶滅したフクロオオカミの復活計画をどのように位置づけたかは、「マスコミと社会の関心を得ようとする意図的戦略」の一部だったと論じている。[46] 実際、科学とマスコミとの結びつきは密接度を高めながら、意図的で計算された現象として発達を続けている。[47]

売れる科学

『ジュラシック・パーク』の封切りから約30年を経て、化石DNAの探索は、恐竜であれ、マンモスであれ、フクロオオカミであれ、クアッガであれ、さらにはリョコウバトであれ、なおも古代の絶滅種の復活というアイデアと密接に結びついている。このふたつ、つまり古代DNA研究の科学と絶滅種の復活の可能性との結びつきは、偶然生じたわけではなかった。それどころか、古代DNA研究の学問的発展が『ジュラシック・パーク』の世界的成功と並行して進む中で、科学者、雑誌編集者、マスコミ記者、人気作家、映画製作者らが等しくその結びつきを作り、関係を深めていったのである。

古代DNAの研究者たちは当時、また現在でも、この復活というレトリックに関わりを持っていたり、少なくとも復活に対するマスコミと大衆の関心に応えたりしているが、それは自身の研究を示すものだからというわけではなく、支援を求めて社会とやりとりする場合にそうすることに利点があるのを知っているからである。一部の被面接者に言わせれば、絶滅種の復活は、科学者がさらなる研究を行うためのリソースを集める手段だという。「絶滅種の復活が大衆に大いに人気があり、興味深いものであることは証明済みだと思う」とこの分野の若い指導的研究者は述べる。「それはおとり商品でもある――おとり商品というのは言いすぎかもしれないが――投資家がいくらか投資してみようかと思うものであり、それは言ってみれば、この分野がいかに資金を十分に得られなくなっているか、また科学者がいかに代わりとなる資金源を得ようとしているかを浮き彫りにしているのではないか」。この被面接者はさらに述べる。「これは『ジュラシック・パーク』が現実世界で展開しているようなものだが、それはある意味目的を達成するための手段でもある。つまりヒトゲノムプロジェクトの真の価値は、実はヒトゲノムを手に入れることにはなかった。プロジェクトから派生したあらゆる技術に価値があったのだ。価値があるのは、おとり商品を用意して資金を集め、プロジェクトを実現した結果として生じたあらゆる副産物だった」。彼らはこの点を例を挙げて説明する。「更新世パークは『ジュラシック・パーク』よりはるかに現実的で、世間の人たちはカリスマ的な大型動物が好きなんだ。パンダが世界自然保護基金を象徴する動物になっているのにも理由がある。人々はカリスマ的大型動物が大好きだし、かわいいかわいいケナガマンモスよりカリスマ的な動物がいるだろうか?」(被面接者27)。確かに、ニュース価値には科学報道以上の影響力がある。どんな科学がどのように行われ、発表されるかにも影響を及ぼし、注目を集める論文を発表することで有名なマスコミが取り上げ、それがさらなる資金獲得へとつながるという自己永続システムに関わってくるのである。

21世紀を迎えて以降、新しい技術や手法――NGSやCRISPRのイノベーションなど――の登場により、多くの古代DNA研究者が絶滅種を復活させるアイデアを心に抱くだけにとどまらなくなった。実際、一部の研究者は、技術的発展とそれにより開けた可能性を踏まえて絶滅種の復活というアイデアを妥当な可能性のあるものと捉え直し、絶滅生物を復活させる取り組みを行っている。古代ＤＮＡ研究分野の被面接者によれば、絶滅種の復活に取り組み、それがかつてなく現実的な研究になっていると示唆している科学者には、非常に信頼できる科学者もいるという。だがこんにち、絶滅種の復活をめぐっては『ジュラシック・パーク』が取り上げられることは減り、フクロオオカミやリョコウバトなどの他の生物を復活させられるかどうかが話題となることのほうがはるかに増えている。実際に更新世パークがつくられ、そこでケナガマンモスが飼われるかもしれないとの話さえ語られている。[48] この新たな可能性は、もちろんさらなるパブリシティを生み出し、古代ＤＮＡ研究のセレブリティ的地位とその絶滅種の復活との結びつきを強めている。

　科学コミュニケーションの研究者たちは、科学者とメディア、特にジャーナリストとの関係は「共生関係」――「多様な存在が互いの利益のために共存している状況」――と表現できると指摘してきた。[49] 例えばシャロン・ダンウッディは、ジャーナリストと科学者を含む彼らの情報源は「共通文化」の中で相互作用を生じているというアイデアを具体的に示している。[50] 事実、このような科学者とジャーナリスト間の相互作用は大衆にアピールする研究テーマで最も頻繁に生じる。カルチュラル・スタディーズ研究者のピーター・ブロクスは次のように論じる。「ポピュラー・サイエンスはメッセージの伝達手段としてでなく、大衆的な《ポピュラー》ものが科学的な《サイエンティフィック》ものと出会う『公共の広場』として捉えるのが最も適切である」。ブロクスによれば、ポピュラー・サイエンスは「概念空間」――「いかに科学知識の意味に異議が唱えられ、調整されるかを理解するための新たなモデル」として考えるのが最も適切なのである。[51] しかしこのような共有空間では、科学者は課題に直面する。マスコミを通じて自身の研究を正当化しようとする一方で、彼らはパブリシティによって自身の信用性、さらには権威が損なわれるのではないかと懸念もしているのである。「言い換えれば、問題は、あるアイデアがいったん公共の場に出されたあとで、それが意味するところをなんらかの手段でコントロールできるはずだと期待することにある」とブロクスは説明を加える。[52] ドロシー・ネルキンはこの点を次のように述べている。「彼らは自身の研究をマスコミに取り上げてもらいたいと願う一方で、それがどのように取り上げられるかを常に心配しているのだ」[53]

実際、絶滅種の復活について新たなハイプが生じたことで、とりわけ絶滅種の復活の取り組みの多くがきわめて社会的な性質を帯びたものであることから、古代DNA研究者たちは再び自らのセレブリティと信用性の間でバランスを取るよう迫られている。ある研究者がこの問題について具体的に次のように述べている。「論文を発表する場合、だいたいのところをコントロールできる。最終的には自分の作ったものをコントロールできる」。しかし「マスコミを相手にする場合は、相手は大きなワイルドカードで、彼らが何をし、何を言うかまったくわからない」（被面接者27）。ネイチャー誌の編集者も、科学者の正当性への希求と権威の必要性の間の緊張について指摘している。「原則的には、科学が非常に積極的なメディアと手を携えてはいけない理由はない。だが実際には、そのような結びつきによって相いれない動機が生じ、そのために科学の評価とコミュニケーションの過程が極めてたやすく損なわれてしまう可能性がある」[54]。科学とマスコミ間の深まりゆく一方の結びつき、またその結びつきにより自身の研究を社会に知らせる利点は、社会にメッセージを伝えたいと望む一方で、そのメッセージが受け手にどう見られ、どう解釈されるかについて影響力を保持したいとも望む科学者にとって、これまでも、これからも恵みのもとであると同時に災いのもとでもあるのだ。

終章　セレブリティ科学としての古代DNA研究

懐かしいもの

2020年の春、ノースカロライナ州立大学の先駆的な分子古生物学者メアリー・シュワイツァーは、中国科学院古脊椎動物・古人類学研究所の博士研究員アリダ・バイユールらとともに7500万年前の恐竜の骨に含まれていた保存状態の非常に良好な細胞物質と分子物質の証拠に関する発表を行った。その証拠はアメリカ、モンタナ州のバッドランズで発見された草食のカモノハシ恐竜の一種、ヒパクロサウルス・ステビンゲリ（学名*Hypacrosaurus stebingeri*）の2頭の若い個体から得られたものだった。具体的には、チームは石灰化した恐竜の軟骨に残っていた細胞、さらには染色体やDNAに似た構造の証拠を回収したのである。この発見は、一連の免疫学的、組織化学的検査をロッキー山脈博物館で行い、ノースカロライナ州立大学で別個に反復することでなされた。[1]

カナダのグローバル・ニュースは次のように報道している。「当たり？　7500万年前の化石から恐竜の『DNA』発見の可能性」。[2]この見出しは明らかに映画『ジュラシック・パーク』で恐竜を復活させる手順を解説していたアニメーションのキャラクター、ミスターDNAのセリフをもじったものだった。ナショナル・ジオグラフィック誌もこのストーリーを取り上げ、研究結果とそれが恐竜の復活にとって持つ意義について詳しく伝えている。「わたしたちはジュラシック・パークのようなことをやっているわけではありません」とバイユールは同誌に語っている。シュワイツァーは、古代DNA研究の科学とSF作品の『ジュラシック・パーク』の間の文化的結びつき（また賛否両論ある両者間の歴史）を熟知していたため、次の点を強調している。「それをDNAと呼ぼうとも思っていません。わたしは慎重にやっており、結果を大げさに言いたくはないからです。細胞の中には化学的にDNAと一致し、DNAのように反応するものが含まれているということです」と説明している。[3] 確かにシュワイツァーとバイユールらは慎重に主張を行っていた。なぜなら、DNAは確かに時の試練を生き延びるかもしれないが、100万年以上残る可能性は考えられず、恐竜の時代からそのままの状態で保存されていることなどさらに考えがたいというのが科学者の間の一致した意見だからである。確かに、DNA保存期間記録の上限は100万年に届いていなかった。

その発見から10年足らず前に、研究者が70万年前のカナダの永久凍土に保存されていたウマの骨からDNAを抽出し、ゲノムの配列決定を成功させているが、これがその時点で最古のゲノムだった。この研究を主導したのは、デンマーク、コペンハーゲン大学地理遺伝学センターの古代DNA研究分野の指導的研究者ルドビク・オーランドだった。ネイチャー誌が彼らの発見を掲載している。その技術的、概念的進歩、またデータから彼らが導き出すことのできた進化史に関する結論の点で非常に目覚ましい研究だった。彼らはＤＮＡが１００万年近くもとの状態のまま残り得ることを実証し、この古代生物のゲノムを復元し、さらにはその進化史を研究することに成功したのである。進化史を調べるために、彼らはこの古代のウマのゲノムを、約4万年前のウマ、現生の5種類のウマ、そして現在少数が生存しているモウコノウマ——かつて中央アジアのモンゴルに生息し、最後に残った数系統の野生ウマのひとつとされる種——の1頭から得た現代的遺伝子データと比較した。ＤＮＡ配列を比較することで、この70万年前のウマが現在の野生と家畜両方のあらゆるウマの共通の祖先であることを突きとめるのに成功した。またウマ属（学名 *Equus*）の系統——現生のウマ、シマウマ、ロバを含む——が実際には４５０万～４００万年前に登場したことも突きとめている。[4]

この研究を報道する中で、マスコミはその化石とそこから取り出すのに成功したゲノムの驚くほどの古さを大きく取り上げた。ワイアード誌は「70万年前のウマのゲノムが古代ＤＮＡの配列決定の記録を破る」と報じている。[5] 彼らは先史時代をさらに過去へと遡ることの意義についても思いをめぐらせている。ロンドンのガーディアン紙は、「先史時代のＤＮＡの配列決定：ジュラシック・パークはあながち見当違いではなかった」との見出しでこの偉業を紹介している。「これは驚くべき偉業であり、すぐにも科学者が１００万年以上前、さらには数千万年前に死んだ生物のゲノムを遠からず生み出すのではないかと思わせるものである。そう考えれば、クライトンやスピルバーグもそれほど現実離れしていたわけではなかったようだ」。[6] ジャーナリストたちはゲノムの古さを一番のブレークスルーとして強調したが、科学者はその古さは研究の目的ではなく、むしろ最も重要なのはゲノムデータに関する分析であると主張している。「わたしたちが実際に記録という点を強調したわけではなかったはずだ。言うまでもなく、ネイチャー誌がすべてのタイトルを生み出したんだ」とこの研究に参加していたある研究者は振り返る。「マスコミのインタビューではもちろんその切り札を使ったよ。単にやりやすかったのでね」。それにもかかわらず、「古さは目的ではなかった」とこの被面接者は語る。「それは一番の動機でもなかった」（被面接者8）。少なくとも研究者に言わせれば、ゲノムの古さは分析と比べれば副次的な成果だったが、ニュースソースがそれを軽く扱うことはほぼできない相談だった。

最古のゲノムの記録がとりわけエキサイティングなものとなったのは、この学問の歴史を通じ、化石ＤＮＡの探索に対する多くの関心が、世界で最も象徴的ないくつかの試料における分子保存の時間的限界がどこにあるのかを知りたいとの思いに突き動かされてきたからである。実際、約１００万年前のウマから１２０億以上の塩基対が回収されたことは、１９８０年代初頭の誕生以来、古代ＤＮＡ研究の分野がどれほどの道のりを歩んできたかを振り返る機会となった。１９８０年代初頭は、カリフォルニア大学バークレー校の研究者たちが、ウマ科の絶滅種クアッガの１４０年前の標本からわずか２２９塩基対のＤＮＡの配列を決定したと主張した時期である。ネイチャー誌はクアッガ研究の成果を、ＤＮＡが大昔に死んだ生物の試料に保存されており、回収することができる最初の証拠として掲載した。それから30年を経て、研究者はＤＮＡの保存期間の記録を極限まで伸ばしたのである。しかし古代ＤＮＡ研究の分野では、その歴史を通じて明らかなように、記録は常に破られることになる。

例えば2021年2月、サイエンティフィック・アメリカン誌が古代DNA研究界の最新にして、最大のニュースを次の見出しで報じている。「マンモスのゲノムが最古のDNA配列の記録を破る」[7]。この研究――スウェーデンのストックホルムにある古遺伝学センターのトム・ファン・デル・バークとロベ・ダレンらが行った――はネイチャー誌に発表された。この研究で、研究者はシベリア北東部で発見された、前期更新世から中期更新世までのそれぞれ違う古さの3本のマンモスの歯からDNAを抽出した。科学者は、永久凍土に保存されていたこれらの試料のうち、2本の歯からそれぞれひとつのみならずふたつの古代ゲノムを取り出して配列を決定し、3本目の歯からは約6000万塩基対のDNA配列を決定するのに成功した。これらの試料から回収されたDNAは100万年以上前のものと推定され、それまで不明であった系統が確認されるとともに、数種のマンモスの進化と交配に関する驚くべき発見がもたらされた[8]。ABCサイエンスニュースは次のように伝えている。「ジュラシック・パークというわけではないが、科学者はマンモスの歯から100万年前のDNAの抽出と復元に成功し――この生物の進化史に関するいくつかの謎を解明した[9]」。

1980年代からこんにちに至るまで、技術が科学者がDNAを取り出す古代生物の古さを更新する能力にとって技術が欠かせない要素であり、PCRからNGSへという劇的進歩によってこの分野には大きな変化が生じた。だが変わっていない点もいくつかある。化石DNAの探索は、その成長を通じてメディアと社会の関心の影響下で発展してきた。とりわけ1990年代の『ジュラシック・パーク』の小説と映画の登場と時期を同じくし、メディアの注目を浴びるようになったことが大きかった。最近行われた、バイユールとシュワイツァーによる数千万年前の恐竜の骨の中の細胞物質や分子物質の保存可能性に関する研究が、当然のように『ジュラシック・パーク』の物語に重ねられたことはその一例である。実際、こんにちに至るまで、古代のウマのものであれ、絶滅したマンモスのものであれ、最古のゲノムに関するマスコミの報道が、進歩の基準として『ジュラシック・パーク』を引き合いに出して行われてきたのは、このような科学とSFの永続的な結びつきを示すさらなる証拠なのである。

セレブリティ科学：概念

古代DNA研究は、歴史的に科学とSFの間に引かれた細い線上を歩んできた。現在でも、『ジュラシック・パーク』シリーズ――また絶滅種を復活させられる可能性――は、この作品の発想のもととなった科学と密接に結びついている。その一方で、本書では古代DNA研究の科学が逆に『ジュラシック・パーク』の影響を受けてきたことを論じてきた。これまでの章を通じ、わたしは新しく誕生した科学研究が、いかにマスコミと大衆の一貫した強い関心の影響下で成長してきたかを示してきた。それに加え、古代DNA研究者がマスコミの注目にいかに適応し、その関心に応じたり、距離を取ったりし、彼らが遭遇した新しいイノベーションや課題に応じてその関心をいかに盛り上げ、コントロールしたかについて検討してきた。数十年をかけて、化石DNAの探索はセレブリティ科学へと発展したのである。

セレブリティ科学とは、わたしが古代DNA研究に関する専門的発表物と大衆的発表物をあわせて検討し、科学者との面談を分析する中から浮かび上がってきた新たな理論的概念であり、分析的枠組みである。このことから、わたしはセレブリティ科学を、大衆の高い関心と極度のメディア露出の影響下で存在し、発展する科学のテーマとして提案する。マスコミは、科学とその研究者から社会一般向けのニュース価値と訴求力を一貫して求めるという点で、セレブリティ科学の形成において不可欠な要素である。彼らは繰り返しパブリシティの機会を生み出す。だが、科学者がそのプロセスに関わっていることも同じように不可欠な要素なのである。そのような科学においては、マスコミの存在や影響が非常に大きいため、研究者はマスコミが示す関心に対し肯定的にも否定的にも反応する。研究者は実利的に名声を得るためにパブリシティの機会を期待し、また自らそのような機会を作り出し、あるいはそこから自らの研究を引き離す戦略を立てたりする。彼らは大衆の影響に応じて自ら、また自らの科学の評判を作り出し、作り直す。このような科学とマスコミの相互関係は一時的なものではない。セレブリティ科学は長期的なパブリシティの結果生じるものである。それは、一定の長期にわたってある科学のテーマをめぐり一貫して生じた科学とマスコミの相互作用のプロセスであり、その産物なのである。そこから、研究者とマスコミが求め、維持しようとする大衆の関心に突き動かされる、研究者とマスコミの間の関係が生じる。

重要な点だが、「セレブリティ科学」という言葉は、ある個人の科学者がマスコミと取り持つ相互作用に着目し、個人レベルでセレブリティを検討したり、説明したりしようとするものではない。

そうではなく、セレブリティがいかに集団レベルで作用するかを探ることにある。そのためにはある科学のテーマ――研究自体の内容、結論と意義――をめぐって存在するセレブリティが、研究者のコミュニティ全体にいかに影響を与えているかに注意を払って研究することが必要となる。セレブリティ科学では、商品として売られるのはその科学のテーマなのである。

「セレブリティ科学」という言葉は集団レベルに限定して適用するものではあるが、わたしはこの言葉を、別のものだが無関係ではない、まさに個人レベルのセレブリティ現象を指す言葉である――「セレブリティ科学者」――の延長として選んでいる。この言葉はコミュニケーション学研究者のデクラン・ファーイが、こんにちのひと握りの科学者の高まりつつある名声と影響力を説明するために最初に持ち出したものである。比較的新しく、20世紀中期から後期にかけての現代的なセレブリティ文化の運動に特有の言葉ではあるが、実際には科学者は過去にも社会的存在であったことから既視感を伴うものでもある。[10] 例えばトーマス・エジソンは19世紀後期の発明家の象徴的イメージであり、アルバート・アインシュタインは20世紀初頭の物理学の化身だった。[11] フレッド・ホイルはラジオでの天文学の代弁者であり、カール・セーガンはテレビとそれがもたらしたスターの座から生まれた宇宙論の著名人だった。[12] 数学の普及家としてのアイザック・ニュートンも、17世紀という早い段階でみられるこの現象のさらなる例である。[13]

しかし20世紀中期から後期にかけてマスコミが発達し、また科学報道に対するジャーナリストの関心が高まることで、研究者が新たなレベルで社会に向いた研究者になる可能性が生じた。[14] 1970年代に、科学コミュニケーション研究者のレイ・グッデルがこの影響を取り上げ、人類学者のマーガレット・ミードや生物学者のパウル・エールリヒ、化学者のライナス・ポーリング、またカール・セーガンに至る多様な研究者の人物像を描いている。グッデルによれば、これらの科学者は「姿の見える《ビジブル》科学者」であった。このような姿の見える科学者たちは、共通してマスコミや社会の間で知名度を得るのに役立つ個人的、専門的特徴――メディア志向の特徴――を持っていた。彼女がいみじくも論じたように、姿の見える科学者は自らの権威とマスコミを利用する機会を、社会に対して科学だけでなく科学政策についても語る舞台として活用している。[15] ファーイのセレブリティ科学者という概念はこの上に築かれている。

ファーイによれば、セレブリティ科学者はマスコミの登場により生じた機会から成長したが、さらに重要な点として、新しいセレブリティ文化を踏まえて成長してきた新しいタイプの科学者なのである。1980年代以降、マスコミは科学者をセレブリティとして扱うようになり、科学者もそのようにふるまい始めたとファーイは述べている。この現象の多くは21世紀を迎えるころに明らかになってきた。例えばロンドンのインディペンデント紙は2000年代初頭の科学コミュニティには「マスコミの寵児」が大勢いることを指摘していた。ニューヨーク・タイムズ紙はニール・ドグラース・タイソンを「宇宙に詳しいセレブリティ」と呼び、ネイチャー誌はスーザン・グリーンフィールドを「セレブリティ神経科学者」と、サイエンス誌は「ロックスター」と呼んだ。ファーイが示すように、過去の姿の見える科学者とこんにちのセレブリティ科学者の間には質的違いが存在し、その違いを体現するのがカール・セーガンだった。[16] ファーイはブルース・レーヴェンシュタインとの共著論文で、1960年代と1970年代は、セーガンはグッデルの言う姿の見える科学者だったとしている。ファーイらによれば、カール・セーガンの姿の見える科学者という特性は、彼のワンマンショーではあるが専門的なものでもある『コスモス』によりテレビ界での人気に火がついた後にセレブリティのレベルへと転じた。「セーガンは姿の見える科学者からセレブリティ科学者への変化を明確に示した。彼はセレブリティそれ自体を重視するようになっていく一般的文化におけるセレブリティ文化の登場、セレブリティそれ自体の価値の高まりは、「科学界のスターの座」というイメージを生み出す新たな社会現象だった。ファーイは、宇宙論者のスティーヴン・ホーキングや古生物学者のスティーヴン・ジェイ・グールドといった、セレブリティ科学者の資格を満たす一連の科学者について人物像を描いている。彼らは自身の専門分野で資格を持つ専門家だったが、同時に一般社会の中でも名声、富、影響力を手にした。セレブリティ科学者として、彼らはマスコミを社会的舞台として利用し、科学を社会に広め、科学に対する社会の向き合い方に影響を及ぼした。[17]しかしファーイに言わせれば、スターの座は諸刃の剣だった。セレブリティ科学者としてのスターの座は、彼らに科学コミュニティ内部での影響力をもたらしたのである。[18]言い換えれば、スターの座は逆に科学コミュニティ内部へと入り込み、科学的プロセスに影響を及ぼしたのだ。

ファーイらマスメディア学の専門家によれば、セレブリティとセレブリティ文化は現代社会において注目すべき現象ではあるが、定義することが難しい。[19]確かにセレブリティとはなんなのか、またどのように生じるのかは決して一筋縄ではいかない問題である。グレアム・ターナーはセレブリティについて、その複雑さをうまく捉える説明をしている。彼によれば、セレブリティとはプロセスと産物の両面で理解するのが最も適切である。それは「表象のジャンル」であると同時に「そのような表象とその影響を生み出す広報宣伝、パブリシティ、マスコミ産業により取り引きされる商品」なのである。[20] セレブリティはときおり生じるパブリシティ以上のものである。セレブリティの形成は、繰り返される科学とマスコミの間の相互作用のプロセスであり、産物なのである。

セレブリティには名声や富といったプラスの属性がある一方で、マイナスの意味合いも持つ。歴史的に、セレブリティはまがいものと結びつけられてきた。例えば歴史学者のダニエル・ブーアスティンがセレブリティについてある見解を示しているが、それは、ターナーが論じるように、こんにちのセレブリティについて最もよく知られた金言のひとつとなっている。ブーアスティンによれば、「セレブリティ」とは「有名であることによって有名な人物」のことである。[21] さらに彼が説明するように、セレブリティが有名であるのは必ずしも本人の業績によるものではなく、そのパーソナリティにより社会的に自分を他者と差別化する能力によるものなのである。ブーアスティンはこの差別化はささいなものであり、セレブリティの登場を、とりわけ現代アメリカの文化の虚飾性から生じたものだと論じている。この見方では、セレブリティは本物とそうでないものの間の揉み合いを象徴しており、少なくともこの意味では軽蔑的な言葉である。だが本書で描く古代DNA研究の歴史から明らかとなったように、セレブリティは有名であることによって有名であるという金言が意味するよりも複雑な概念である。

例えば社会学者のクリス・ロジェクはセレブリティを「社会的領域において個人に魅力的または悪評的地位を帰すること」と考えている。彼に言わせれば、魅力と悪評はそれぞれ社会的評価のプラスとマイナスの形態を捉えており、両者はしばしば、ときには同時にセレブリティと結びつけられる。ロジェクが論じるように、セレブリティは、その属性と影響がどのようなものであれ、マスコミによって手間ひまかけて形作られ、さまざまな形態をとり得るものである。セレブリティには「生得的」なものもあれば「達成的」なものもある。つまり名声が血統に由来することもあれば（ウィリアム王子やハリー王子など）、業績に由来することもある（ヴィーナス・ウィリアムズやセリーナ・ウィリアムズなど）ということである。だがセレブリティが「付与的」な場合もある。これは、マスコミが繰り返しある人物やアイデアを際立ってニュース価値のあるものとして示すことで生じる。[22] スターの座がどのような形を取るのであれ、マスコミはセレブリティの形成において極めて重要な要素なのである。

古代ＤＮＡ研究の歴史においては、セレブリティは複数の形でもたらされた。まず社会一般が化石、また古代史や遠い過去について知ることのできるＤＮＡを回収する可能性に本来的に関心を持っていたことから生得的なものだった。一方で、世界で最もカリスマ性の高いいくつかの生物から最初または最古のＤＮＡを配列決定するなどの、この分野の科学者の業績を通じてもたらされた。また長期にわたりマスコミがこのテーマをたびたび報道したことから明らかなように、マスコミにより付与された。

１９８０年代から現在にかけて、化石ＤＮＡの探索が学問へと発達する中で、研究者たちはこの分野の技術的課題とセレブリティ科学としてのアイデンティティの強まりに対応してきた。研究者は、自分たちが、化石ＤＮＡの探索の信用性に影響を及ぼす、異なるものではあるが互いに無関係ではないふたつの問題に対処し、立ち向かわなければならないことに気づいた。それは古代DNAの真正性に関わる汚染の問題と、この分野のセレブリティにより生じ、研究者があまりに不相応なパブリシティと捉えた問題である。科学者は文字通りの意味と比喩的な意味の両方で「汚染」について懸念したのである。

1990年代末には、古代DNAの真正性に関わる汚染の懸念により学問の信用性が危機にさらされた。この時、汚染の問題は、琥珀の中の化石や恐竜時代の骨などのさまざまな試料から数千万年前のDNAを抽出し、配列決定を行ったと主張する多数の研究論文を通じて最も明らかかつ公然と示された。このような論文が発表されてまもなく、他の研究者たちがその発見の真正性に異議を唱えたのである。実際、一部の研究者はそのような大胆な主張は再現不能であるか、まさに汚染によるものであることを実証している。このように研究結果が覆ったことでコミュニティの評判は著しく低下し、そのあまりのひどさに、研究者たちは失望とともに自分たちの正当性の回復に取り組まなければならなくなった。古代DNAコミュニティはそのような失望が持つ極めて社会的な側面にも対応することになった。なぜなら、そのような研究がネイチャー誌やサイエンス誌といった大きな影響力を持つ雑誌に掲載され、マスコミを通じて報道されていたからである。その結果、科学者たちはセレブリティの影響についても懸念することになった。化石DNAの探索をめぐるハイプを、自分たちの科学研究の信用性のイメージに深刻な影響を及ぼす、比喩的な意味での汚染源とみた科学者もいたのである。

興味深いことに、汚染の懸念はコミュニティに分断をもたらしたが、同時に団結ももたらした。

この登場したばかりの学問分野には多様な分野のそれぞれの関心と経験があふれていたため、科学者たちは化石ＤＮＡの保存、抽出、配列決定という共通の問題を軸にして団結したのである。１９８０年代末と１９９０年代初頭に研究者が汚染についてニュースレターで検討し、会議で議論する中で、汚染の問題はコミュニティを団結させた。21世紀になる頃には、汚染の問題は非常に公然とした対立へと発展した。だが科学者が分断のどちら側に立つのであれ、古代ＤＮＡの真正性の追求は古代ＤＮＡ研究の顕著な特徴であった。科学者たちが真正性の基準により自らの学問を「鍛え」ようとする取り組みによって、最終的にこの学問の輪郭がはっきりしたものとなったのである。

汚染が学問的団結の主因のひとつとなった一方で、この分野を取り巻くセレブリティも団結を促した。実際、セレブリティによってこの分野は力を得たのであり、マスコミはこの分野の最初の形成における成長と大枠のアイデンティティにとって欠かすことのできない役割を果たした。具体的には、セレブリティはふたつの形でこの学問の発展に影響を及ぼした。まず、コミュニティの形成に影響を与えた。これは『ジュラシック・パーク』とそれに続く数百万ドルの興行収入をもたらしたシリーズの例に最も明らかである。この小説と映画は新たに登場した学問に勢いをもたらし、資金的、組織的イニシアチブの点で関心を集めるのに役立った。このような科学者とマスコミ間の意図的やり取り――とりわけ世界で最も古く、カリスマ的ないくつかの生物からＤＮＡを発見するというアイデアをめぐるもの――は論文発表のタイミング、助成金獲得、研究課題、専門的人材の補充に影響を及ぼした。マスコミ記者の利益となる持続的なパブリシティ――科学者、雑誌編集者、資金提供機関によりさらに強められた――は、発展の最初期の最も脆弱な段階にあった古代DNA研究に方向性をもたらしたのである。

次に、セレブリティは新たな科学分野としての古代DNA研究のアイデンティティに一定の役割を果たした。社会に認められることで、この分野と研究者に正当性の感覚がもたらされたのである。「古代DNA」は――マスコミの助けを借りて――ブランドとなった。このことがとりわけ重要であったのは、包括的な理論的枠組みがなく、また確実な資金的、制度的支援が得られないか、得るのが困難だったためだ。実際、本書で示しているのは、古代DNAの真正性とセレブリティの影響というふたつの汚染に研究者たちが抱いた懸念、また研究者たちがその懸念をコミュニティ内外にどのように表明したかが、独自の科学的、技術的実践としての古代DNA研究を前進させ、さらには定義する上でいかに根本的な役割を果たしたかということなのである。

セレブリティ科学：文脈の中で

古代DNA研究の歴史を見ていくことで、現代のマスコミ文化とセレブリティ文化の世界において、また科学コミュニケーションの期待が変化しつつある時期において、学問がどのように発展していくかをたどることができる。この学問を文脈の中に置くことで、セレブリティ科学が、どのように、なぜ形成されるのかを理解する糸口が得られる。1980年代、この分野が形を取りつつあったころ、イギリスの多くの研究者が、科学と技術について大衆に知ってもらい、正しく理解してもらうための組織的取り組みである「大衆の科学理解運動（Public Understanding of Science [PUS] movement）」を始めている。[23] 狙いは科学リテラシーを高めることで、科学と技術に対する社会と政治からのさらなる支援を促すことにあった。王立協会がこのキャンペーンの目的について話し合うために研究者を集めて会議を主催し、1985年に発表された報告書はイギリス、アメリカ、ヨーロッパ大陸などでこの運動を進める上で大きな役割を果たした。[24] この報告書を受けて、科学者がジャーナリストなどのマスコミ機関と連携するのを訓練する「公衆の科学理解委員会（Committee on the Public Understanding of Science：COPUS）」が創設され、社会と関わろうとする彼らの取り組みに報いた。またこの報告書が呼び水となり、経済社会研究会議が研究プログラムや雑誌に資金を提供し、アンケート調査などの方法を用いて社会が科学をどのように理解するかが体系的に研究されるようになった。[25]

アメリカでは、米国科学振興協会が全国的に科学リテラシー、特に科学教育の増進を目標として、科学技術に関する社会の理解を向上させるための同様の取り組みを始めた。ピーター・ブロクスは、1980年代の科学コミュニケーション運動は大衆化を正当化する試みであり、科学者に、マスコミを通じて社会にアピールする専門的キャンペーンと動機をもたらしたと論じている。またブロクスは大衆化を正当化するこの運動は、科学に対する社会の（知的、資金的）支援が弱まりつつあった時期に科学の力を高める運動でもあったことを示唆している。このように支援が弱まったのは、19世紀後半に科学が職業化し、個人と研究機関が社会の中で自らの権威を確立するために自分たちを社会から切り離そうとしたためである。しかし現在では自身の研究の社会的地位を正当化するために、科学者と研究機関は再び社会にアピールしなければならなくなったのだ。[26]

全体として、大衆の科学理解運動は社会を向いた科学者としてふるまう科学者を必要とし、彼らに報いた。科学論研究者のジェーン・グレゴリーとスティーヴ・ミラーが説明するように、「近年、多くの科学者が科学の大衆化に関わることでキャリアに傷がつくのではないかと考えていた。現在では科学コミュニティの有力者たちから、自身の研究について社会に伝えることも研究に劣らない責務であると彼らは告げられているのである」。[27] しかし、科学者たちが社会の舞台でコミュニケーションを行う能力は、マスコミの「商業化」、さらにはより最近の「メディアタイゼーション（研究内容のメディア化）」、「メディアライゼーション（科学そのもののメディア化）」、「セレブ化」などの他の展開によっても支えられてきた。[28] 一部のコミュニケーション研究者が定義したように、メディアタイゼーションは単に日々の生活におけるデジタルのメディア機器の存在と能力の向上を指すのに対し、「メディアライゼーション」という言葉はとくに科学とマスコミの結びつきの深まりを指している。[29] 一方、「セレブ化」という現象は、マスコミが個人をセレブリティへと仕立てる過程を指している。[30] このような展開は、古代DNA研究の歴史を通じて明らかにされたセレブリティ科学という現象の理解の糸口となる。また逆に、他の運動にも増して科学コミュニケーション運動がいかに科学のプロセスと研究に影響を及ぼしつつあるかを理解する糸口ともなる。

例えば古代DNA研究分野やその周辺で研究を行っている研究者は、自分の研究について社会とコミュニケーションを取ることの重要性を理解している。具体的には、彼らは絶滅種の復活というテーマがマスコミとの確実な対話のきっかけとなることを理解しているのだ。「絶滅種を復活させる試みをめぐっては、常になんらかのレベルのセレブリティ科学が生じる」とある研究者は語る（被面接者25）。このような絶滅種の復活への関心と化石ＤＮＡの探索との結びつきは、必ずしも実際の研究自体において生じていたわけではなかった。むしろ、古代ＤＮＡ研究者が絶滅種の復活に関わっているのは、あるいは少なくともそれに関心を持つマスコミや社会に応えているのは、マスコミや社会、政治関係者に対しコミュニケーションを取る場合に、そうすることに利点があることを彼らが理解しているからである。絶滅種の復活に関して、ある指導的研究者は次のように説明している。「このテーマに対してはふたつの応じ方がある。この種の質問に応じる科学者として、メディアの記者に『ほら、この研究にはまったく関係ない。なぜ君がこのことを持ち出し続けるのかわからない』と言って追い返すのはとても簡単だが、わたしはそれが自分や社会一般の利益になるとは思わない、けっして」。彼はさらに説明する。「追い返すのは非常に簡単」な一方で、「それを利用することも非常に簡単」なのだ。この科学者によれば、「問題はこの両極間のはざまで意味のある議論ができるかどうかだ」（被面接者33）。このような社会の関心に応えつつも、社会に伝える科学的メッセージをコントロールしなければならないことは、古代ＤＮＡ研究者に常につきまとう課題である。

　この分野の研究者の多くは、絶滅種の復活というテーマでマスコミと関わりを持つことは戦略であり、しばしば必要に迫られてのことだと表現している。このような科学者に言わせれば、科学システムの全体とその中での研究者がどれほど成功するかは、マスコミの取り上げ方と密接に結びついているのだ。ある被面接者はこの点を、注目を集める論文を発表することで有名なマスコミが取り上げ、それがさらなる資金獲得と研究の継続につながるという「自己永続的システム」と表現している（被面接者25）。ある研究者は、マーケティングが鍵だとする。「それは注目を集める論文発表や助成金獲得につながる大きな構図の問題にいかに科学をパッケージするかという……戦略的な思考や著述法なんだ。助成金が現実にどのように交付されるかを考えれば、うまく売り込む手際は、残念ながら実際に科学研究を行う能力よりも重要になってきている」（被面接者32）。その結果、このシステムは古代ＤＮＡ研究のようなセレブリティ科学分野で、あるいはその関連分野で研究を行う科学者のタイプに影響を与えてきたのである。

　古代ＤＮＡ研究者は、特にセレブリティ科学者や姿の見える科学者として描かれてきたわけではないが（一部の研究者はほぼ間違いなくそのように描くことができるだろうが）、そのほとんどは、一般社会に自分やその研究をアピールする特性を身につけているという意味でマスコミ通の科学者である。「注目を浴びているのは一部のグループだと思う」とある進化生物学者は語る。「自分たちがやっている多くのことを知らない外部の人たちに話す必要に慣れているのは一部のグループだろう。マスコミの大きな関心を引くというアイデアをある意味好み、そのため練習をたくさんしているのは彼らだ」。この被面接者はさらに説明を続ける。「シロイヌナズナ［属名 *Arabidopsis*］を研究していて、なおかつ優れたコミュニケーターである素晴らしい研究者が確かにいるけれど、彼らはチャンスを手に入れられない。誰がシロイヌナズナに関心を持つかっていう話だよ」（被面接者22）。その意味では、古代ＤＮＡ研究者のコミュニティは全体がとりわけ優れたコミュニケーターである。この分野は自身、所属機関、関わるマスコミと社会の双方の利益になるようなセレブリティ駆動型研究を見つけることに長けた科学を引きつけ、それどころかそのような科学者を生み出してきたとも研究者たちはいう。ある古遺伝学者は述べる。「この分野は、この環境でどうすればうまくやれるかを知っているような、変わったタイプの科学者——言ってみればビジネスマンタイプの科学者——を生み出している」。例えば、「それほど高度ではない成果であっても、ネイチャー誌やサイエンス誌に論文を発表する科学者は大学に職を得る可能性が高い。なぜなら大学もマスコミの関心を集める研究者が欲しいからだ」（被面接者37）。そのような研究者はしばしば野心的、カリスマ的、競争的、マスコミ志向的パーソナリティを体現している。結果として、古代ＤＮＡ研究者は流行の変化による悪影響を必ずしも、あるいはまったく受けない。それどころか、彼らは最新の研究トレンドを取り込む能力、さらにはトレンドを生み出す能力、また新しい選択肢の兆しが見えてきた場合に適応する能力にしばしば長けている。そのような科学者は、スポットライトが移動すればそれとともに動くすべを心得ているのである。

このような観点から、わたしはセレブリティ科学の登場、特に古代ＤＮＡ研究の歴史を通じて明らかにされたものは、肯定的な現象であると考えている。セレブリティ駆動型戦略——数十年にわたり古代ＤＮＡ研究者が明らかに一貫して利用してきたような戦略——は、研究者、また編集者や資金提供者が、研究課題、論文の受理、助成金提供に関する選択を行う際に使用した有効な認識論的アプローチであった。セレブリティ駆動型戦略は、それ以外の方法では生み出せなかったであろう科学知識を生み出すうえで生産的だった。確かにあらゆる研究が大衆の関心を引きつける可能性に導かれた（あるいは導かれる必要があった）わけではない。実際、古代DNA研究者はセレブリティ駆動型戦略だけを追求したわけではなく、他のデータ駆動型や問題駆動型のアプローチとの組み合わせて追求したのである。彼らはさまざまな方法論を用い、ある時にはセレブリティを研究対象の疑問よりも優先し、ある時には技術の有用性を、問うている疑問よりも優先し、ある時には生物学的疑問や歴史学的疑問に焦点を当て、古代DNAのテクニックをそれに答えるための手段として利用した。このような研究者たちは複数のアプローチを同時に、反復的に用い、技術の利用可能性や化石試料の入手可能性、また自分が得ることのできる名声に照らして研究結果の達成可能性を評価した。誤解のないように言えば、セレブリティだけがこの学問の発展に影響を与えた因子ではなかったが、重要な因子だった。セレブリティは科学者が立てる問い、受ける助成金、そして一般大衆や政治関係者に伝える際に自らの研究をどう位置づけるかに影響を与えたという意味で研究実践を形成するのに役立ったのである。

わたしはセレブリティ科学を肯定的な現象と考えているが、科学者たちはマスコミの詮索を受ける中で研究を行うことに関して確かに否定的な影響を感じていた。この分野は、その歴史を通じて一度ならず何度も、科学者が高まりゆくセレブリティと学問の信用性との間でバランスを取らなければならなかったことから緊張に満ちたものとなった。研究のセレブリティ駆動的性質、とりわけ『ジュラシック・パーク』の影響について、被面接者がけなすような発言を行っているからといって、姿が見えることから得られる肯定的結果と一部の科学者が捉えたものが否定されるわけではない。むしろ、そのような発言はセレブリティの複雑さ、すなわち信用を得るための苦闘と、両者のバランスを取る必要性を浮き彫りにしているのである。研究者たちはマスコミを介して自身の研究を正当化しようと考えた一方で、パブリシティが自身の信用性、さらには権威を損なうのではないかとの懸念も抱いた。[31] 好むと好まざるとにかかわらず、これが科学者が直面しなければならなかった現実であり、それは今後も変わらない。

セレブリティ科学という概念を検討するにあたっては、科学と技術革新のプロセスが、それが存在する社会の外部で着想され、実施されたことが決してなく、実際に不可能であることを理解することが重要である。古代ＤＮＡ研究の歴史はこの点を明らかにしており、他の無数の研究者がこの世界観を裏づける議論を行い、はるかに広範な証拠を示している。科学が社会の影響の外部には存在しないことを踏まえれば、セレブリティ科学の登場は、科学者たちが自身とその研究が含まれている当の文化を強く意識しており、その文化に反応していることを示す証拠である。当の研究者たちとの面談から、科学とマスコミ間の深まる一方の結びつきについて極めて説得力のある証拠が得られている。その証拠は、こんにちの社会において強まる一方の科学とマスコミ間の結びつきの存在感と影響力、そしてそれに適応しようとする科学者の実利的判断をさらに証し立てるものでもある。このように研究者を捉えることで、科学とマスコミの結びつきの強さと、専門領域や社会領域の状況の変化に応じてマスコミに積極的に関わったり、距離を取ったり、さらには身を引くうえでのその結びつきの役割が明らかとなる。

古代ＤＮＡ研究の学問的発展を通じて語られたセレブリティ科学という概念は、科学の歴史、哲学、社会学に対して多くの知見をもたらす。例えば、科学論の研究の大半は、マスコミと科学がいかに互いに影響し合っているかを理解するにあたり、社会の注目を浴びている単独の科学者や科学的議論に焦点を当てることで、マスコミと科学との関係を検討してきた。[32] 現代においては科学実践全般にわたってさらに広い科学とマスコミ間の結びつきが明らかになっているが、研究者がこれまで深く検討してきた、科学実践に影響を及ぼす点で重要とされたそのような結びつきの事例は、主として個人的なものかエピソード的なものであった。これに対し、セレブリティ科学という概念は、マスコミ、また研究者がマスコミと取り持つ交流の役割が、はるかに大きな広がりを持ち得ることを主張するものである。化石ＤＮＡの探索では、マスコミの影響はひとつの時期、場所、出来事、問題、個人にとどまることはなかった。むしろ、古代ＤＮＡ研究の分野におけるマスコミの影響は、多くのやり取りを通じて長期的に維持され、科学とマスコミ間の持続的な相互作用によって１９８０年代以降のこの学問の発展全体を方向づけるまでに至ったのであり、それは今後も続くのである。化石ＤＮＡの探索を取り巻くセレブリティは、新しい科学分野としてのこの学問の誕生、成長、そして生命力にとって中心をなすものだった。その歴史を踏まえれば、とりわけ21世紀になって科学とマスコミ間の結びつきがさらに強力かつ広範な現象へと発展を続けていることからも、セレブリティはこの分野の未来においても一定の役割を果たしていくことだろう。

訳者あとがき

現代では誰もがご存じだろうが、DNA(デオキシリボ核酸)とは遺伝情報を持つ物質であり、ほぼすべての生物の細胞に含まれている。生物を形づくる特徴に関する情報はすべてDNAの中に書き込まれている。遺伝学や遺伝子工学が発達するにつれ、クローンなどの方法により、DNAそのものから個体を生み出すことができるようになってきた。では、そのDNAさえ手に入れば、はるか昔に絶滅し、もはや化石でしか知ることのできない生き物でも蘇らせることができるのではないだろうか? これももちろん誰もがご存じの、小説や映画の『ジュラシック・パーク』で描かれた恐竜復活の仕かけである。そのような昔の生物のDNAは「古代DNA(Ancient DNA)」と呼ばれている(本書にも記されているように、正確には必ずしも化石になった生物のDNAのみを指しているわけではない)。

『ジュラシック・パーク』が世に出る前に、社会のさまざまな分野で、このような古生物のDNAの持つ可能性について思いをめぐらせた人たちがいた。当初は夢物語として科学者にまともに相手にされなかったアイデアである。だが、世間の人々の恐竜への関心や想像力とも結びついて、そのようなアイデアは徐々に実際の研究室の中で調べられるようになっていく。そうした研究の初期に、先駆的な取り組みの成果も踏まえて登場したのが小説や映画の『ジュラシック・パーク』であり、この作品が古代DNA研究の分野に及ぼした影響は決定的なものだったという。本書に描かれるように、この作品は、世間の人々の関心の対象であり、専門家の研究テーマでもある古代DNA研究にとってある意味プラットフォームとしての役割を果たし、通奏低音のようにこの学問の発展に陰に陽に影響を及ぼしてきたのである。

著者エリザベス・D・ジョーンズはノースカロライナ州立大学で歴史と哲学を学んでいる。大学で、本書にも出てくる著名な古生物学者で古代DNA研究者のひとり、メアリー・シュワイツァー博士にこの分野の手ほどきを受け、古代DNA研究の世界に深く分け入り、のちに科学史研究者としてこの分野の歴史について深く考察するようになった。著者の提唱する「セレブリティ科学」とは、すでによく知られた個人レベルの「セレブリティ科学者（カール・セーガン、スティーヴン・ジェイ・グールドなど）」という概念を、集団的営みとしての科学分野全体にひろげて考えるものだ。その中では、通信手段やマスコミ文化の発達を背景として、メディアや世間からこの学問分野に注がれる関心が学問自体と分かちがたく結びついている。古代DNA研究の分野では、『ジュラシック・パーク』の存在がその結びつきの触媒となったことは想像に難くない。本書はそのような文脈で、古代DNA研究の登場から現在に至る発展の歴史を考察していく。

ここで本書で頻出する用語について、少し説明を補足しておきたい。「ハイプ」とは根拠のない不相応な関心や期待、過剰な宣伝、またその対象となっていることであり、本書ではしばしば古代DNA研究に寄せられる、ある種一方的な社会からの期待を意味している。例えば、科学者が化石からＤＮＡを取り出し、いままで不明だった過去の生物の謎を解き明かすのではないか、さらには絶滅した生物を復活させるのではないかというような期待である。「パブリシティ」とは世間の注目、知名度、評判のことである。研究者にとっては、資金を獲得したり、地位を確保したりするうえで、パブリシティには利用価値があり、それを意図的に求める場合もある。どのような科学分野でも、華々しい発見や発明が行われるとマスコミ等から注目を浴びるが、それは一時的なものだ。それに対し、「セレブリティ」はパブリシティを超えて注目が持続することで生じる著名性であり、有名であること自体が一定の存在感を獲得している状態のことである。日本語でいうなら「有名人、著名人、またそのような在り方」ということになるだろうか。そのようなレベルにまで至った「セレブリティ科学」の対象は常に世間やメディアの注目の的であり、その分野の一挙手一投足には並々ならぬ関心が注がれることになる。

古代ＤＮＡ研究は、数十年の発展を経ていまでは進化生物学の重要な一翼を担う、地に足の着いた学問になった。その対象には、生物学の諸問題との深い関連性を持つものなど、さまざまな側面がある。だが、アマチュアの科学好きや世間の人々が絶滅種の再生についてめぐらせた想像が、メディアを媒介にしてこの分野で大きな役割を果たしてきたというのは本当なのだろう。化石や図鑑などでしかその存在に触れられない、恐竜やマンモスなどの大昔の生物が生きて動いている姿を実際に見ることができたなら。そんな誰の心の中にもありそうな夢のエネルギーが、今後もあっとおどろく発見や偉業の後押しをするのかもしれない。本書を読むとそう思えてくるのだ。

原注

序章

1. Sergio Bertazzo et al., "Fibres and Cellular Structures Preserved in 75-Million-Year-Old Dinosaur Specimens," *Nature Communications* 6 (June 9, 2015):7352.
2. Steve Connor, "Scientists Discover Red Blood Cells and Protein from 75-Million-Year-Old Dinosaur Fossils," *The Independent* (London), June 9, 2015, www.indepen dent.co.uk/news/*Science*/scientists-discover-red-blood-and-protein-75-millionyear-old-dinosaur-fossils-a32766.html.
3. Raul J. Cano et al., "Amplification and Sequencing of DNA from a 120–135-Million-Year-Old Weevil," *Nature* 363, no. 6429 (1993): 536–38.
4. Malcolm W. Browne, "DNA from the Age of Dinosaurs Is Found," *New York Times*, June 10, 1993, www.nytimes.com/1993/06/10/us/dna-from-the-age-of-dinosaurs-is-found.html.
5. Tom van der Valk et al., "Million-Year-Old DNA Sheds Light on the Genomic History of Mammoths," *Nature* 591, no. 7849 (2021): 265–69.
6. Russell Higuchi et al., "DNA Sequences from the Quagga, an Extinct Member of the Horse Family," *Nature* 312, no. 5991 (1984): 282–84.
7. See Beth Shapiro and Michael Hofreiter, eds., *Ancient DNA: Methods and Protocols* (New York: Springer, 2012).
8. John R. Tkach, "The Extinct DNA Newsletter," March 1983, Author's Personal Collection (file from John Tkach).
9. For example, "Ancient DNA: The Recovery and Analysis of DNA Sequences from Archaeological Material and Museum Specimens," a conference in Nottingham, England, July 1991, Author's Personal Collection (file from Richard Thomas).
10. Elsbeth Bosl, *Doing Ancient DNA: Zur Wissenschaftsgeschichte der ADNAForschung* (Bielefeld, Germany: Verlag, 2017).
11. Martin Jones, *The Molecule Hunt: Archaeology and the Search for Ancient DNA* (New York: Arcade, 2001);『ネアンデルタール人は私たちと交配した』［スヴァンテ・ペーボ著、野中香方子訳、文藝春秋、2015 年］; Martin Jones, *Unlocking the Past: How Archaeologists Are Rewriting Human History with Ancient DNA* (New York: Arcade, 2016);『交雑する人類：古代 DNA が解き明かす新サピエンス史』［デイヴィッド・ライク著、日向やよい訳、NHK 出版、2018 年］。
12. Elsbeth Bosl, "Zur Wissenschaftsgeschichte der ADNA-Forschung," *NTM Zeitschrift fur Geschichte der Wissenschaften, Technik und Medizin* 25, no. 1 (2017): 99–142; Bosl, *Doing Ancient DNA*. See also Marianne Sommer, "History in the Gene: Negotiations

Between Molecular and Organismal Anthropology," *Journal of the History of Biology* 41, no. 3 (2008): 473–528; Marianne Sommer, *History Within: The Science, Culture, and Politics of Bones, Organisms, and Molecules* (Chicago: University of Chicago Press, 2016); Sarah Abel, "Crossing Disciplinary Lines: Reconciling Social and Genomic Perspectives on the Histories and Legacies of the Transatlantic Trade in Enslaved Africans," *New Genetics and Society* 35, no. 2 (2016): 149–85; and Sarah Abel, "What DNA Can't Tell: Problems with Using Genetic Tests to Determine the Nationality of Migrants," *Anthropology Today* 34, no. 6 (2018): 3–6.

13. 進化生物学の文脈の中に古代DNA研究の歴史を位置づけるアプローチを取ることで､ふたつの問題が生じる。まず、古代DNAコミュニティが多様な専門的影響と関心を反映していることである。このため、本書では、科学者や研究者によっては記述したいと考えるかもしれない主要な動向、科学論文、マスコミ記事、あるいは研究上の結論をすべて網羅しているわけではない。むしろ、この分野の学問的発展の全体像をとらえている。ふたつ目の問題は、古代DNAコミュニティが、とりわけその変化に富んだ歴史に貢献した個性に関し、ダイナミックかつ多様なものであるということである。この点については、意見の不一致も含め、できる限りコミュニティのさまざまな観点を示した。これらふたつの問題を踏まえ、研究者たちが専門的、個人的にときに大きな違いを示すにもかかわらず、研究者が自身の来し方を振り返る中で汚染とセレブリティが果たした役割が共通するテーマであることが明らかとなる。

14. See Oxford English Dictionary, s.v., "publicity," https://en.oxforddictionaries.com/definition/publicity; s.v., "celebrity," https://en.oxforddictionaries.com/definition/celebrity.

15. 研究者たちは科学におけるセレブリティの役割を個人レベルで検討してきた。1970年代には、科学コミュニケーション研究者のレイ・グッデルが「姿の見える科学者」という言葉を提唱している。以下参照。Goodell, *The Visible Scientists* (Boston: Little, Brown, 1977). 人類学者のマーガレット・ミードや天文学者のカール・セーガンら数名の科学者の人物像を描く中で、グッデルはこのような姿の見える科学者たちは、マスコミや社会の間で知名度を得るのに役立つ個人的、専門的特徴（メディア志向の特徴）を共通して持っていると論じた。彼らは新たに得たその知名度を、社会に対して科学だけでなく科学政策についても語る舞台として利用した。近年、デクラン・ファーイが「セレブリティ科学者」という概念を提唱している。以下参照。Fahy, *The New Celebrity Scientists: Out of the Lab and into the Limelight* (Lanham, Md.: Rowman and Littlefield, 2015). ファーイによれば、これはセレブリティ文化の隆盛を踏まえて出現した新しいタイプの科学者である。宇宙論者のスティーブン・ホーキングや古生物学者のスティーヴン・ジェイ・グールドといったセレブリティ科学者は、自身の専門分野で資格を持つ専門家だったが、同時に社会領域でも名声、富、影響力を手にした。セレブリティ科学者として、彼らはメディアを社会的舞台として利用し、科学を社会に広め、科学に対する社会の向き合い方に影響を及ぼした。しかしファーイに言わせれば、スターの座は諸刃の剣であり、彼らは科学の外側に対しても内側に対しても影響力を得たのである。

16. 私の狙いは、セレブリティという概念を個人レベルから集団レベルに拡張できることを示すことにある。国際的に著名な古代DNA研究者は多数存在するが、本書はこのような科学者がそれぞれセレブリティ科学者の資格を満たすかどうかに焦点を当てるものではない。
17. For more information, see Simone Rodder, Martina Franzen, and Peter Weingart, eds., *The Sciences' Media Connection–Public Communication and Its Repercussions* (Dordrecht, Netherlands: Springer, 2012).

第1章
『ジュラシック・パーク』以前

1. Motoko Rich, "Pondering Good Faith in Publishing," *New York Times*, March 8, 2010, www.nytimes.com/2010/03/09/books/09publishers.html.
2. Charles Pellegrino, "Dinosaur Capsule," *Omni* 7 (1985): 38–40, 114–15.
3. Pellegrino, "Dinosaur Capsule," 40; Charles Pellegrino, "Resurrecting Dinosaurs," *Omni* 17 (1995): 68–72.
4. Pellegrino, "Dinosaur Capsule," 114.
5. Pellegrino, "Resurrecting Dinosaurs," 69–70.
6. John Wiley to Charles Pellegrino, March 6, 1986, Author's Personal Collection (file from Charles Pellegrino).
7. 当時の古生物学の知識状況に関する一般的概要については以下参照。David M. Raup and Steven M. Stanley, *Principles of Paleontology* (San Francisco: W. H. Freeman, 1971).
8. Philip H. Abelson, "Amino Acids in Fossils," *Science* 119, no. 3096 (1954): 576; Philip H. Abelson, "Paleobiochemistry," *Scientific American* 195 (1956): 83–92; Gordon J. Erdman, Everett M. Marlett, and William E. Hanson, "Survival of Amino Acids in Marine Sediments," *Science* 124, no. 3230 (1956): 1026; Tong-Yun Ho, "The Amino Acid Composition of Bone and Tooth Proteins in Late Pleistocene Mammals," *Proceedings of the National Academy of Sciences of the United States of America* 54, no. 1 (1965): 26–31; E. W. De Jong et al., "Preservation of Antigenic Properties of Macromolecules over 70 Myr," *Nature* 252, no. 5478 (1974): 63–64; Peter Westbroek et al., "Fossil Macromolecules from Cephalopod Shells: Characterization, Immunological Response and Diagenesis," *Paleobiology* 5, no. 2 (1979): 151–67; Stephen Weiner, "Molecular Evolution from the Fossil Record—A Dream or a Reality?" *Paleobiology* 6, no. 1 (1980): 4–5; W. G. Armstrong et al., "Fossil Proteins in Vertebrate Calcified Tissues," *Philosophical Transactions of the Royal Society of London, Series B, Biological Sciences* 301, no. 1106 (1983): 301–43. 216 notes to pages 14–17
9. D. A. Jackson, R. H. Symons, and P. Berg, "Biochemical Method for Inserting New Genetic Information into DNA of Simian Virus 40: Circular SV40 DNA Molecules Containing Lambda Phage Genes and the Galactose Operon of Escherichia Coli," *Proceedings of the National Academy of Sciences of the United States of America* 69, no. 10 (1972): 2904–9; S. N. Cohen et al., "Construction of Biologically Functional Bacterial Plasmids in Vitro," *Proceedings of the National Academy of Sciences of the United States of America* 70, no. 11 (973): 3240–44; Peter E. Lobban and A. A. Kaiser, "Enzymatic End-to-End Joining of DNA Molecules," *Journal of Molecular Biology* 78, no. 3 (1973): 453–71.
10. Frederick Sanger, S. Nicklen, and A. R. Coulson, "DNA Sequencing with Chain-

Terminating Inhibitors," *Proceedings of the National Academy of Sciences of the United States of America* 74, no. 12 (1977): 5463–67.

11. "Frederick Sanger—Biographical," Nobel Media AB, 2014, www.nobelprize.org/nobel_prizes/chemistry/laureates/1958/sanger-bio.html.
12. Pellegrino, "Dinosaur Capsule," 40, 114.
13. John Tkach, "A Brief History of the Extinct DNA Study Group," September 1993, Author's Personal Collection (file from John Tkach).
14. Tkach, "A Brief History of the Extinct DNA Study Group," 4.
15. Tkach, "A Brief History of the Extinct DNA Study Group," 4–5.
16. John Tkach, "Evolutionary Immaturity of B-Cell Function as a Possible Cause of the Upper Cretaceous Extinction of Orders Saurischia and Ornithischia," unpublished manuscript, Author's Personal Collection (file from John Tkach).
17. George O. Poinar Jr. and Roberta Poinar, *The Quest for Life in Amber* (Cambridge, Mass.: Perseus, 1994), 64–65.
18. Poinar and Poinar, *The Quest for Life in Amber*, 68–69.
19. George O. Poinar and Roberta Hess, "Ultrastructure of 40-Million-Year-Old Insect Tissue," *Science* 215, no. 4537 (1982): 1241–42.
20. Tkach, "Evolutionary Immaturity of B-Cell Function," 10.
21. John R. Tkach, "The Extinct DNA Newsletter," February 1983, 3, Author's Personal Collection (file from John Tkach).
22. Tkach, "The Extinct DNA Newsletter," February 1983, 1–2.
23. Tkach, "The Extinct DNA Newsletter," March 1983, 4. 絶滅DNA研究グループが「純古生物学（*Paleobiology*）」という言葉を用いたことに関し、この言葉を用いたのはこのグループが初めてではないことに注意が必要である。1950年代から1970年代にかけて、ひと握りの古生物学者たちが古生物学（paleontology）とその地質学、生物学、進化の現代総合説との関係の再評価、再構築を試みた。このプロセスにおいて、化石記録を解読し直す方法として、化石を計算学的、統計学的に研究するという方法論的移行が生じた。1970年代半ばから末までに、このような協同的取り組みから「純古生物学」と呼ばれる学問分野の下位区分が新たに誕生した。彼ら新しい「純古生物学者」は、進化のパターンとプロセスの理解に貢献することで古生物学の科学的地位を高めようとした。詳細については以下参照。David Sepkoski and Michael Ruse, eds., *The Paleobiological Revolution: Essays on the Growth of Modern Paleontology* (Chicago: University of Chicago Press, 2009); Derek Turner, *Paleontology: A Philosophical Introduction* (Cambridge: Cambridge University notes to pages 17–19 217 Press, 2011); and David Sepkoski, *Rereading the Fossil Record: The Growth of Paleobiology as an Evolutionary Discipline* (Chicago: University of Chicago Press, 2012).
24. Tkach, "The Extinct DNA Newsletter," March 1983, 8–9.
25. Tkach, "A Brief History of the Extinct DNA Study Group," 13.
26. Poinar and Poinar, *The Quest for Life in Amber*, 92.
27. Tkach, "A Brief History of the Extinct DNA Study Group," 14.
28. Tkach, "The Extinct DNA Newsletter," February 1983, 4.
29. Poinar and Poinar, *The Quest for Life in Amber*, 69, 91.
30. Jurassic Park: The Official Website of Michael

Crichton, www.michaelcrichton.com/jurassic-park/; Don Shay and Jody Duncan, *The Making of Jurassic Park: An Adventure 65 Million Years in the Making* (New York: Ballantine, 1993), 3.

31. Robert Bakker, "Dinosaur Renaissance," *Scientific American* 232, no. 4 (1975): 58–79.
32. John H. Ostrom, "Archaeopteryx and the Origin of Flight," *Quarterly Review of Biology* 49, no. 1 (1974): 27–47.
33. 『大恐竜時代』[アドリアン・J・デズモンド著、加藤秀訳、二見書房、1976年];『恐竜異説』[ロバート・T・バッカー著、瀬戸口烈司訳、平凡社、1989年]。
34. John R. Horner and Robert Makela, "Nest of Juveniles Provides Evidence of Family Structure Among Dinosaurs," *Nature* 282, no. 5736 (November 1979): 296–98.
35. Luis W. Alvarez et al., "Extraterrestrial Cause for the Cretaceous-Tertiary Extinction," *Science* 208, no. 4448 (1980): 1095–1108; William Glen, ed., *The Mass-Extinction Debates: How Science Works in a CrIsis* (Stanford, Calif.: Stanford University Press, 1994).
36. Martin J. S. Rudwick, *The Meaning of Fossils: Episodes in the History of Palaeontology* (Chicago: University of Chicago Press, 1972); Ronald Rainger, *An Agenda for Antiquity: Henry Fairfield Osborn and Vertebrate Paleontology at the American Museum of Natural History, 1890–1935.* (Tuscaloosa: University of Alabama Press, 1991); Peter J. Bowler, *Science for All: The Popularization of Science in Early Twentieth-Century Britain* (Chicago: University of Chicago Press, 2009); Paul D. Brinkman, *The Second Jurassic Dinosaur Rush: Museums and Paleontology in America at the Turn of the Twentieth Century* (Chicago: University of Chicago Press, 2010); Lukas Rieppel, "Bringing Dinosaurs Back to Life: Exhibiting Prehistory at the American Museum of Natural History," *Isis* 103 (2012): 460–90; Chris Manias, "The Lost Worlds of Messmore and Damon: Science, Spectacle, and Prehistoric Monsters in Early-Twentieth Century America," *Endeavour* 40, no. 3 (2016): 163–77; Lukas Rieppel, *Assembling the Dinosaur: Fossil Hunters, Tycoons, and the Making of a Spectacle* (Cambridge, Mass.: Harvard University Press, 2019).
37. Jurassic Park: The Official Website of Michael Crichton;『メイキング・オブ・ジュラシック・パーク』[ドン・シェイ、ジョディ・ダンカン著、常岡千恵子、キャスリーン・フィッシュマン、鈴木美幸、イオン訳・監修、扶桑社、1993年]。
38. Bryan Curtis, "The Cult of 'Jurassic Park,' " Grantland, November 7, 2011, http://grantland.com/features/the-cult-jurassic-park/; Bryan Curtis, "3 Nerdy Jurassic Park Footnotes Before You Head Off to See the T. Rex in 3-D," Grantland, April 5, 2013, http://grantland.com/hollywood-prospectus/threenerdy-jurassic-park-footnotes-before-you-head-off-to-see-the-t-rex-in-3-d/.
39. Boyce Rensberger, "Entombed in Amber: Ancient DNA Hints of 'Jurassic Park,' " *Washington Post*, September 25, 1992, www.washingtonpost.com/archive/politics/1992/09/25/entombed-in-amber-ancient-dna-hints-of-jurassic-park/7309d11f-8d62-4589-ba8e-a493392dc6e9/.
40. Poinar and Poinar, *The Quest for Life in Amber*, 153.
41. Jon Turney, *Frankenstein's Footsteps: Science, Genetics, and Popular Culture* (New Haven, Conn.: Yale University Press, 1998); W. J. T. Mitchell, *The Last Dinosaur Book: The Life and Times of a Cultural Icon* (Chicago: University of Chicago Press, 1998).
42. Shay and Duncan, *The Making of Jurassic*

Park, 6–8.

43. ペレグリーノの恐竜復活仮説は1985年のオムニ誌への記事掲載後まもなく他の2冊の書籍でも発表されている。以下参照。Charles R. Pellegrino, *Time Gate: Hurtling Backward Through History* (Blue Ridge Summit, Pa.: TAB, 1985), and Charles R. Pellegrino and Jesse A. Stoff, *Darwin's Universe: Origins and Crises in the History of Life* (Blue Ridge Summit, Pa.: TAB, 1986).
44. Michael Crichton, *Jurassic Park*, (London: Random Century Group, 1991), acknowledgments.（『ジュラシック・パーク』［マイクル・クライトン著、酒井昭伸訳、早川書房、1993年］）
45. Michael Crichton, Jurassic Park, paperback edition (London: Random Century Group, 1991), acknowledgments.
46. John Wiley to Charles Pellegrino, March 6, 1986, Author's Personal Collection (file from Charles Pellegrino).
47. Malcolm W. Browne, "Scientists Study Ancient DNA for Glimpses of Past Worlds," *New York Times*, June 25, 1991, www.nytimes.com/1991/06/25/*Science*/scientists-study-ancient-dna-for-glimpses-of-past-worlds.html.
48. Charles Pellegrino to Malcolm Browne, June 25, 1991, Author's Personal Collection (file from Charles Pellegrino).
49. Jeffrey M. Duban to George O. Poinar, April 26, 1993, Author's Personal Collection (file from Charles Pellegrino).
50. 境界的オブジェクトの詳細については以下参照。
Susan Leigh Star and James R. Griesemer, "Institutional Ecology, 'Translations' and Boundary Objects: Amateurs and Professionals in Berkeley's Museum of Vertebrate Zoology, 1907–39," *Social Studies of Science* 19, no. 3 (1989): 387–420; Geoffrey C. Bowker and Susan Leigh Star, *Sorting Things Out: Classifications and Its Consequences* (Cambridge, Mass.: MIT Press, 1999); and Susan Leigh Star, "This Is Not a Boundary Object: Reflections on the Origin of a Concept," *Science, Technology, and Human Values* 35, no. 5 (August 10, 2010): 601–17. See also Elsbeth Bosl, *Doing Ancient DNA: Zur Wissenschaftsgeschichte der ADNA-Forschung* (Bielefeld, Germany: Verlag, 2017). 古代DNA研究の歴史に関する研究、とりわけ遺伝学と歴史学の交点（すなわち遺伝史）に関する研究で、ボズルはさまざまな学問的、科学的背景を持つ研究者たちが古分子に対する関心、つまりその分子から取り出すことのできる遺伝子情報や進化学的情報に対する関心によりまとまったと論じている。彼女はこのような古分子の研究をめぐる多様な関心が一体化していくことで、後に学際的分野が誕生したとする。
51. 期待の社会学に関する情報については以下参照。
Harro Van Lente and Arie Rip, "Expectations in Technological Developments: An Example of Prospective Structures to Be Filled in by Agency," in *Getting New Technologies Together: Studies in Making Sociotechnical Order*, ed. Cornelis Disco and Barend van der Meulen (New York: Walter de Gruyter, 1998), 203–9; Harro Van Lente and Arie Rip, "The Rise of Membrane Technology: From Rhetorics to Social Reality," *Social Studies of Science* 28, no. 2 (1998): 221–54; Nik Brown, Brian Rapport, and Andrew Webster, eds., *Contested Futures: A Sociology of Prospective Techno-Science* (Aldershot, U.K.: Ashgate, 2000); Nik Brown and Mike Michael, "A Sociology of Expectations: Retrospecting Prospects and Prospecting Retrospects," *Technology Analysis and Strategic*

Management 15, no. 1 (2003): 3–18; Nik Brown, "Hope Against Hype—Accountability in Biopasts, Presents, and Futures," *Science Studies* 16, no. 2 (2003): 3–21; Mads Borup et al., "The Sociology of Expectations in Science and Technology," *Technology Analysis and Strategic Management* 18, nos. 3–4 (2006): 285–98; and Harro van Lente, Charlotte Spitters, and Alexander Peine, "Comparing Technological Hype Cycles: Towards a Theory," *Technological Forecasting and Social Change* 80 (2013): 1615–28.

第2章　アイデアから実験へ

1. Vincent M. Sarich and Allan C. Wilson, "Immunological Time Scale for Hominid Evolution.," *Science* 158, no. 3805 (December 1, 1967): 1200–1203; M. C. King and Allan C. Wilson, "Evolution at Two Levels in Humans and Chimpanzees," *Science* 188, no. 4184 (1975): 107–16.
2. Sarich and Wilson, "Immunological Time Scale for Hominid Evolution." 3. Emile Zuckerkandl and Linus Pauling, "Molecular Disease, Evolution and Genetic Heterogeneity," in *Horizons* in Biochemistry, ed. M. Kasha and B. Pullman (New York: Academic Press, 1962), 189–225.
4. Marianne Sommer, "History in the Gene: Negotiations Between Molecular and Organismal Anthropology," *Journal of the History of Biology* 41, no. 3 (2008): 473–528; Elsbeth Bosl, "Zur Wissenschaftsgeschichte der ADNA-Forschung," *NTM Zeitschrift fur Geschichte der Wissenschaften, Technik und Medizin* 25, no. 1 (2017): 99–142; Michael R. Dietrich, "Paradox and Persuasion: Negotiating the Place of Molecular Evolution Within Evolutionary Biology," *Journal of the History of Biology* 31, no. 1 (1998): 85–111.
5. アリス・テイラーと氏名不詳の電子顕微鏡学者（ロバータ・ヘスとされるが未確認）の琥珀の中の昆虫の保存状態に関するやり取りは、テイラーからウィルソンに宛てた手紙で伝えられた。この手紙で、テイラーはウィルソンに琥珀の中の昆虫からDNAを得ることが可能かどうかを尋ねている。Alice Taylor to Allan Wilson, January 9, 1980, Allan Wilson Papers, series 10, 220 notes to pages 25–34 Research, 1965–1990, reel 47, Bancroft Library, University of California, Berkeley.
6. George O. Poinar Jr. and Roberta Poinar, *The Quest for Life in Amber* (Cambridge, Mass.: Perseus, 1994), 72; Allan Wilson, "Molecular Paleontology: Search for Fossil DNA," National *Science* Foundation Grant Application, 1984, 12–13, Author's Personal Collection (file from Russell Higuchi).
7. Poinar and Poinar, *The Quest for Life in Amber*, 93–95.
8. Poinar and Poinar, *The Quest for Life in Amber*, 93–95, 73–75; Wilson, "Molecular Paleontology," 12–13.
9. "The Quagga Project," The Quagga Project, 2016, http://quaggaproject.org.
10. Jerold M. Lowenstein, "The Cry of the Quagga," Pacific Discovery 384 (1985): 40–42.
11. Lowenstein, "The Cry of the Quagga."
12. Russell Higuchi et al., "DNA Sequences from the Quagga, an Extinct Member of the Horse Family," *Nature* 312, no. 5991 (1984): 282–84.
13. Wilson, "Molecular Paleontology," 4, 2.
14. Wilson, "Molecular Paleontology," 151, 152, 154, 155, 150.
15. Wilson, "Molecular Paleontology," 158.
16. Ronald H. Fritze, *Egyptomania: A History of Fascination, Obsession and Fantasy* (Chicago:

University of Chicago Press, 2016).

17. Sarich and Wilson, "Immunological Time Scale for Hominid Evolution"; Thomas J. White and Allan C. Wilson, "Molecular Anthropology," *Evolution* 32, no. 3 (1978): 693–94.
18. 1980年代に、DNA指紋法やDNAプロファイリングといった法科学の発展が、古代DNA研究と並行して生じた。詳細については以下参照。Alec J. Jeffreys, Victoria Wilson, and Swee Lay Thein, "Hypervariable 'Minisatellite' Regions in Human DNA," *Nature* 314, no. 6006 (1985): 67–73.
19.『ネアンデルタール人は私たちと交配した』
20.『ネアンデルタール人は私たちと交配した』
21.『ネアンデルタール人は私たちと交配した』
22.『ネアンデルタール人は私たちと交配した』
23.『ネアンデルタール人は私たちと交配した』
24. Svante Pa a bo, "Uber Den Nachweis von DNA in Altagyptischen Mumien," *Das Altertum* 30 (1984): 213–18;『ネアンデルタール人は私たちと交配した』
25. Svante Paabo, "Preservation of DNA in Ancient Egyptian Mummies," *Journal of Archaeological Science* 12, no. 6 (1985): 411–17;『ネアンデルタール人は私たちと交配した』
26. Higuchi et al., "DNA Sequences from the Quagga," 284.
27.『ネアンデルタール人は私たちと交配した』
28. 事実、劣化、損傷した物質からDNAを得た証拠を初めて示したものとはされていないが、その可能性のある同様の研究が存在していた。例えば1980年に、中国の湖南医科大学の研究者が古代人の遺骸のDNAの保存と抽出に関する論文を発表している。以下参照。Hunan Medical College, *Study of an Ancient Cadaver in Mawantui Tomb No. 1 of the Han Dynasty in Changsha* (Beijing: Beijing Ancient notes to pages 34–38 221 Memorial Press, 1980). しかし、現在の評価では、ほとんどの研究者や記者が、絶滅したクアッガのDNAについて発表された論文を、古代物質に核酸が保存されており、抽出可能なことを初めて実証した研究としている。1984年に*Das Altertum*誌に発表された古代人のミイラのDNAに関するペーボの論文など、同時期に発表された同じテーマの他の研究は科学コミュニティで広く読まれたり、認識されたりしていなかったため、これが本当のところと考えられる。
29. Svante Paabo, "Molecular Cloning of Ancient Egyptian Mummy DNA," *Nature* 314, no. 6012 (1985): 644–65.
30.『ネアンデルタール人は私たちと交配した』
31. Alec J. Jeffreys, "Raising the Dead and Buried," *Nature* 312, no. 5991 (1984): 198.
32. "Tissue of Baby Mammoth at Berkeley," *University Bulletin* (Berkeley, Calif.) 26, no. 21 (1978): 110–11. 共同研究についての一連の問い合わせに関する情報は、米国科学アカデミーの会長からソ連科学アカデミーの副会長に宛てた未発表書簡からも得られた。Philip Handler to Yuriy Ovchinnikov, October 7, 1977, Allan Wilson Papers, series 10, Research, 1965–1990, reel 46.
33. "Siberian Baby Mammoth," *New Scientist*, September 1977; "Dima: A Mammoth Undertaking," *Science News* 113, no. 11 (1978): 167; "Russia's Gift: A Well-Aged Mammoth," *San Francisco Examiner*,

March 7, 1978; "Tissue of Baby Mammoth at Berkeley"; "UC to Test Slice of Mammoth," *San Francisco Chronicle*, March 8, 1978.
34. Claudine Cohen, *The Fate of the Mammoth: Fossils, Myth, and History* (Chicago: University of Chicago Press, 2002); Ralph O'Connor, *The Earth on Show: Fossils and the Poetics of Popular Science*, 1802–1856 (Chicago: University of Chicago Press, 2007).
35.『マンモスのつくりかた：絶滅生物がクローンでよみがえる』[ベス・シャピロ著、宇丹貴代実訳、筑摩書房、2016 年]。
36. Walter Sullivan, "Scientist to Study Mammoth Sample for Clues to Life," *New York Times*, March 9, 1978, www.nytimes.com/1978/03/09/archives/scientist-tostudy-mammoth-sample-for-clues-to-life-discovered-last.html.
37. Ellen M. Prager et al., "Mammoth Albumin," *Science* 209, no. 4453 (1980): 287–89.
38. John Noble Wilford, "New Test Links Species over 40,000 Years," *New York Times*, July 11, 1980, www.nytimes.com/1980/07/11/archives/new-test-linksspecies-over-40000-years-protein-albumin-used.html.
39. Higuchi et al., "DNA Sequences from the Quagga"; Harold M. Schmeck Jr., "Scientists Clone Bits of Genes Taken from Extinct Animal," *New York Times*, June 5, 1984, www.nytimes.com/1984/06/05/*Science*/scientists-clone-bits-ofgenes-taken-from-extinct-animal.html. この情報はアラン・ウィルソンアーカイブ所蔵の未発表の助成金申請書にもみられる。Allan Wilson, "DNA Survival," Biomedical Research Support Grant Application, Allan Wilson Papers, series 10, Research, 1965–1990, reel 48.
40. Diana Ben-Aaron, "Retrobreeding the Woolly Mammoth," *MIT Technology Review*, April 1, 1984, 85.
41. John I. Matill, "Our Shaggy Elephant," *MIT Technology Review*, October 1984, 4; Corey Salsberg, "Resurrecting the Woolly Mammoth: Science, Law, Ethics, Politics, and Religion," *Stanford Technology Law Review* 1 (2000): 1–30.
42. Lewis Clifton, "Mad Scientists Are Cloning Dinosaurs as Weapons of the Future," *National Examiner*, August 7, 1984, 31.
43. "The Resurrection of the Quagga," *New Scientist*, December 13, 1984, 21.
44. Mike Benton, "To Clone a Dinosaur," *New Scientist*, January 17, 1985, 43.
45. Adrian Currie and Kim Sterelny, "In Defence of Story-Telling," *Studies in History and Philosophy of Biological and Biomedical Sciences* 62 (2017): 14–21.
46. Currie and Sterelny, "In Defence of Story-Telling," 16.

第 3 章　限界の検証

1. Randall K. Saikia et al., "Enzymatic Amplification of β-Globin Genomic Sequences and Restriction Site Analysis for Diagnosis of Sickle Cell Anemia," *Science* 230, no. 4732 (1985): 1350–54; K. Mullis et al., "Specific Enzymatic Amplification of DNA in Vitro: The Polymerase Chain Reaction," *Cold Spring Harbor Symposia on Quantitative Biology* 51 (1986): 263–73; Kary B. Mullis and Fred A. Faloona, "Specific Synthesis of DNA in Vitro via a Polymerase-Catalyzed Chain Reaction," *Methods in Enzymology* 155 (1987): 335–50.
2. "Frederick Sanger—Biographical," Nobel Media AB, 2014, www.nobelprize.org/nobel_prizes/chemistry/laureates/1958/sanger-bio.html.
3. PCR の概念的、技術的、資金的発展は

科学者、研究者、起業家間の複雑な相互作用の歴史である。『PCRの誕生：バイオテクノロジーのエスノグラフィー』［ポール・ラビノウ著、渡辺政隆訳、みすず書房、2020年］を参照。

4. Jeremy Cherfas, "Genes Unlimited," *New Scientist*, April 19, 1990, 29–33.
5. Svante Paabo, "Ancient DNA: Extraction, Characterization, Molecular Cloning, and Enzymatic Amplification," *Proceedings of the National Academy of Sciences of the United States of America* 86, no. 6 (1989): 1939–43.
6. Paabo, "Ancient DNA: Extraction, Characterization, Molecular Cloning, and Enzymatic Amplification," 1943.
7. Svante Paabo, Russell G. Higuchi, and Allan C. Wilson, "Ancient DNA and the Polymerase Chain Reaction," *Journal of Biological Chemistry* 264, no. 17 (1989): 9709, 9712.
8. Paabo, Higuchi, and Wilson, "Ancient DNA and the Polymerase Chain Reaction," 9711–12.
9. Robert Paddle, *The Last Tasmanian Tiger: The History and Extinction of the Thylacine* (Cambridge: Cambridge University Press, 2000).
10. Richard H. Thomas et al., "DNA Phylogeny of the Extinct Marsupial Wolf," *Nature* 340, no. 6233 (1989): 465–67.
11. Jerold M. Lowenstein, Vincent M. Sarich, and Barry J. Richardson, "Albumin Systematics of the Extinct Mammoth and Tasmanian Wolf," *Nature* 291, no. 5814 (1981): 409–11.
12. Thomas et al., "DNA Phylogeny of the Extinct Marsupial Wolf," 467. notes to pages 47–51 223
13. Margaret A. Hughes and David S. Jones, "Body in the Bog but No DNA," *Nature* 323, no. 6085 (1986): 208; Glen H. Doran et al., "Anatomical, Cellular and Molecular Analysis of 8,000-Yr-Old Human Brain Tissue," *Nature* 323, no. 6091 (1986): 803–6.
14. Geoffrey Eglinton, "Marking the Conclusion of the *Natural Environment Research Council* Special Topic in Biomolecular Palaeontology," Lyell Meeting Volume (Earth *Science* Directorate, March 1994), Author's Personal Collection (file from Terry Brown).
15. Erika Hagelberg, Bryan Sykes, and Robert Hedges, "Ancient Bone DNA Amplified," *Nature* 342 (1989): 485.
16. "*Natural Environment Research Council* Special Topic in Biomolecular Palaeontology Community Meeting Programme," Glasgow, Scotland, 1990, Author's Personal Collection (file from Richard Thomas).
17. Edward M. Golenberg et al., "Chloroplast DNA Sequence from a Miocene Magnolia Species," *Nature* 344, no. 6267 (1990): 656–58.
18. William Booth, "Ancient Magnolia Leaf Yields Strands of DNA," *Washington Post*, April 12, 1990, www.washingtonpost.com/archive/politics/1990/04/12/ancient-magnolia-leaf-yields-strands-of-dna/b454fb51-d2bd-4da7-b204-1754581ed1f9.
19. "Genetic Code Found in 17-Million-Year-Old Leaf," *New York Times*, April 12, 1990, www.nytimes.com/1990/04/12/us/genetic-code-found-in-17-million-yearold-leaf.html.
20. Julie Johnson, "The Oldest DNA in the World," *New Scientist*, May 11, 1990, www.newscientist.com/article/mg13017685-300-the-oldest-dna-in-the-world-the-discovery-of-geneticmaterialthat-may-be-16-million-years-old-has-left-molecularpalaeontologists-with-morequestions-than-answers.
21. Svante Paabo and Allan C. Wilson, "Miocene DNA Sequences—A Dream Come True?" *Current Biology* 1, no. 1 (February 1991): 45–46.
22. Arend Sidow, Allan C. Wilson, and Svante

Paabo, "Bacterial DNA in Clarkia Fossils," *Philosophical Transactions of the Royal Society of London, Series B, Biological Sciences* 333, no. 1268 (1991): 429–33.
23. "Biomolecular Palaeontology Discussion Meeting," agenda, Royal Society, London, 1991, Author's Personal Collection (file from Terry Brown).
24. Martin Jones, *The Molecule Hunt: Archaeology and the Search for Ancient DNA* (New York: Arcade, 2001), 25.
25. Jones, *The Molecule Hunt*, 24, 25.
26. "Ancient DNA: The Recovery and Analysis of DNA Sequences from Archaeological Material and Museum Specimens," conference at the University of Nottingham, England, July 1991, Author's Personal Collection (file from Richard Thomas).
27. "Ancient DNA: The Recovery and Analysis of DNA Sequences from Archaeological Material and Museum Specimens." この情報はリチャード・トーマスから提供された会議参加者の未発表文書からも得ている。Thomas, "Ancient DNA Meeting Attendants," July 1991, Author's Personal Collection (file from Richard Thomas).
28.『ジュラシック・パーク』
29.『メイキング・オブ・ジュラシック・パーク』
30. Sharon Begley, "Here Come the DNAsaurs," *Newsweek*, June 14, 1993, 57–59.
31. Allan Wilson, "Molecular Paleontology: Search for Fossil DNA," National *Science* Foundation Grant Application, 1984, 12–13, Author's Personal Collection (file from Russell Higuchi); George O. Poinar Jr., Hendrik N. Poinar, and Raul J. Cano, "DNA from Amber Inclusions," in *Ancient DNA: Recovery and Analysis of Genetic Material from Paleontological, Archaeological, Museum, Medical, and Forensic Specimens*, ed. Bernd Herrmann and Susanne Hummel (New York: Springer-Verlag, 1994), 92–103; George O. Poinar Jr. and Roberta Poinar, *The Quest for Life in Amber* (Cambridge, Mass.: Perseus, 1994), 73–75.
32.『ジュラシック・パーク』
33. Browne, "Scientists Study Ancient DNA for Glimpses of Past Worlds."
34. Jeremy Cherfas, "Ancient DNA: Still Busy After Death," *Science* 253, no. 5026 (1991): 1345, 1356.
35. Cherfas, "Ancient DNA: Still Busy After Death," 1354.
36. Robert Wayne to "Friends of Ancient DNA," Zoological Society of London, 1991, Author's Personal Collection (file from Richard Thomas and Anne Stone); Robert Wayne and Alan Cooper, eds., *Ancient DNA Newsletter* 1, no. 1 (April 1992): 1–43, Author's Personal Collection (files from Richard Thomas and Terry Brown); Robert Wayne and Alan Cooper, eds., *Ancient DNA Newsletter* 1, no. 2 (December 1992): 1–41, Author's Personal Collection (files from Richard Thomas and Terry Brown); Robert Wayne and Alan Cooper, eds., *Ancient DNA Newsletter* 2, no. 1 (February 1994): 1–45, Author's Personal Collection (files from Richard Thomas and Terry Brown).
37. Wayne, "Friends of Ancient DNA," 1.
38. Wayne and Cooper, eds., *Ancient DNA Newsletter*, April 1992, 6–8, 2.
39. Wayne and Cooper, eds., *Ancient DNA Newsletter*, December 1992, 43.
40. Cherfas, "Ancient DNA: Still Busy After Death," 1356.
41. Browne, "Scientists Study Ancient DNA for Glimpses of Past Worlds."
42. 研究者たちが学問の形成と職業化の違いに関して、諸科学の学問的発展のプロセスを検討している。以下参照。

Robert E. Kohler, *From Medical Chemistry to Biochemistry: The Making of a Biomedical Discipline* (Cambridge: Cambridge University Press, 1982); Mary Jo Nye, *From Chemical Philosophy to Theoretical Chemistry: Dynamics of Matter and Dynamics of Disciplines*, 1800–1950 (Berkeley: University of California Press, 1993); Lynn Nyhart, *Biology Takes Form: Animal Morphology and the German Universities*, 1800–1900 (Chicago: University of Chicago Press, 1995); Vassiliki Betty Smocovitis, *Unifying Biology: The Evolutionary Synthesis and Evolutionary Biology* (Princeton, N.J.: Princeton University Press, 1996); Paul Farber, *Discovering Birds: The Emergence of Ornithology as a Scientific Discipline*, 1760–1850 (Baltimore: Johns Hopkins University Press, 1997); and Mark Barrow, *A Passion for Birds: American* notes to pages 59–62 225 *Ornithology After Audubon* (Princeton, N.J.: Princeton University Press, 1998). Also see Nathan Reingold, "Definitions and Speculations: The Professionalization of *Science* in America in the Nineteenth Century," in *The Pursuit of Knowledge in the Early American Republic*, ed. Alexandra Oleson and Sanborn C. Brown (Baltimore: Johns Hopkins University Press, 1976), 33–69; Elizabeth B. Keeney, *The Botanizers: Amateur Scientists in Nineteenth-Century America* (Chapel Hill: University of North Carolina Press, 1992); and Paul Lucier, "The Professional and the Scientist in Nineteenth-Century America," *Isis* 100, no. 4 (2009): 699–732.

43. Simon Schaffer, "Natural Philosophy and Public Spectacle in the Eighteenth Century," *History of Science* 21, no. 1 (1983): 1–43; Jan Golinski, "A Noble Spectacle: Phosphorus and the Public Cultures of Science in the Early Royal Society," *Isis* 80, no. 1 (1989): 11–39; Jan Golinski, *Science as Public Culture: Chemistry and Enlightenment in Britain*, 1760–1820 (Cambridge: Cambridge University Press, 1992); Simon Werrett, "Watching the Fireworks: Early Modern Observation of Natural and Artificial Spectacles," *Science in Context* 24, no. 2 (2011): 167–82; Chris Manias, "The Lost Worlds of Messmore and Damon: *Science*, Spectacle, and Prehistoric Monsters in Early-Twentieth Century America," *Endeavour* 40, no. 3 (2016): 163–77; Amy Fletcher, "Digging Up the Past: Paleogenomics as *Science* and Spectacle," APSA 2009 Toronto Meeting Paper, https://papers.ssrn.com/sol3/papers.cfm?abstract_id=1451865; Amy Fletcher, "Genuine Fakes: Cloning Extinct Species as *Science* and Spectacle," *Politics and the Life Sciences* 29, no. 1 (2010): 48–60; Jon Agar, *Science and Spectacle: The Work of Jodrell Bank in Post-War British Culture* (Amsterdam: Harwood Academic, 1998).

第4章　恐竜の DNA

1. Rob DeSalle et al., "DNA Sequences from a Fossil Termite in Oligo-Miocene Amber and Their Phylogenetic Implications," *Science* 257, no. 5078 (1992): 1933–36.
2. Malcolm W. Browne, "40-Million-Year-Old Extinct Bee Yields Oldest Genetic Material," *New York Times*, September 25, 1992, www.nytimes.com/1992/09/25/us/40-million-year-old-extinct-bee-yields-oldest-genetic-material.html; Boyce Rensberger, "Entombed in Amber: Ancient DNA Hints of 'Jurassic Park,' " *Washington Post*, September 25, 1992, www.washingtonpost.com/archive/politics/1992/09/25/entombed-in-amber-ancient-dna-hints-of-jurassic-park/7309d11f-

8d62-4589-ba8e-a493392dc6e9; Kathryn Hoppe, "Brushing the Dust Off Ancient DNA," *Science News*, October 24, 1992, 280–81; Virginia Morell, "30-Million-Year-Old DNA Boosts an Emerging Field," *Science* 257, no. 5078 (1992): 1860–62.

3. "*Amber: Window to the Past*," American Museum of Natural History, 1996, http://lbry-web-007.amnh.org/digital/index.php/items/show/39273.
4. David A. Grimaldi, *Amber: Window to the Past* (New York: Harry N. Abrams, 1996); David A. Grimaldi, "Captured in Amber," *Scientific American*, April 1996, 70–77.
5. Raul J. Cano, Hendrik N. Poinar, and George O. Poinar Jr., "Isolation and Partial Characterisation of DNA from the Bee Proplebeia Dominicana (Apidae: Hymenoptera) in 25–40 Million Year Old," *Medical Science Research* 20, no. 7 (1992): 249–51.
6. Morell, "30-Million-Year-Old DNA Boosts an Emerging Field," 1860.
7. Rensberger, "Entombed in Amber."
8. Rensberger, "Entombed in Amber."
9. Morell, "30-Million-Year-Old DNA Boosts an Emerging Field," 1861.
10. Browne, "40-Million-Year-Old Extinct Bee Yields Oldest Genetic Material."
11. Raul J. Cano et al., "Amplification and Sequencing of DNA from a 120–135-Million-Year-Old Weevil," *Nature* 363, no. 6429 (1993): 536–38; "Jurassic Park (1993)," IMDb, www.imdb.com/title/tt0107290/; David A. Kirby, *Lab Coats in Hollywood: Science, Scientists, and Cinema* (Cambridge, Mass.: MIT Press, 2013).
12. Malcolm W. Browne, "DNA from the Age of Dinosaurs Is Found," *New York Times*, June 10, 1993, www.nytimes.com/1993/06/10/us/dna-from-the-age-ofdinosaurs-is-found.html.
13. George O. Poinar Jr. and Roberta Poinar, *The Quest for Life in Amber* (Cambridge, Mass.: Perseus, 1994), 154.
14. 『干し草のなかの恐竜：化石証拠と進化論の大展開（下）』の「恐竜ブーム」［スティーヴン・ジェイ・グールド著、渡辺政隆訳、早川書房、2000年］。
15. Pat H. Broeske, "Promoting 'Jurassic Park,' " *Entertainment*, March 12, 1993, http://ew.com/article/1993/03/12/promoting-jurassic-park/.
16. "Jurassic Park (1993)," Box Office Mojo, www.boxofficemojo.com/movies/?page=daily&id=jurassicpark.htm.
17. "Jurassic Park (1993) Awards," IMDb, www.imdb.com/title/tt0107290/awards.
18. Michele Pierson, "CGI Effects in Hollywood Science-Fiction Cinema, 1989–95: The Wonder Years," *Screen* 40, no. 2 (1999): 158–76; Michele Pierson, *Special Effects: Still in Search of Wonder* (New York: Columbia University Press, 2002).
19. Julia Hallam and Margaret Marshment, *Realism and Popular Cinema* (Manchester, U.K.: Manchester University Press, 2000); Joel Black, *The Reality Effect* (New York: Routledge, 2002); Sheldon Hall and Steve Neale, *Epics, Spectacles, and Blockbusters: A Hollywood History* (Detroit: Wayne State University Press, 2010); Kirby, *Lab Coats in Hollywood*.
20. Pierson, "CGI Effects in Hollywood Science-Fiction Cinema," 166, 167.
21. Dennis McLellan, "Michael Crichton Dies at 66; Bestselling Author of 'Jurassic Park' and Other Thrillers," *Los Angeles Times*, November 6, 2008, www.latimes.com/local/obituaries/la-me-crichton6–2008nov06-story.html.
22. Pamela McClintock, "Steven Spielberg' s Top 10 Box Office Successes," Hollywood

Reporter, 2015, www.hollywoodreporter.com/news/steven-spielberg-s-top-10–803126.

23. Sharon Begley, "Here Come the DNAsaurs," *Newsweek*, June 14, 1993, 57.
24. Peter H. King, " 'Step Right Up and See the *Science*,' " *Los Angeles Times*, June 16, 1993, http://articles.latimes.com/1993-06-16/news/mn-3654_1_dna-research;Kirby, *Lab Coats in Hollywood*.
25. King, " 'Step Right Up and See the *Science*.' "
26. デイヴィッド・カービーはこの種の相互作用、また科学とメディア間の関係の理解に対するその意義、とりわけ科学がいかにハリウッドや大ヒット現象に影響を及ぼしたか、また逆に影響を受けたかを取り上げている。以下参照。David A. Kirby, "Science Consultants, Fictional Films, and Scientific Practice," *Social Studies of Science* 33, no. 2 (2003): 231–68; David A. Kirby, "Scientists on the Set: *Science* Consultants and the Communication of *Science* in Visual Fiction," *Public Understanding of Science* 12 (2003): 261–78; Kirby, *Lab Coats in Hollywood*; and David A. Kirby, "*Science* and Technology in Film: Themes and Representations," in *Routledge Handbook of Public Communication of Science and Technology*, 2nd edition, ed. Massimiano Bucchi and Brian Trench (London: Routledge, 2014), 97–112.
27. Susan Gallagher, "Maverick Dinosaur Expert Gets in His Digs in Montana," *Los Angeles Times*, November 21, 1993, www.latimes.com/archives/la-xpm-1993-11-21-mn-59211-story.html.
28. Virginia Morell, "Dino DNA: The Hunt and the Hype," *Science* 261, no. 5118 (1993): 160.
29. John R. Horner and Ernst Vyse, "An Attempt to Extract DNA from the Cretaceous Dinosaur *Tyrannosaurus rex*," National Science Foundation, 1993, www.nsf.gov/awardsearch/showAward?AWD_ID=9311542.
30. Ben Macintyre, "Fossil Find Brings Jurassic Park Closer," *The Times* (London), July 2, 1993, 16; Kirby, *Lab Coats in Hollywood*, 139.
31. Malcolm W. Browne, "Cells of Dinosaurs Apparently Found," *New York Times*, July 1, 1993, www.nytimes.com/1993/07/01/us/cells-of-dinosaur-apparentlyfound.html.
32. Morell, "Dino DNA," 161.
33. Morell, "Dino DNA," 160.
34. Gerard Muyzer et al., "Preservation of the Bone Protein Osteocalcin in Dinosaurs," *Geology* 20 (1992): 871–74.
35. L. R. Gurley et al., "Proteins in the Fossil Bone of the Dinosaur, Seismosaurus," *Journal of Protein Chemistry* 10, no. 1 (1991): 75–90.
36. Morell, "Dino DNA," 160, 161.
37. Morell, "30-Million-Year-Old DNA Boosts an Emerging Field," 1860–62.
38. Morell, "Dino DNA," 160.
39. "Ancient DNA: Second International Conference," Washington, D.C., October 1993, Author's Personal Collection (file from Richard Thomas).
40. Joshua Fischman, "Going for the Old: Ancient DNA Draws a Crowd," *Science* 262, no. 5134 (1993): 655.
41. Terence Brown and Keri Brown, "Ancient DNA and the Archaeologist," *Antiquity* 66 (1992): 10–23; Terence A. Brown et al., "Biomolecular Archaeology of Wheat: Past, Present and Future," *Biomolecular Archaeology* 25, no. 1 (1993): 64–73; W. Kelley Thomas et al., "Spatial and Temporal Continuity of Kangaroo Rat Populations Shown by Sequencing Mitochondrial DNA from Museum Specimens," *Journal of Molecular Evolution* 31 (1990): 101–12; Carey Krajewski et al., "Phylogenetic

Relationships of the Thylacine (Mammalia: Thylacinidae) Among Dasyuroid Marsupials: Evidence from Cytochrome b DNA Sequences," *Proceedings of the Royal Society, Series B, Biological Sciences* 250, no. 1327 (1992): 19–27; Alan Cooper et al., "Independent Origins of New Zealand Moas and Kiwis," *Proceedings of the National Academy of Sciences of the United States of America* 89, no. 18 (1992): 8741–44; Catherine Hanni et al., "Amplification of Mitochondrial DNA Fragments from Ancient Human Teeth and Bones," *Comptes Rendus de l'Academie Des Sciences, Serie III, Sciences de La Vie* 310, no. 9 (1990): 365–70; Robert K. Wayne and S. M. Jenks, "Mitochondrial DNA Analysis Implying Extensive Hybridization of the Endangered Red Wolf Canis Rufus," *Nature* 351, no. 6327 (1991): 565–68; Susanne Hummel and Bernd Herrmann, "Y-Chromosome-Specific DNA Amplified in Ancient Human Bone," *Naturwissenschaften* 78 (1991): 266–67; Matthias Hoss et al., "Excrement Analysis by PCR," *Nature* 359 (1992): 199; Erika Hagelberg and John B. Clegg, "Genetic Polymorphisms in Prehistoric Pacific Islanders Determined by Analysis of Ancient Bone DNA," *Proceedings of the Royal Society, Series B, Biological Sciences* 252, no. 1334 (1993): 163–70.

42. Scott R. Woodward, Nathan J. Weyand, and Mark Bunnell, "DNA Sequence from Cretaceous Period Bone Fragments," *Science* 266, no. 5188 (1994): 1230.

43. "Dinosaur DNA," *New Scientist*, November 26, 1994, www.newscientist.com/article/mg14419532-000-dinosaur-dna/; Robert Lee Hotz, "Bone Yields Dinosaur DNA, Scientists Believe," *Los Angeles Times*, November 18, 1994, www.latimes.com/archives/la-xpm-1994-11-18-mn-64303-story.html; John Noble Wilford, "A Scientist Says He Has Isolated Dinosaur DNA," *New York Times*, November 18, 1994, www.nytimes.com/1994/11/18/us/a-scientist-says-he-hasisolated-dinosaur-dna.html.

44. R. Monastersky, "Dinosaur DNA: Is the Race Finally Over?" *Science News* 146, no. 21 (1994): 324.

45. Amy Fletcher, "Genuine Fakes: Cloning Extinct Species as *Science* and Spectacle," *Politics and the Life Sciences* 29, no. 1 (2010): 49.

46. Kirby, *Lab Coats in Hollywood*, 227, 228.

47. Kirby, "Science Consultants, Fictional Films, and Scientific Practice"; Kirby, "Scientists on the Set"; Kirby, *Lab Coats in Hollywood*.

48. Kirby, *Lab Coats in Hollywood*, 139, 133–36. カービーは他にも科学アドバイザーが映画製作者と協働し、助言を行った例として、『アウトブレイク』(1995年)、『ガタカ』(1998年)、『ミッション・トゥ・マーズ』(2000年)、『オーロラの彼方へ』(2000年)などの映画を取り上げて検討している。See pages 48–49.

49. Kirby, *Lab Coats in Hollywood*, 58.

50. Robert Wayne and Alan Cooper, eds., *Ancient DNA Newsletter* 1, no. 2 (December 1992): 6, Author's Personal Collection (files from Richard Thomas and Terry Brown).

51. Morell, "Dino DNA," 161.

第5章　制約を課す

1. Tomas Lindahl, "Instability and Decay of the Primary Structure of DNA," *Nature* 362, no. 6422 (1993): 709–15; Tomas Lindahl, "Recovery of Antediluvian DNA," *Nature* 365, no. 6448 (1993): 700.

2. Edward M. Golenberg et al., "Chloroplast DNA Sequence from a Miocene Magnolia

Species," *Nature* 344, no. 6267 (1990): 656–58; Raul J. Cano, Hendrik N. Poinar, and George O. Poinar Jr., "Isolation and Partial Characterisation of DNA from the Bee Proplebeia Dominicana (Apidae: Hymenoptera) in 25–40 Million Year Old," *Medical Science Research* 20, no. 7 (1992): 249–51; Rob DeSalle et al., "DNA Sequences from a Fossil Termite in Oligo-Miocene Amber and Their Phylogenetic Implications," *Science* 257, no. 5078 (1992): 1933–36; Raul J. Cano et al., "Amplification and Sequencing of DNA from a 120–135-Million-Year-Old Weevil," *Nature* 363, no. 6429 (June 10, 1993): 536–38; Lindahl, "Recovery of Antediluvian DNA," 700.

3. Lindahl, "Recovery of Antediluvian DNA," 700.
4. George O. Poinar Jr., "Recovery of Antediluvian DNA," *Nature* 365, no. 6448 (1993): 700.
5. Lindahl, "Recovery of Antediluvian DNA," 700.
6. 『ネアンデルタール人は私たちと交配した』
7. Svante Paabo, "Ancient DNA: Extraction, Characterization, Molecular Cloning, and Enzymatic Amplification," *Proceedings of the National Academy of Sciences of the United States of America* 86, no. 6 (1989): 1939–43; Svante Paabo, Russell G. Higuchi, and Allan C. Wilson, "Ancient DNA and the Polymerase Chain Reaction," *Journal of Biological Chemistry* 264, no. 17 (1989): 9709–12.
8. 『ネアンデルタール人は私たちと交配した』
9. Scott R. Woodward, Nathan J. Weyand, and Mark Bunnell, "DNA Sequence from Cretaceous Period Bone Fragments," *Science* 266, no. 5188 (1994): 1229–32.
10. Robert Lee Hotz, "Bone Yields Dinosaur DNA, Scientists Believe," *Los Angeles Times*, November 18, 1994, www.latimes.com/archives/la-xpm-1994-11-18-mn-64303-story.html; John Noble Wilford, "A Scientist Says He Has Isolated Dinosaur DNA," *New York Times*, November 18, 1994, www.nytimes.com/1994/11/18/us/a-scientist-says-he-has-isolated-dinosaur-dna.html.
11. Woodward, Weyand, and Bunnell, "DNA Sequence from Cretaceous Period Bone Fragments"; S. Blair Hedges and Mary Schweitzer, "Detecting Dinosaur DNA," *Science* 268, no. 5214 (1995): 1191–92; Henikoff Steven, "Detecting Dinosaur DNA," *Science* 268, no. 5214 (1995): 1192; Marc W. Allard, Deshea Young, and Yentram Huyen, "Detecting Dinosaur DNA," *Science* 268, no. 5214 (1995): 1192; H. Zischler et al., "Detecting Dinosaur DNA," *Science* 268, no. 5214 (1995): 1192–93.
12. Ann Gibbons, "Possible Dino DNA Find Is Greeted with Skepticism," *Science* 266, no. 5188 (1994): 1159.
13. Hedges and Schweitzer, "Detecting Dinosaur DNA," 1191.

230 notes to pages 82–87

14. Steven, "Detecting Dinosaur DNA"; Allard, Young, and Huyen, "Detecting Dinosaur DNA"; Zischler et al., "Detecting Dinosaur DNA."
15. Zischler et al., "Detecting Dinosaur DNA."
16. 『ネアンデルタール人は私たちと交配した』
17. Zischler et al., "Detecting Dinosaur DNA, " 1193; Jones, *The Molecule Hunt*, 31–38.
18. Richard Monastersky, "Dinosaur DNA Claim Dismissed as a Mistake," *Science News* 248, no. 23 (1995): 373.
19. Peter Aldhous, " 'Jurassic DNA' Looks Distinctly Human," *New Scientist* 145, no. 1964 (1995): 5.

20. Malcolm W. Browne, "Critics See Humbler Origin of 'Dinosaur' DNA," *New York Times*, June 20, 1995, www.nytimes.com/1995/06/20/*Science*/critics-seehumbler-origin-of-dinosaur-dna.html.
21. Jeffrey L. Bada et al., "Amino Acid Racemization in Amber-Entombed Insects: Implications for DNA Preservation," *Geochimica et Cosmochimica Acta* 58, no. 14 (1994): 3131–35; Robert F. Service, "Just How Old Is That DNA, Anyway?" *Science* 272, no. 5263 (1996): 810; Hendrik Poinar et al., "Amino Acid Racemization and the Preservation of Ancient DNA," *Science* 272, no. 5263 (1996): 864–66.
22. Poinar et al., "Amino Acid Racemization and the Preservation of Ancient DNA," 865.
23. Poinar et al., "Amino Acid Racemization and the Preservation of Ancient DNA"; Service, "Just How Old Is That DNA, Anyway?"
24. Geoffrey Eglinton, ed., "ABI Newsletter 1," *Ancient Biomolecules Initiative* 1 (November 1995): 1–39, Author's Personal Collection (file from Richard Thomas); Geoffrey Eglinton, Barbara Knowles, and Ursula Edmunds, eds., "Molecular Signatures from the Past," *Ancient Biomolecules Initiative*, Grand Finale (Program and Abstracts), *Natural Environment Research Council* (1998), Author's Personal Collection (file from Richard Thomas).
25. Eglington, ed., "ABI Newsletter 1," 4–5.
26. "Modern Research into Ancient Biomolecules," *Molecular Biology*, September 1994, 5.
27. Geoffrey Eglinton, "*Ancient Biomolecules Initiative* Newsletter," *Natural Environment Research Council* 2 (May 1996): 1–2.
28. Eglinton, ed., "ABI Newsletter 1"; Eglinton, Knowles, and Edmunds, eds., "Molecular Signatures from the Past."
29. Andrew B. Smith, "Application for an ABI Research Grant," *Natural Environment Research Council*, September 1995, 16, 1, Author's Personal Collection (file from Richard Thomas).
30. Smith, "Application for an ABI Research Grant," 3.
31. Jeremy J. Austin et al., "Problems of Reproducibility—Does Geologically Ancient DNA Survive in Amber-Preserved Insects?" *Proceedings of the Royal Society, Series B, Biological Sciences* 264, no. 1381 (1997): 467–74.
32. Smith, "Application for an ABI Research Grant," 15.
33. Austin et al., "Problems of Reproducibility," 470.
34. D. E. Howland and G. M. Hewitt, "DNA Analysis of Extant and Fossil Beetles," in Geoffrey Eglinton, "Marking the Conclusion of the *Natural Environment Research Council* Special Topic in Biomolecular Palaeontology," Lyell Meeting Volume (Earth *Science* Directorate, March 1994), 49–51, Author's Personal Collection (file from Terry Brown); J. Pawlowski et al., "Attempted Isolation of DNA from Insects Embedded in Baltic Amber," *Inclusion* 22 (1996): 12–13.
35. Austin et al., "Problems of Reproducibility," 473.
36. Constance Holden, " 'No Go' for Jurassic Park–Style Dinos," *Science* 276, no. 5311 (1997): 361.
37. Bryan Sykes, "Lights Turning Red on Amber," *Nature* 386 (1997): 764–65.
38. "Ancient DNA III" conference, Oxford, England, July 1995, Author's Personal Collection (file from Richard Thomas).
39. Nigel Williams, "The Trials and Tribulations of Cracking the Prehistoric Code," *Science* 269, no. 5226 (1995): 923.
40. Robert Wayne and Alan Cooper, eds., *Ancient*

DNA Newsletter 1, no. 2 (December 1992): 3, Author's Personal Collection (files from Richard Thomas and Terry Brown).

41. Lindahl, "Recovery of Antediluvian DNA," 700.
42. Svante Paabo, Matthias Hoss, and N. K. Vereshchagin, "Mammoth DNA Sequences," *Nature* 370, no. 6488 (1994): 333.
43. Erika Hagelberg et al., "DNA from Ancient Mammoth Bones," *Nature* 370, no. 6488 (1994): 333–34.
44. Alan Cooper et al., "Independent Origins of New Zealand Moas and Kiwis," *Proceedings of the National Academy of Sciences of the United States of America* 89, no. 18 (1992): 8741–44.
45. Matthias Krings et al., "Neandertal DNA Sequences and the Origin of Modern Humans," Cell 90 (1997): 19–30.
46. William King, "The Reputed Fossil Man of the Neanderthal," *Quarterly Journal of Science* 1 (1864): 88–97; Ralf W. Schmitz et al., "The Neandertal Type Site Revisited: Interdisciplinary Investigations of Skeletal Remains from the Neander Valley, Germany," *Proceedings of the National Academy of Sciences of the United States of America* 99, no. 20 (2002): 13342–47; Paige Madison, "The Most Brutal of Human Skulls: Measuring and Knowing the First Neanderthal," *British Journal for the History of Science* 49, no. 3 (2016): 411–32.
47. 『最初のヒト』［アン・ギボンズ著、河合信和訳、新書館、2007年］; Sigrid Schmalzer, *The People's Peking Man: Popular Science and Human Identity in Twentieth-Century China* (Chicago: University of Chicago Press, 2008); Chris Manias, "Sinanthropus in Britain: Human Origins and International *Science*, 1920–1939," *British Journal for the History of Science* 48, no. 2 (2015): 289–319; Amanda Rees, "Stories of Stones and Bones: Disciplinarity, Narrative and Practice in British Popular Prehistory, 1911–1935," *British Journal for the History of Science* 49, no. 3 (2016): 433–51; Madison, "The Most Brutal of Human Skulls."
48. Chris Stringer, *Lone Survivors: How We Came to Be the Only Humans on Earth* (New York: St. Martin's, 2012).
49. Rebecca L. Cann, Mark Stoneking, and Allan C. Wilson, "Mitochondrial DNA and Human Evolution," *Nature* 325, no. 6099 (1987): 31–36.
50. Harold M. Schmeck Jr., "Intact Genetic Material Extracted from an Ancient Egyptian Mummy," *New York Times*, April 16, 1985, www.nytimes.com/1985/04/16/*Science*/intact-genetic-material-extracted-from-an-ancient-egyptianmummy.html.
51. Krings et al., "Neandertal DNA Sequences and the Origin of Modern Humans," 22.
52. Krings et al., "Neandertal DNA Sequences and the Origin of Modern Humans," 19–30.
53. ヒトの歴史の起源をめぐる進化人類学の議論で、進化人類学者は、通常ふたつの仮説（出アフリカ説と多地域進化説）のいずれかの立場を取る。前者はヒトがアフリカに出現し、世界の他の地域へと移動したとするのに対し、後者は先行人類はアフリカに起源を持つが、アフリカ大陸から移動した後に現生人類に進化したとする。See Stringer, Lone Survivors.
54. 『ネアンデルタール人は私たちと交配した』
55. Patricia Kahn and Ann Gibbons, "DNA from an Extinct Human," *Science* 277, no. 5323 (1997): 176–78.
56. Ryk Ward and Chris Stringer, "A Molecular Handle on the Neanderthals," *Nature* 388, no. 6639 (1997): 225–26.

57. Chris Mihill, "We're African, No Bones About It," *The Guardian* (London), July 11, 1997.
58. Roger Lewin, "Back from the Dead," *New Scientist*, October 18, 1997, 43.
59. Tomas Lindahl, "Facts and Artifacts of Ancient DNA," *Cell* 90, no. 1 (1997): 2.
60. Lewin, "Back from the Dead," 42.
61. Erika Hagelberg, Bryan Sykes, and Robert Hedges, "Ancient Bone DNA
Amplified," *Nature* 342 (1989): 485.
62. Erika Hagelberg and John B. Clegg, "Genetic Polymorphisms in Prehistoric Pacific Islanders Determined by Analysis of Ancient Bone DNA," *Proceedings of the Royal Society, Series B, Biological Sciences* 252, no. 1334 (1993): 163–70; Hagelberg, Sykes, and Hedges, "Ancient Bone DNA Amplified."
63. Terence Brown and Keri Brown, "Ancient DNA and the Archaeologist," *Antiquity* 66 (1992): 10–23; Terence Brown and Keri Brown, "Ancient DNA: Using Molecular Biology to Explore the Past," *BioEssays* 16, no. 10 (1994): 719–26.
64. Linda Vigilant et al., "Mitochondrial DNA Sequences in Single Hairs from a Southern African Population," *Proceedings of the National Academy of Sciences of the United States of America* 86 (1989): 9350–54; Catherine Hanni et al., "Amplification of Mitochondrial DNA Fragments from Ancient Human Teeth and Bones," *Comptes Rendus de l'Academie Des Sciences, Serie III, Sciences de La Vie* 310, no. 9 (1990): 365–70; Susanne Hummel and Bernd Herrmann, "Y-Chromosome-Specific DNA Amplified in Ancient Human Bone," *Naturwissenschaften* 78 (1991): 266–67; Hagelberg and Clegg, "Genetic Polymorphisms in Prehistoric Pacific Islanders"; Anne Stone and Mark Stoneking, "Ancient DNA from a Pre-Columbian Amerindian Population," *American Journal of Physical Anthropology* 92 (1993): 463–71; Erika Hagelberg et al., "DNA from Ancient Easter Islanders," *Nature* 369 (1994): 25–26; Peter Gill et al., "Identification of the Remains of the Romanov Family by DNA Analysis," *Nature Genetics* 6, no. 2 (1994): 130–35; Oliva Handt et al., "Molecular Genetic Analyses of the Tyrolean Ice Man," *Science* 264, no. 5166 (1994): 1775–78; Marina Faerman et al., "Sex Identification of Archaeological Human Remains Based on Amplification of the X and Y Amelogenin Alleles," *Gene* 167 (1995): 327–32; Marina Faerman et al., "Determining the Sex of Infanticide Victims from the Late Roman Era Through Ancient DNA Analysis," *Journal of Archaeological Science* 25, no. 9 (1998): 861–65.
65. Mark Spigelman and Eshetu Lemma, "The Use of the Polymerase Chain Reaction (PCR) to Detect Mycobacterium Tuberculosis in Ancient Skeletons," *International Journal of Osteoarchaeology* 3, no. 2 (1993): 137–43; A. Rafi et al., "Mycobacterium Leprae DNA from Ancient Bone Detected by PCR," *Lancet* 343, no. 8909 (1994): 1360–61; Wilmar L. Salo et al., "Identification of Mycobacterium Tuberculosis DNA in a Pre-Columbian Peruvian Mummy," *Microbiology* 91 (1994): 2091–94; Heike Baron, Susanne Hummel, and Bernd Herrmann, "Mycobacterium Tuberculosis Complex DNA in Ancient Human Bones," *Journal of Archaeological Science* 23, no. 5 (1996): 667–71.
66. Robert K. Wayne, Jennifer A. Leonard, and Alan Cooper, "Full of Sound and Fury: The Recent History of Ancient DNA," *Annual Review of Ecology and Systematics* 30 (1999): 457–77.
67. Mark Stoneking, "Ancient DNA: How Do

You Know When You Have It and What Can You Do with It?" *American Journal of Human Genetics* 57, no. 6 (1995): 1259.

68. Elaine Beraud-Colomb et al., "Human Beta-Globin Gene Polymorphisms Characterized in DNA Extracted from Ancient Bones 12,000 Years Old," *American Journal of Human Genetics* 57, no. 6 (1995): 1267–74.
69. Stoneking, "Ancient DNA: How Do You Know When You Have It and What Can You Do with It?" 1260.
70. Stoneking, "Ancient DNA: How Do You Know When You Have It and What Can You Do with It?" 1260, 1261.
71. Alan Cooper, "Reply to Stoneking: Ancient DNA—How Do You Really Know When You Have It?" *American Journal of Human Genetics* 60 (1997): 1002.
72. Wayne, Leonard, and Cooper, "Full of Sound and Fury," 458–59, 464.
73. Golenberg et al., "Chloroplast DNA Sequence from a Miocene Magnolia Species"; Raul J. Cano, Hendrik N. Poinar, and George O. Poinar Jr., "Isolation and Partial Characterisation of DNA from the Bee Proplebeia Dominicana (Apidae: Hymenoptera) in 25–40 Million Year Old," *Medical Science Research* 20, no. 7 (1992): 249–51; DeSalle et al., "DNA Sequences from a Fossil Termite"; Cano et al., "Amplification and Sequencing of DNA"; Woodward, Weyand, and Bunnell, "DNA Sequence from Cretaceous Period Bone Fragments."
74. Jackie Fenn and Mark Raskino, *Mastering the Hype Cycle: How to Choose the Right Innovation at the Right Time* (Boston: Harvard Business Press, 2008).
75. Elsbeth Bosl, "Zur Wissenschaftsgeschichte der ADNA-Forschung," *NTM Zeitschrift fur Geschichte der Wissenschaften, Technik und Medizin* 25, no. 1 (2017): 99–142; Elsbeth Bosl, *Doing Ancient DNA: Zur Wissenschaftsgeschichte der ADNAForschung* (Bielefeld, Germany: Verlag, 2017); Elizabeth Jones and Elsbeth Bosl, "Ancient Human DNA: A History of Hype (Then and Now)," *Journal of Social Archaeology* (February 2021): 1–20.
76. ハイプの役割に関する詳細については、ニク・ブラウンによる次の科学社会学の研究を参照。"Hope Against Hype—Accountability in Biopasts, Presents, and Futures," *Science Studies* 16, no. 2 (2003): 3–21; Mads Borup et al., "The Sociology of Expectations in *Science* and Technology," *Technology Analysis and Strategic Management* 18, nos. 3–4 (2006): 285–98; Harro van Lente, Charlotte Spitters, and Alexander Peine, "Comparing Technological Hype Cycles: Towards a Theory," *Technological Forecasting and Social Change* 80 (2013): 1615–28.
77. Mike Michael, "Futures of the Present: From Performativity to Prehension," in *Contested Futures: A Sociology of Prospective Techno-Science*, ed. Nik Brown, Brian Rapport, and Andrew Webster (Aldershot, U.K.: Ashgate, 2000), 21–42; Brown, "Hope Against Hype"; Borup et al., "The Sociology of Expectations in *Science* and Technology."
78. Brown, "Hope Against Hype," 11.
79. Brown, "Hope Against Hype," 17, 9.

第６章　汚染

1. "5th International Ancient DNA Conference," University of Manchester, July 2000; Holger Schutkowski, "5th International Ancient DNA Conference, July 12–14, 2000," *Anthropologischer Anzeiger* 59, no. 2 (2001): 179–81.

2. Erik Stokstad, "Divining Diet and Disease from DNA," *Science* 289, no. 5479 (2000): 530–31.
3. Hendrik N. Poinar et al., "Molecular Coproscopy: Dung and Diet of the Extinct Ground Sloth Nothrotheriops Shastensis," *Science* 281, no. 5375 (1998): 402–6.
4. Alex D. Greenwood et al., "Nuclear DNA Sequences from Late Pleistocene Megafauna," *Molecular Biology and Evolution* 16, no. 11 (1999): 1466–73. 核 DNA（nDNA）は細胞核に由来し、個々の生物に関する詳細な情報を含んでいる。科学者は nDNA を用いて個人を特定し、集団内および集団間の他の個人との遺伝的関係を判定することができる。しかし nDNA は細胞内に存在するコピー数が少ないため、古代試料に保存されていなかったり、抽出できなかったりする可能性が高い。一方、ミトコンドリア DNA（mtDNA）は細胞のミトコンドリア内に存在し、コピー数が多いため、なんらかの DNA が保存されている可能性が高い。mtDNA は母方から受け継がれ、種間の鑑別またどの個人が母系を通じてつながりがあるかの判定に用いることができる。See also Michael Hofreiter et al., "Ancient DNA," *Nature Reviews* 2, no. 5 (2001): 353–59.
5. Stokstad, "Divining Diet and Disease from DNA"; Alex D. Greenwood et al., "Evolution of Endogenous Retrovirus-Like Elements of the Woolly Mammoth (Mammuthus Primigenius) and Its Relatives," *Molecular Biology and Evolution* 18, no. 5 (2001): 840–47.
6. Ross D. E. MacPhee and Preston A. Marx, *The 40,000-Year Plague: Humans, Hyperdisease, and First-Contact Extinctions* (Washington, D.C.: Smithsonian Institution Press, 1997); Stokstad, "Divining Diet and Disease from DNA."
7. Stokstad, "Divining Diet and Disease from DNA," 53.
8. Alan Cooper and Hendrik N. Poinar, "Ancient DNA: Do It Right or Not at All," *Science* 289, no. 5482 (2000): 1139.
9. Svante Paabo, Russell G. Higuchi, and Allan C. Wilson, "Ancient DNA and the Polymerase Chain Reaction," *Journal of Biological Chemistry* 264, no. 17 (1989): 9709–12; Oliva Handt et al., "Ancient DNA: Methodological Challenges," *Experientia* 50, no. 6 (1994): 524–29.
10. Cooper and Poinar "Ancient DNA: Do It Right or Not at All," 1139.
11. Hofreiter et al., "Ancient DNA"; Svante Paabo et al., "Genetic Analyses from Ancient DNA," *Annual Review of Genetics* 38, no. 1 (2004): 645–79; Eske Willerslev, Anders J. Hansen, and Hendrik N. Poinar, "Isolation of Nucleic Acids and Cultures from Fossil Ice and Permafrost," *Trends in Ecology and Evolution* 19, no. 3 (2004): 140–47.
12. Svante Paabo, "Ancient DNA: Extraction, Characterization, Molecular Cloning, and Enzymatic Amplification," *Proceedings of the National Academy of Sciences of the United States of America* 86, no. 6 (1989): 1939–43; Tomas Lindahl, "Instability and Decay of the Primary Structure of DNA," *Nature* 362, no. 6422 (1993): 709–15; Bernd Herrmann and Susanne Hummel, eds., *Ancient DNA: Recovery and Analysis of Genetic Material from Paleontological, Archaeological, Museum, Medical, and Forensic Specimens* (New York: Springer-Verlag, 1994); Handt et al., "Ancient DNA: Methodological Challenges"; Matthias Ho ss et al., "DNA Damage and DNA Sequence Retrieval from Ancient Tissues," *Nucleic Acids Research* 24, no. 7 (1996): 1304–7; Matthias Krings et al.,

"Neandertal DNA Sequences and the Origin of Modern Humans," *Cell* 90 (1997): 19–30.

13. Krings et al., "Neandertal DNA Sequences and the Origin of Modern Humans," 19–30.
14. Cooper and Poinar, "Ancient DNA: Do It Right or Not at All," 1139.
15. Paabo et al., "Genetic Analyses from Ancient DNA."
16. Russell Higuchi et al., "DNA Sequences from the Quagga, an Extinct Member of the Horse Family," *Nature* 312, no. 5991 (1984): 282–84; Svante Paabo, "Molecular Cloning of Ancient Egyptian Mummy DNA," *Nature* 314, no. 6012 (1985): 644–45.
17. Nick Zagorski, "The Profile of Svante Paabo," *Proceedings of the National Academy of Sciences of the United States of America* 103, no. 37 (2006): 13575–77.
18. Paabo et al., "Genetic Analyses from Ancient DNA," 646.
19. 鎖切断、DNA架橋結合、また酸化損傷や加水分解損傷といった分子損傷の例に関する詳細については、以下参照。Paabo et al., "Genetic Analyses from Ancient DNA," 646–54.
20. Paabo et al., "Genetic Analyses from Ancient DNA," 655.

236 notes to pages 106–113

21. クーパーとポイナーの2000年の論文、"Ancient DNA: Do It Right or Not at All" では、真正性について鍵となる基準を9つ挙げているのに対し、ペーボらの2004年の論文、"Genetic Analyses from Ancient DNA" は8つを挙げている。ペーボらは、古代DNA研究を物理的に隔てられた研究室で実施するという最初の基準を省いているが、PCR後の作業が行われたことのない専用研究施設でDNAの抽出および増幅を行う必要性を取り上げている。彼らは抽出作業は防護服を着用し、漂白剤などの酸化剤や紫外線照射により定期的に洗浄した作業空間で行うべきであるともしている。また、研究対象の試料と関連する遺骸から古代DNA配列を回収することを求める代わりに、mtDNAの核ゲノムへの挿入が生じていないかを調べる必要があると指摘している。
22. Paabo et al., "Genetic Analyses from Ancient DNA," 659.
23. Hofreiter et al.,· "Ancient DNA."
24. Paabo et al., "Genetic Analyses from Ancient DNA," 670.
25. Harry M. Collins and Trevor J. Pinch, "The Construction of the Paranormal: Nothing Unscientific Is Happening," in *On the Margins of Science: The Social Construction of Rejected Knowledge*, ed. Roy Wallis, Sociological Review Monograph 27 (1979): 237–70; Harry Collins, *Changing Order: Replication and Induction in Scientific Practice* (Chicago: University of Chicago Press, 1985); Harry Collins and Trevor Pinch, *The Golem: What You Should Know About Science* (Cambridge: Cambridge University Press, 1993); Harry Collins, *Gravity's Shadow: The Search for Gravitational Waves* (Chicago: University of Chicago Press, 2004); Harry Collins, *Gravity's Ghost: Scientific Discovery in the Twenty-First Century* (Chicago: University of Chicago Press, 2010).
26. Collins, *Changing Order*, 28.
27. Harry M. Collins, "Son of Seven Sexes: The Social Destruction of a Physical Phenomenon," *Social Studies of Science* 11, no. 1 (1981): 34.
28. Collins, *Changing Order*, 2.
29. Harry M. Collins, "Reproducibility of Experiments: Experimenters' Regress, Statistical Uncertainty Principle, and the Replication Imperative," in *Reproducibility: Principles, Problems, Practices, and Prospects*,

ed. Harald Atmanspacher and Sabine Maasen (Hoboken, N.J.: Wiley, 2016), 66.

30. Collins, *Changing Order*, 2.

31. Collins, "Reproducibility of Experiments," 66.

32. Thomas F. Gieryn, "Boundary-Work and the Demarcation of *Science* from Non-*Science*: Strains and Interests in Professional Ideologies of Scientists," American Sociological Review 48, no. 6 (1983): 781–95.

33. Thomas F. Gieryn, *Cultural Boundaries of Science*: Credibility on the Line (Chicago: University of Chicago Press, 1999), 4–5.

34. Gieryn, *Cultural Boundaries of Science*, 16.

35. Gieryn, *Cultural Boundaries of Science*, 63.

36.『恐竜の再生法教えます：ジュラシック・パークを科学する』［ロブ・デサール、デヴィッド・リンドレー共著、加藤珪、鴨志田千枝子共訳、伊藤恵夫監修、同朋舎、1997 年］; David A. Kirby, *Lab Coats in Hollywood: Science, Scientists, and Cinema* (Cambridge, Mass.: MIT Press, 2013).

37. David Norman, "Misread in Tooth and Claw," *Times Higher Education*, November 28, 1997, 22.

38. Adrian M. Lister, "Ancient DNA: Not Quite Jurassic Park," *Trends in Ecology and Evolution* 9, no. 3 (1994): 82–84; Mary Schweitzer and Tracy Staedter, "The Real Jurassic Park," *Earth* (June 1997): 55–57.

39. この分断について記すにあたって、両派閥間の境界が必ずしも揺るぎないものではなかったことに注意が必要である。むしろ、一部の科学者がこの分断を超えて共同研究を行おうとしていたように、その境界は行き来できるものだった。実際、こんにちでは過去の議論を超えて共同研究を行っている科学者もいる。それでも、オーラル・ヒストリーの証言で彼らが用いた「信者」対「非信者」という表現は、科学者たちが汚染に関する懸念という重要問題と、その問題がこの分野にどのような影響を及ぼしたかを理解するのに役立ってきた。彼らがこの分断にこだわり、それを語りなおす（同僚、共同研究者、学生、筆者のような歴史研究者に対し）のに関心を抱いていることは、このような汚染の懸念とそれが自分たちの信用性に与えた影響の深刻さを裏づけるものである。誤解のないように言えば、この分断の構図だけが、被面接者たちがこのコミュニティの歴史について描こうとした交流関係というわけでは決してない。だが、被面接者の大半が自分たちの歴史のこの時期をこのように描いており、この相違がその後のこの分野の成長をお膳立てすることになったのである。

40. エリカ・ヘーゲルバーグが、2013 年 11 月にロンドン王立協会で発表したこの分野の歴史を記した "Ancient DNA: The First Three Decades" という論文に関する講演でこれらの表現を用いている。チャールズ・グリーンブラットとベルント・ヘルマンも、未刊行書籍用の未発表の章でこの分断について記すのにこれらの言葉を用いている。以下参照。Bernd Herrmann and Charles Greenblatt, "A Short Essay on ADNA and Its Future," 2010, Author's Personal Collection (file from Bernd Herrmann and Charles Greenblatt).

41. "The 6th International Conference on Ancient DNA and Associated Biomolecules," Tel Aviv, Israel, July 21–25, 2002.

42. Mark Spigelman and Eshetu Lemma, "The Use of the Polymerase Chain Reaction (PCR) to Detect Mycobacterium Tuberculosis in Ancient Skeletons," *International Journal of Osteoarchaeology* 3, no. 2 (1993): 137–43; A. Rafi et al., "Mycobacterium Leprae DNA

from Ancient Bone Detected by PCR," *Lancet* 343, no. 8909 (1994): 1360–61; Wilmar L. Salo et al., "Identification of Mycobacterium Tuberculosis DNA in a Pre-Columbian Peruvian Mummy," *Microbiology* 91 (1994): 2091–94; Heike Baron, Susanne Hummel, and Bernd Herrmann, "Mycobacterium Tuberculosis Complex DNA in Ancient Human Bones," *Journal of Archaeological Science* 23, no. 5 (1996): 667–71.

43. Robert K. Wayne, Jennifer A. Leonard, and Alan Cooper, "Full of Sound and Fury: The Recent History of Ancient DNA," *Annual Review of Ecology and Systematics* 30 (1999): 467–68.

44. "The First International Symposium on Biomolecular Archaeology," Amsterdam, Netherlands, March 18–20, 2018.

45. Herrmann and Greenblatt, "A Short Essay on ADNA and Its Future," 2.

46. Herrmann and Greenblatt, "A Short Essay on ADNA and Its Future," 2.

47. Herrmann and Hummel, eds., *Ancient DNA*; Susanne Hummel, ed., *Ancient DNA Typing: Methods, Strategies, and Applications* (Berlin: Springer, 2003); Helen D. Donoghue et al., "Tuberculosis: From Prehistory to Robert Koch, as Revealed by Ancient DNA," *Lancet: Infectious Diseases* 4, no. 9 (September 2004): 584–92; Paabo et al., "Genetic Analyses from Ancient DNA"; Eske Willerslev and Alan Cooper, "Ancient DNA," *Proceedings of the Royal Society, Series B, Biological Sciences* 272, no. 1558 (2005): 3–16; Alicia K. Wilbur et al., "Deficiencies and Challenges in the Study of Ancient Tuberculosis DNA," *Journal of Archaeological Science* 36, no. 9 (September 2009): 1990–97; Beth Shapiro and Michael Hofreiter, eds., *Ancient DNA: Methods and Protocols* (New York: Springer, 2012).

48. Willerslev and Cooper, "Ancient DNA," 3.

49. M. Thomas P. Gilbert et al., "Assessing Ancient DNA Studies," *Trends in Ecology and Evolution* 20, no. 10 (2005): 541.

50. Gilbert et al., "Assessing Ancient DNA Studies," 542.

51. Gilbert et al., "Assessing Ancient DNA Studies," 542.

52. Paabo et al., "Genetic Analyses from Ancient DNA"; Willerslev and Cooper, "Ancient DNA."

53. Collins and Pinch, *The Golem*, 3.

54. Collins, *Changing Order*, 19.

55. Gieryn, *Cultural Boundaries of Science*, 63.

56. Peter Broks, *Understanding Popular Science* (Maidenhead, U.K.: Open University Press, 2006), 107.

第7章
古代遺伝学から古代ゲノム学へ

1. Marcel Margulies et al., "Genome Sequencing in Microfabricated High-Density Picolitre Reactors," *Nature* 437, no. 7057 (2005): 376–80.

2. Jonathan M. Rothberg and John H. Leamon, "The Development and Impact of 454 Sequencing," *Nature Biotechnology* 26, no. 10 (2008): 1123.

3. Karl V. Voelkerding, Shale A. Dames, and Jacob D. Durtschi, "Next-Generation Sequencing: From Basic Research to Diagnostics," *Clinical Chemistry* 55, no. 4 (2009): 461–62.

4. ロシュ社の（454）GS FLX は並列パイロシーケンシングと呼ばれる方法をベースとする技術であるのに対し、イルミナ（ソレクサ）社のゲノムアナライザーはリバーシブルターミネーターと呼ばれる方法を用いる。454 社の技術で生成される DNA のリードは比較的長い（400

塩基対以上）が、ホモポリマー領域（CCCCCC など）でいくぶんエラーを生じやすい。イルミナ社の技術で生成されるリードは比較的短い（100 ～ 150 塩基対）が、生成数が多い。いずれの技術も同じ原理に基づいて配列を生成するが、増幅手順と配列決定の化学的手法に違いがあるため、スループットに違いが生じる。See Ermanno Rizzi et al., "Ancient DNA Studies: New Perspectives on Old Samples," *Genetics, Selection, Evolution* 44, no. 1 (2012): 1–19.

5. James P. Noonan et al., "Genomic Sequencing of Pleistocene Cave Bears," *Science* 309, no. 5734 (2005): 597–600.
6. Hendrik N. Poinar et al., "Metagenomics to Paleogenomics: Large-Scale Sequencing of Mammoth DNA," *Science* 311, no. 2006 (2006): 393.
7. Michael Knapp and Michael Hofreiter, "Next Generation Sequencing of Ancient DNA: Requirements, Strategies and Perspectives," *Genes* 1, no. 2 (2010): 227–43.
8. Alan Cooper, "The Year of the Mammoth," *PLoS Biology* 4, no. 3 (2006): 0311–0313.
9. Evgeny I. Rogaev et al., "Complete Mitochondrial Genome and Phylogeny of Pleistocene Mammoth Mammuthus Primigenius," *PLoS Biology* 4, no. 3 (2006): 0403–10; Johannes Krause et al., "Multiplex Amplification of the Mammoth Mitochondrial Genome and the Evolution of Elephantidae," *Nature* 439, no. 7077 (2006): 724–27; Mark G. Thomas, Neil Bradman, and Helen M. Flinn, "High Throughput Analysis of 10 Microsatellite and 11 Diallelic Polymorphisms on the Human Y-Chromosome," *Human Genetics* 105, no. 6 (1999): 577–81.
10. Poinar et al., "Metagenomics to Paleogenomics."
11. Cooper, "The Year of the Mammoth," 0313.
12. Didier Raoult et al., "Molecular Identification by 'Suicide PCR' of Yersinia Pestis as the Agent of Medieval Black Death," *Proceedings of the National Academy of Sciences of the United States of America* 97, no. 23 (2000): 12800–803.
13. M. Thomas P. Gilbert et al., "Absence of Yersinia Pestis-Specific DNA in Human Teeth from Five European Excavations of Putative Plague Victims," *Microbiology* 150 (2004): 341–54.
14. Kirsten Bos et al., "A Draft Genome of Yersinia Pestis from Victims of the Black Death," *Nature* 478, no. 7370 (2011): 506–10.
15. Alan Cooper et al., "Complete Mitochondrial Genome Sequences of Two Extinct Moas Clarify Ratite Evolution," *Nature* 409, no. 6821 (2001): 704–7; Oliver Haddrath and Allan J. Baker, "Complete Mitochondrial DNA Genome Sequences of Extinct Birds: Ratite Phylogenetics and the Vicariance Biogeography Hypothesis," *Proceedings of the Royal Society, Series B, Biological Sciences* 268, no. 1470 (2001): 939–45; Ann H. Reid et al., "Characterization of the 1918 'Spanish' Influenza Virus Matrix Gene Segment," Journal of Virology 76, no. 21 (2002): 10717–23; Terrence M. Tumpey et al., "Characterization of the Reconstructed 1918 Spanish Influenza Pandemic Virus," *Science* 310, no. 5745 (2005): 77–80; Noonan et al., "Genomic Sequencing of Pleistocene Cave Bears"; M. Thomas P. Gilbert et al., "Characterization of Genetic Miscoding Lesions Caused by Postmortem Damage," *American Journal of Human Genetics* 72, no. 1 (2003): 48–61; M. Thomas P. Gilbert et al., "Distribution Patterns of Postmortem Damage in Human Mitochondrial DNA," *American Journal of Human Genetics* 72, no. 1 (2003):

32–47.

16. Jennifer A. Leonard, Robert K. Wayne, and Alan Cooper, "Population Genetics of Ice Age Brown Bears," *Proceedings of the National Academy of Sciences of the United States of America* 97, no. 4 (2000): 1651–54.
17. Beth Shapiro et al., "Rise and Fall of the Beringian Steppe Bison," *Science* 306, no. 5701 (2004): 1561–65.
18. Odile Loreille et al., "Ancient DNA Analysis Reveals Divergence of the Cave Bear, Ursus Spelaeus, and Brown Bear, Ursus Arctos, Lineages," *Current Biology* 11, no. 3 (2001): 200–203; Carles Vila et al., "Widespread Origins of Domestic Horse Lineages," *Science* 291, no. 5503 (2001): 474–77; Ian Barnes et al., "Dynamics of Pleistocene Population Extinctions in Beringian Brown Bears," *Science* 295, no. 5563 (2002): 2267–70; Michael Hofreiter et al., "Ancient DNA Analyses Reveal High Mitochondrial DNA Sequence Diversity and Parallel Morphological Evolution of Late Pleistocene Cave Bears," *Molecular Biology and Evolution* 19, no. 8 (2002): 1244–50; Jennifer A. Leonard et al., "Ancient DNA Evidence for Old World Origin of New World Dogs," *Science* 298, no. 5598 (2002): 1613–16; Peter A. Ritchie et al., "Ancient DNA Enables Timing of the Pleistocene Origin and Holocene Expansion of Two Adelie Penguin Lineages in Antarctica," *Molecular Biology and Evolution* 21, no. 2 (2003): 240–48; Michael Hofreiter et al., "Evidence for Reproductive Isolation Between Cave Bear Populations," *Current Biology* 14, no. 1 (2004): 40–43; Shapiro et al., "Rise and Fall of the Beringian Steppe Bison."
19. "Neandertal Genome to Be Deciphered," Max Planck Society, July 20, 2006, www.mpg.de/534422/pressRelease20060720.
20. 『ネアンデルタール人は私たちと交配した』
21. 『ネアンデルタール人は私たちと交配した』
22. Jeremy Schmutz et al., "Quality Assessment of the Human Genome Sequence," *Nature* 429, no. 6990 (2004): 365–68; "Timeline: Organisms That Have Had Their Genomes Sequenced," Your Genome, www.yourgenome.org/facts/timeline-organisms-that-have-had-their-genomes-sequenced.
23. 『DNA 伝説：文化のイコンとしての遺伝子』［ドロシー・ネルキン、M・スーザン・リンディー著、工藤政司訳、紀伊國屋書店、1997 年］; Suzanne Anker and Dorothy Nelkin, *The Molecular Gaze: Art in the Genetic Age* (Cold Spring Harbor, N.Y.: Cold Spring Harbor Laboratory Press, 2003); Dorothy Nelkin, "Molecular Metaphors: The Gene in Popular Discourse," *Nature Reviews Genetics* 2, no. 7 (2001): 555–59; Elsbeth Bosl, "Zur Wissenschaftsgeschichte der ADNA-Forschung," *NTM Zeitschrift fur Geschichte der Wissenschaften, Technik und Medizin* 25, no. 1 (2017): 99–142; Elsbeth Bosl, *Doing Ancient DNA: Zur Wissenschaftsgeschichte der ADNAForschung* (Bielefeld, Germany: Verlag, 2017).
24. Matthias Krings et al., "Neandertal DNA Sequences and the Origin of Modern Humans," Cell 90 (1997): 19–30; Igor Ovchinnikov et al., "Molecular Analysis of Neanderthal DNA from the Northern Caucasus," *Nature* 404, no. 6777 (2000): 490–93; Matthias Hoss, "Neanderthal Population Genetics," *Nature* 404, no. 6777 (2000): 453–54.
25. Krings et al., "Neandertal DNA Sequences and the Origin of Modern Humans."
26. Richard E. Green et al., "Analysis of One Million Base Pairs of Neanderthal DNA," *Nature* 444, no. 7117 (2006): 330–36; James

P. Noonan et al., "Sequencing and Analysis of Neanderthal Genomic DNA," *Science* 314, no. 5802 (2006): 1113–18;『ネアンデルタール人は私たちと交配した』、第 11 章。

27.『ネアンデルタール人は私たちと交配した』、第 11 章。

28. Jeffrey D. Wall and Sung K. Kim, "Inconsistencies in Neanderthal Genomic DNA Sequences," PLoS Genetics 3, no. 10 (2007): 1865.

29.『ネアンデルタール人は私たちと交配した』、第 11 章。

30. Rex Dalton, "DNA Probe Finds Hints of Human," *Nature* 449 (September 6, 2007): 7.

31.『ネアンデルタール人は私たちと交配した』、第 11 章。

32. Annalee Newitz, "Code of the Caveman," *Wired*, July 2006, www.*Wired*.com/2006/07/caveman/.

33.『ネアンデルタール人は私たちと交配した』、第 17 章。

34. Richard E. Green et al., "A Draft Sequence of the Neandertal Genome," *Science* 328, no. 5979 (2010): 710–22.

35. "The Neandertal in Us," Max Planck Society, 2010, www.mpg.de/617258/press-Release20100430; Ewen Callaway, "Neanderthal Genome Reveals Interbreeding with Humans," *New Scientist*, May 6, 2010, www.newscientist.com/article/dn18869-neanderthal-genome-reveals-interbreeding-with-humans/;『ネアンデルタール人は私たちと交配した』

36. Ker Than, "Neanderthals, Humans Interbred—First Solid DNA Evidence," *National Geographic*, May 8, 2010, http://news.nationalgeographic.com/news/2010/05/100506-*Science*-neanderthals-humans-mated-interbred-dna-gene/.

37. "Neanderthal," Answers in Genesis, https://answersingenesis.org/humanevolution/neanderthal/.

38.『ネアンデルタール人は私たちと交配した』

39. M. Thomas P. Gilbert et al., "Paleo-Eskimo MtDNA Genome Reveals Matrilineal Discontinuity in Greenland," *Science* 320, no. 5884 (2008): 1787–89; M. Thomas P. Gilbert et al., "Intraspecific Phylogenetic Analysis of Siberian Woolly Mammoths Using Complete Mitochondrial Genomes," *Proceedings of the National Academy of Sciences of the United States of America* 105, no. 24 (2008): 8327–32; Webb Miller et al., "Sequencing the Nuclear Genome of the Extinct Woolly Mammoth," *Nature* 456, no. 7220 (2008): 387–90; Morten Rasmussen et al., "Ancient Human Genome Sequence of an Extinct Palaeo-Eskimo," *Nature* 463, no. 7282 (2010): 757–62; Morten Rasmussen et al., "An Aboriginal Australian Genome Reveals Separate Human Dispersals into Asia," *Science* 334, no. 6052 (2011): 94–98; Jakob Skou Pedersen et al., "Genome-Wide Nucleosome Map and Cytosine Methylation Levels of an Ancient Human Genome," *Genome Research* 24, no. 3 (2014): 454–66; Morten Rasmussen et al., "The Genome of a Late Pleistocene Human from a Clovis Burial Site in Western Montana," *Nature* 506, no. 7487 (2014): 225–29; Eske Willerslev et al., "Fifty Thousand Years of Arctic Vegetation and Megafaunal Diet," *Nature* 506, no. 7486 (2014): 47–51; Turi E. King et al., "Identification of the Remains of King Richard III," *Nature Communications* 5 (2014): 5631.

40. N. Izagirre and C. de la Rua, "An MtDNA Analysis in Ancient Basque Populations: Implications for Haplogroup V as a Marker for a Major Paleolithic Expansion from Southwestern Europe," *American Journal of*

Human Genetics 65, no. 1 (1999): 199–207; Wolfgang Haak et al., "Ancient DNA from the First European Farmers in 7500-Year-Old Neolithic Sites," *Science* 310, no. 5750 (2005): 1016–18; Joachim Burger et al., "Absence of the Lactase-Persistence-Associated Allele in Early Neolithic Europeans," *Proceedings of the National Academy of Sciences of the United States of America* 104, no. 10 (2007): 3736–41; B. Bramanti et al., "Genetic Discontinuity Between Local Hunter-Gatherers and Central Europe's First Farmers," *Science* 326, no. 5949 (2009): 137–40; Wolfgang Haak et al., "Ancient DNA from European Early Neolithic Farmers Reveals Their Near Eastern Affinities," *PLoS Biology* 8, no. 11 (2010): 1–16; Pontus Skoglund et al., "Origins and Genetic Legacy of Neolithic Farmers and Hunter-Gatherers in Europe," *Science* 336, no. 6080 (April 27, 2012): 466–69; Christina Warinner et al., "Pathogens and Host Immunity in the Ancient Human Oral Cavity," *Nature Genetics* 46, no. 4 (2014): 336–44; Eppie R. Jones et al., "Upper Palaeolithic Genomes Reveal Deep Roots of Modern Eurasians," *Nature Communications* 6 (November 16, 2015): 8912; Helena Malmstrom et al., "Ancient Mitochondrial DNA from the Northern Fringe of the Neolithic Farming Expansion in Europe Sheds Light on the Dispersion Process," *Philosophical Transactions of the Royal Society of London, Series B, Biological Sciences* 370, no. 1660 (January 19, 2015): 1–10.

41. Leonard et al., "Ancient DNA Evidence for Old World Origin of New World Dogs"; Ruth Bollongino et al., "Early History of European Domestic Cattle as Revealed by Ancient DNA," *Biology Letters* 2, no. 1 (2006): 155–159; G. Larson et al., "Ancient DNA, Pig Domestication, and the Spread of the Neolithic into Europe," *Proceedings of the National Academy of Sciences of the United States of America* 104, no. 39 (September 25, 2007): 15276–81; Amelie Scheu et al., "Ancient DNA Provides No Evidence for Independent Domestication of Cattle in Mesolithic Rosenhof, Northern Germany," *Journal of Archaeological Science* 35, no. 5 (2008): 1257–1264; Greger Larson et al., "Rethinking Dog Domestication by Integrating Genetics, Archeology, and Biogeography," *Proceedings of the National Academy of Sciences of the United States of America* 109, no. 23 (June 5, 2012): 8878–83; Greger Larson et al., "Current Perspectives and the Future of Domestication Studies," *Proceedings of the National Academy of Sciences of the United States of America* 111, no. 17 (2014): 6139–46; Pontus Skoglund et al., "Ancient Wolf Genome Reveals an Early Divergence of Domestic Dog Ancestors and Admixture into High-Latitude Breeds," *Current Biology* 25 (2015): 1–5.

42. Green et al., "A Draft Sequence of the Neandertal Genome."

43. Johannes Krause et al., "A Complete MtDNA Genome of an Early Modern Human from Kostenki, Russia," *Current Biology*, vol. 20 (2010): 231–36; Johannes Krause et al., "The Complete Mitochondrial DNA Genome of an Unknown Hominin from Southern Siberia," *Nature* 464, no. 7290 (2010): 894–97; David Reich et al., "Genetic History of an Archaic Hominin Group from Denisova Cave in Siberia," *Nature* 468, no. 7327 (2010): 1053–60; Ann Gibbons, "A Crystal-Clear View of an Extinct Girl's Genome," *Science* 337 (2012): 1028–29; David Gokhman et al., "Reconstructing the DNA Methylation Maps of the Neandertal and the Denisovan," *Science*

344, no. 6183 (2014): 523–27.

44. Mark Stoneking and Johannes Krause, "Learning About Human Population History from Ancient and Modern Genomes," *Nature Reviews Genetics* 12, no. 9 (2011): 603–14; Chris Stringer, *Lone Survivors: How We Came to Be the Only Humans on Earth* (New York: St. Martin's, 2012); Krishna R. Veeramah and Michael F. Hammer, "The Impact of Whole-Genome Sequencing on the Reconstruction of Human Population History," *Nature Reviews* 15 (2014): notes to pages 139–144 243 149–62; Ann Gibbons, "Revolution in Human Evolution," *Science* 349, no. 6246 (2015): 362–66.

45. Margulies et al., "Genome Sequencing in Microfabricated High-Density Picolitre Reactors"; Craig D. Millar et al., "New Developments in Ancient Genomics," *Trends in Ecology and Evolution* 23, no. 7 (2008): 386–93; Knapp and Hofreiter, "Next Generation Sequencing of Ancient DNA."

46. Nick Zagorski, "The Profile of Svante Paabo," *Proceedings of the National Academy of Sciences of the United States of America* 103, no. 37 (2006): 13575–77; Carl Zimmer, "Eske Willerslev Is Rewriting History with DNA," *New York Times*, May 17, 2016, www.nytimes.com/2016/05/17/*Science*/eske-willerslev-ancientdna-scientist.html.

47. Gideon Lewis, "Is Ancient DNA Research Revealing New Truths—or Falling Into Old Traps?" *New York Times*, January 17, 2019, www.nytimes.com/2019/01/17/magazine/ancient-dna-paleogenomics.html.

48.『交雑する人類：古代 DNA が解き明かす新サピエンス史』

49. David Reich, "How to Talk About 'Race' and Genetics," *New York Times*, March 30, 2018, www.nytimes.com/2018/03/30/opinion/race-genetics.html;Jonathan Kahn et al., "How Not To Talk About Race and Genetics," Center for Genetics and Society, 2018, www.geneticsandsociety.org/article/how-not-talk-about-race-and-genetics.

50. Alexandra Ion, "How Interdisciplinary Is Interdisciplinary? Revisiting the Impact of ADNA Research for the Archaeology of Human Remains," *Current Swedish Archaeology* 25 (2017): 87–108.

51. See Elizabeth D. Jones and Elsbeth Bosl, "Ancient Human DNA: A History of Hype (Then and Now)," *Journal of Social Archaeology* (February 2021): 1–20. See also Thomas Booth, "A Stranger in a Strange Land: A Perspective on Archaeological Responses to the Palaeogenetic Revolution from an Archaeologist Working Amongst Palaeogeneticists," *World Archaeology* 51 (2019): 586–601; Craig D. Millar and D. Michael Lambert, "Archaeogenetics and Human Evolution: The Ontogeny of a Biological Discipline," *World Archaeology* 51 (2019): 546–59; Catherine Frieman and Daniela Hofmann, "Present Pasts in the Archaeology of Genetics, Identity, and Migration in Europe: A Critical Essay," *World Archaeology* 51 (2019): 528–45; Susanne Hakenbeck, "Genetics, Archaeology and the Far Right: An Unholy Trinity," *World Archaeology* 51 (2019): 517–27; Michael L. Blakey, "On the Biodeterministic Imagination," *Archaeological Dialogues* 27 (2020): 1–16; Martin Furholt, "Biodeterminism and Pseudo-Objectivity as Obstacles for the Emerging Field of Archaeogenetics," *Archaeological Dialogues* 27 (2020): 23–25; Thomas Booth, "Imagined Biodeterminism?" *Archaeological Dialogues* 27 (2020): 16–19; Ion, "How
Interdisciplinary Is Interdisciplinary?"

52. Rachel J. Crellin and Oliver J. T. Harris,

"Beyond Binaries: Interrogating Ancient DNA," *Archaeological Dialogues* 27 (2020): 37–56.

53. Ewen Callaway, "The Battle for Common Ground," *Nature* 555, no. 7698 (2018): 574.
54. Blakey, "On the Biodeterministic Imagination."
55. 『交雑する人類：古代 DNA が解き明かす新サピエンス史』、第 10 章。
56. Furholt, "Biodeterminism and Pseudo-Objectivity as Obstacles for the Emerging Field of Archaeogenetics."
57. Blakey, "On the Biodeterministic Imagination."
58. Jenny Reardon, *Race to the Finish: Identity and Governance in an Age of Genomics* (Princeton, N.J.: Princeton University Press, 2004); Jenny Reardon, "Decoding Race and Human Difference in a Genomic Age," Differences: A Journal of Feminist Cultural Studies 15, no. 3 (2004): 38–65; Jenny Reardon and Kim TallBear, " 'Your DNA Is Our History': Genomics, Anthropology, and the Contruction of Whitness as Property," Current Anthropology 53, no. 5 (2012): S233–45; Kim TallBear, "Genomic Articulations of Indigeneity," *Social Studies of Science* 43, no. 4 (2013): 509–33; Kim TallBear, *Native American DNA: Tribal Belonging and the False Promise of Genetic Science* (Minneapolis: University of Minnesota Press, 2013); Joanna Radin, *Life on Ice: A History of New Uses for Cold Blood* (Chicago: University of Chicago Press, 2017).
59. Reardon, Race to the Finish, 7.
60. Frieman and Hofmann, "Present Pasts in the Archaeology of Genetics, Identity, and Migration in Europe"; Hakenbeck, "Genetics, Archaeology and the Far Right."
61. 『交雑する人類：古代 DNA が解き明かす新サピエンス史』
62. Maria C. Avila Arcos, "Troubling Traces of Biocolonialism Undermine an Otherwise Eloquent Synthesis of Ancient Genome Research," *Science*, April 17, 2018, http://blogs.*Science*mag.org/books/2018/04/17/who-we-are-and-how-we-got-here/.
63. Avila Arcos, "Troubling Traces of Biocolonialism";『交雑する人類：古代 DNA が解き明かす新サピエンス史』
64. Lewis, "Is Ancient DNA Research Revealing New Truths—or Falling Into Old Traps?"
65. Clio Der Sarkissian et al., "Ancient Genomics," *Philosophical Transactions of the Royal Society of London, Series B, Biological Sciences* 370, no. 1660 (January 19, 2015): 1–12, https://doi.org/10.1098/rstb.2013.0387.
66. Anna Kallen et al., "Archaeogenetics in Popular Media: Contemporary Implications of Ancient DNA," *Current Swedish Archaeology* 27 (2019): 69–91; C. Hedenstierna-Jonson et al., "A Female Viking Warrior Confirmed by Genomics," *American Journal of Physical Anthropology* 164 (2018): 853–60.
67. Frieman and Hofmann, "Present Pasts in the Archaeology of Genetics, Identity, and Migration in Europe."

第8章　アイデンティティとしてのセレブリティ

1. Erika Hagelberg, Michael Hofreiter, and Christine Keyser, "Introduction—Ancient DNA: The First Three Decades," *Philosophical Transactions of the Royal Society of London, Series B, Biological Sciences* 370, no. 1660 (2015): 1–6.
2. Vassiliki Betty Smocovitis, "The 1959 Darwin Centennial Celebration in America," *Osiris* 14 (1999): 274–323.

3. Hagelberg, Hofreiter, and Keyser, "Introduction—Ancient DNA."
4. Michael Knapp and Michael Hofreiter, "Next Generation Sequencing of Ancient DNA: Requirements, Strategies and Perspectives," *Genes* 1, no. 2 (2010): 227.
5. Henry Nicholls, "Ancient DNA Comes of Age," *PLoS Biology* 3, no. 2 (February 15, 2005): e56, https://doi.org/10.1371/journal.pbio.0030056.
6. Joseph Allen Cain, "Common Problems and Cooperative Solutions: Organizational Activities in Evolutionary Studies, 1937–1946," *Isis* 84, no. 1 (1993): 1–25.
7. Elsbeth Bosl, "Zur Wissenschaftsgeschichte der ADNA-Forschung," *NTM Zeitschrift fur Geschichte der Wissenschaften, Technik und Medizin* 25, no. 1 (2017): 99–142; Elsbeth Bosl, *Doing Ancient DNA: Zur Wissenschaftsgeschichte der ADNAForschung* (Bielefeld, Germany: Verlag, 2017).
8. Elisabeth S. Clemmens, "Of Asteroids and Dinosaurs: The Role of the Press in the Shaping of Scientific Debate," *Social Studies of Science* 16 (1986): 421–56; Elisabeth S. Clemmens, "The Impact Hypothesis and Popular *Science*: Conditions and Consequences of Interdisciplinary Debate," in *The Mass-Extinction Debates: How Science Works in a CrIsis*, ed. William Glen (Stanford, Calif.: Stanford University Press, 1994), 92–120.
9. Clemmens, "The Impact Hypothesis and Popular *Science*," 111, 119.
10. Michael Strevens, "The Role of the Priority Rule in *Science*," *Philosophy of Science* 100, no. 2 (2003): 55–79.
11. Joe Cain, "Ritual Patricide: Why Stephen Jay Gould Assassinated George Gaylord Simpson," in *The Paleobiological Revolution: Essays on the Growth of Modern Paleontology*, ed. David Sepkoski and Michael Ruse (Chicago: University of Chicago Press, 2009), 252–53.
12. Hagelberg, Hofreiter, and Keyser, "Introduction—Ancient DNA."
13. Bosl, *Doing Ancient DNA*.
14. Ann Gibbons, "Ancient DNA Divide," *Science* 352, no. 6292 (2016): 1384.
15. Bosl, "Zur Wissenschaftsgeschichte der ADNA-Forschung."
16. Bernd Herrmann and Charles Greenblatt, "A Short Essay on ADNA and Its Future," 2010, 3–4, Author's Personal Collection (file from Bernd Herrmann and Charles Greenblatt).
17. Peter Galison, "Computer Simulations and the Trading Zone," in *The Disunity of Science: Boundaries, Contexts, and Power*, ed. Peter Galison and David J. Stump (Stanford, Calif.: Stanford University Press, 1996), 118–57.
18. Elsbeth Bosl, "Zur Wissenschaftsgeschichte der ADNA-Forschung," *NTM Zeitschrift fur Geschichte der Wissenschaften, Technik und Medizin* 25, no. 1 (2017): 99–142.
19. Matthew Collins, "Archaeology and the Biomolecular 'Revolution': Too Much of the Wrong Kind of Data," *Stichting Voor de Nederlandse Archeologie* 18 (2006): 1–18.

第9章
戦略としてのセレブリティ

1. Erika Hagelberg, Michael Hofreiter, and Christine Keyser, "Introduction—Ancient DNA: The First Three Decades," *Philosophical Transactions of the Royal Society of London, Series B, Biological Sciences* 370, no. 1660 (2015): 1–6.
2. Russell Higuchi et al., "DNA Sequences from the Quagga, an Extinct Member of the Horse Family," *Nature* 312, no. 5991 (1984): 282–84.

3. Rob DeSalle et al., "DNA Sequences from a Fossil Termite in Oligo-Miocene Amber and Their Phylogenetic Implications," *Science* 257, no. 5078 (1992): 1933–36.
4. Morten E. Allentoft et al., "Population Genomics of Bronze Age Eurasia," *Nature* 522, no. 7555 (2015): 167–72.
5. Ewen Callaway, "DNA Data Explosion Lights Up the Bronze Age," *Nature* 522, no. 7555 (June 11, 2015): 140–41.
6. Inigo Olalde et al., "The Beaker Phenomenon and the Genomic Transformation of Northwest Europe," *Nature* 555, no. 7695 (2018): 190–96; Iain Mathieson et al., "The Genomic History of Southeastern Europe," *Nature* 555, no. 7695 (2018): 197–203.
7. この「少なすぎるデータ」から「多すぎるデータ」への変化は、古代DNA研究の過去と現在の対比として理解されるべきである。比較して言えば、研究者がより多くのデータを生成することができるとしても、そのデータはなおも質が低かったり、不完全であることが多い。このため研究者はデータを処理し、分析する方法を見つける必要がある。こんにちではこれまでになく多量のデータが存在しているが、古代DNAデータの量は、大量に生じている現代のDNAデータと比べればなおもはるかに少ない。
8. Adrian M. Lister, "Ancient DNA: Not Quite Jurassic Park," *Trends in Ecology and Evolution* 9, no. 3 (1994): 82–84;『恐竜の再生法教えます：ジュラシック・パークを科学する』; Alan Cooper and Hendrik N. Poinar, "Ancient DNA: Do It Right or Not at All," *Science* 289, no. 5482 (2000): 1139; Svante Paabo et al., "Genetic Analyses from Ancient DNA," *Annual Review of Genetics* 38, no. 1 (2004): 645–79; Martin B. Hebsgaard, Matthew J. Phillips, and Eske Willerslev, "Geologically Ancient DNA: Fact or Artefact?" Trends in *Microbiology* 13, no. 5 (2005): 212–20.
9. 私には境界画定の議論で必要となる科学的、哲学的要素について十分公正に扱うことができない。だが、本書ではこの古代DNA研究の歴史と、科学哲学者が現代のデータ駆動型研究の性質と意義について語ってきたことの結びつきについて若干の指摘を行いたいと考えている。古代DNA研究の歴史は、化石からのDNAの探索を行っている科学者が、試料の入手可能性や技術の利用可能性という点で大きくデータに駆動されていたことを示している。また科学者、さらにネイチャー誌やサイエンス誌といった主要雑誌が古代DNA研究の科学を取り巻くセレブリティに突き動かされてきたことも示している。
10.『科学的発見の論理 上・下』［カール・ライムント・ポパー著、大内義一、森博訳、恒星社厚生閣、1971年］;『科学革命の構造』［トーマス・クーン著、中山茂訳、みすず書房、1971年］;『批判と知識の成長』［イムレ・ラカトシュ、アラン・マスグレーヴ編、森博監訳、木鐸社、1985年］所収のイムレ・ラカトシュ著「反証と科学的研究のプログラム」。
11. Maureen A. O'Malley et al., "Philosophies of Funding," Cell 138, no. 4 (2009): 611–15; Chris Haufe, "Why Do Funding Agencies Favor Hypothesis Testing?" *Studies in History and Philosophy of Science* 44 (2013): 363–74.
12. イムレ・ラカトシュ著「反証と科学的研究のプログラム」;『方法への挑戦：科学的創造と知のアナーキズム』［ポール・K・ファイヤアーベント著、村上陽一郎、渡辺博訳、新曜社、1981年］; Larry Laudan, *Science and Hypothesis:*

Historical Essays on Scientific Methodology (London: Reidel, 1981).

13. Sabina Leonelli, "Introduction: Making Sense of Data-Driven Research in the Biological and Biomedical Sciences," *Studies in History and Philosophy of Biological and Biomedical Sciences* 43, no. 1 (2012): 1–3; Sabina Leonelli, *Data-Centric Biology: A Philosophical Study* (Chicago: University of Chicago Press, 2016).
14. Bruno J. Strasser, "Data-Driven *Sciences*: From Wonder Cabinets to Electronic Databases," *Studies in History and Philosophy of Biological and Biomedical Sciences* 43 (2012): 85–87. For relevant articles in the special issue, see Staffan Muller-Wille and Isabelle Charmantier, "Natural History and Information Overload: The Case of Linnaeus," *Studies in History and Philosophy of Biological and Biomedical Sciences* 43, no. 1 (2012): 4–15; Sabina Leonelli and Rachel A. Ankeny, "Re-Thinking Organisms: The Impact of Databases on Model Organism Biology," *Studies in History and Philosophy of Biological and Biomedical Sciences* 43, no. 1 (2012): 29–36; Peter Keating and Alberto Cambrosio, "Too Many Numbers: Microarrays in Clinical Cancer Research," *Studies in History and Philosophy of Biological and Biomedical Sciences* 43, no. 1 (2012): 37–51.
15. Strasser, "Data-Driven *Sciences*," 85.
16. Muller-Wille and Charmantier, "Natural History and Information Overload."
17. Strasser, "Data-Driven *Sciences*," 85.
18. Strasser, "Data-Driven *Sciences*," 86, 87.
19. Leonelli, *Data-Centric Biology*.
20. 誤解のないように言えば、考古学者、古生物学者、学芸員は古代の絶滅した生物のDNA研究において欠かせない存在である。これらの研究者のスキルは試料の入手、また特定の試料から得たデータを文脈の中に位置づけるのに必要となる歴史的、生物学的背景の知識を得るうえで有用である。だが、古代DNAの試料を採取すれば標本が傷むため、標本の収蔵品の保存に責任を持つ研究者と、遺伝情報を得るために生物の試料採取に関心を持つ研究者の間には緊張関係がある。古代DNA研究の初期にはこのことは確かに問題となった。博物館は収蔵品の価値をその希少性によって評価しており、彼らの主たる使命は将来世代が研究を行ったり、楽しんだりするために過去と現在の標本を保存することにある。分子的方法により、学芸員には古い収蔵品を利用する新たな機会が得られるものの、皮膚、組織、骨の試料を採取すれば、しばしば希少あるいは重要な標本が損傷する懸念が生じる。このため、研究者と学芸員が互いの目的の間でいかに折り合いをつけるかという明白な課題が生じる。なんらかの程度で、この課題は標本からの試料採取を進めようとする古代DNA研究分野の大手研究室と、博物館の収蔵品の損傷を最小限に抑えたいと思う学芸員の間の大きな意見の違いとなって表れる。詳細については以下参照。J. Freedman, Lucy van Dorp, and Selina Brace, "Destructive Sampling Natural *Science* Collections: An Overview for Museum Professionals and Researchers," *Journal of Natural Science Collections* 5 (2017): 1–14.
21. このような化石DNAの探索に対するビジネス的取り組みに批判がないわけではない。中でも考古学者、古生物学者、学芸員は試料採取の激しさに大きな懸念を抱いている。See Ewen Callaway, "Divided by DNA: The Uneasy Relationship Between Archaeology and Ancient Genomics," *Nature* 555, no. 7698 (2018): 573–76.
22. Jane Calvert, "Systems Biology, Synthetic

Biology and Data-Driven Research: A Commentary on Krohs, Callebaut, and O' Malley and Soyer," *Studies in History and Philosophy of Biological and Biomedical Sciences* 43, no. 1 (2012): 81–84; Ulrich Krohs, "Convenience Experimentation," *Studies in History and Philosophy of Biological and Biomedical Sciences* 43, no. 1 (2012): 52–57; Werner Callebaut, "Scientific Perspectivism: A Philosopher of *Science*' s Response to the Challenge of Big Data Biology," *Studies in History and Philosophy of Biological and Biomedical Sciences* 43, no. 1 (2012): 69–80; Maureen A. O'Malley and Orkun S. Soyer, "The Roles of Integration in Molecular Systems Biology," *Studies in History and Philosophy of Biological and Biomedical Sciences* 43, no. 1 (2012): 58–68.

23. Krohs, "Convenience Experimentation," 53; Richard M. Burian, "Exploratory Experimentation and the Role of Histochemical Techniques in the Work of Jean Brachet, 1938–1952," *History and Philosophy of the Life Sciences* 19, no. 1 (1997): 27–45; Friedrich Steinle, "Entering New Fields: Exploratory Uses of Experimentation," *Philosophy of Science* 64 (1997): S65–74; Leonelli and Ankeny, "Re-Thinking Organisms."
24. Maureen A. O'Malley, "Exploratory Experimentation and Scientific Practice: Metagenomics and the Proteorhodopsin Case," *History and Philosophy of the Life Sciences* 29, no. 3 (2007): 345.
25. "Neandertal Genome to Be Deciphered," Max Planck Society, July 20, 2006, www.mpg.de/534422/pressRelease20060720.
26. Stephen Hilgartner, "Staging High-Visibility Science: Media Orientation in Genome Research," in *The Sciences' Media Connection–Public Communication and Its Repercussions*, ed. Simone Rodder, Martina Franzen, and Peter Weingart (Dordrecht, Netherlands: Springer, 2012), 190, 212.

第10章
ジュラシック・パーク効果

1. Ben Macintyre, "The Great Auk Needn't Be as Dead as a Dodo," *The Times* (London), March 8, 2013, www.thetimes.co.uk/article/the-great-auk-neednt-be-as-dead-as-a-dodo-5gztjkjtrbb.
2. Hendrik Poinar, "Not All Mammoths Were Woolly" (Washington, D.C.: TEDxDeExtinction, 2013), http://reviverestore.org/events/tedxdeextinction/; Beth Shapiro, "Ancient DNA: What It Is and What It Could Be" (Washington, D.C.: TEDxDeExtinction, 2013), http://reviverestore.org/events/tedxdeextinction/.
3. Ben Novak, "How to Bring Passenger Pigeons All the Way Back" (Washington, D.C.: TEDxDeExtinction, 2013), http://reviverestore.org/events/tedxdeextinction/.
4. John Travis, "Making the Cut," *Science* 350, no. 6267 (2015): 1456–57.
5. Jacob S. Sherkow and Hank T. Greely, "What If Extinction Is Not Forever?" *Science* 5, no. 340 (2013): 32–33.
6. D. T. Max, "Can You Revive an Extinct Animal?" *New York Times*, January 1, 2006, www.nytimes.com/2006/01/01/magazine/01taxidermy.html?pagewanted=all&_r=0.
7. J. Folch et al., "First Birth of an Animal from an Extinct Subspecies (Capra Pyrenaica Pyrenaica) by Cloning," *Theriogenology* 71, no. 6 (2009): 1026–34.
8. "The Great Passenger Pigeon Comeback," Revive & Restore, 2016, http://reviverestore.

org/projects/the-great-passenger-pigeon-comeback/.

9. "Woolly Mammoth Revivalists," Revive & Restore, 2016, http://longnow.org/revive/projects/woolly-mammoth/woolly-mammoth-revivalists/.

10. Sasha Harris-Lovett, " 'Jurassic World' Paleontologist Wants to Turn a Chicken into a Dinosaur," *Los Angeles Times*, June 12, 2015, www.latimes.com/*Science*/*Science*now/la-sci-sn-horner-dinosaurs-20150612-story.html;『恐竜再生：ニワトリの卵に眠る、進化を巻き戻す「スイッチ」』[ジャック・ホーナー、ジェームズ・ゴーマン著、柴田裕之訳、真鍋真監修、日経ナショナルジオグラフィック社、2010 年]。

11.『種の起源』[チャールズ・ダーウィン著]; Ernst Mayr, *Animal Species and Evolution* (Cambridge, Mass.: Harvard University Press, 1963); David Hull, "The Effect of Essentialism on Taxonomy: Two Thousand Years of Stasis," *British Journal for the Philosophy of Science* 16, no. 16 (1965): 1–18; John Beatty, "Speaking of Species: Darwin's Strategy," in *The Darwinian Heritage*, ed. D. Kohn (Princeton, N.J.: Princeton University Press, 1985); John Dupre, *The Disorder of Things: Metaphysical Foundations of the Disunity of Science* (Cambridge, Mass.: Harvard University Press, 1993); Jody Hey, "The Mind of the Species Problem," *Trends in Ecology and Evolution* 16, no. 7 (2001): 326–29.

12. Alissa Greenberg, "A Brief Look at the Ethical Debate of De-Extinction," *Stanford-Brown International Genetically Engineered Machine Workshop Report* (2013): 1–8, http://2013.igem.org/wiki/images/8/8f/De-Extinction_Ethics.pdf; Sherkow and Greely, "What If Extinction Is Not Forever?" 32.

13. Henry Nicholls, "Let's Make a Mammoth," *Nature* 456 (November 20, 2008): 310–14.

14.『マンモスのつくりかた：絶滅生物がクローンでよみがえる』

15. Mac Margolis, "A Real-Life Jurassic Park," *Newsweek*, January 29, 2006, www.*Newsweek*.com/real-life-jurassic-park-108597.

16. Julian Ryall, "DNA Scholars Hope to Stock Siberia 'Park' with Mammoths," *Japan Times* (Tokyo), August 20, 2002, www.japantimes.co.jp/news/2002/08/20/national/dna-scholars-hope-to-stock-siberia-park-withmammoths/#.WJXl_7GcagQ; Stefan Lovegren, "Woolly Mammoth Resurrection, 'Jurassic Park' Planned," *National Geographic News*, April 8, 2005, www.nationalgeographic.com/pages/topic/latest-stories; Sergey A. Zimov, 250 notes to pages 183–189 "Pleistocene Park: Return of the Mammoth' s Ecosystem," *Science* 308, no. 5723 (2005): 796–98.

17. Margolis, "A Real-Life Jurassic Park."

18. Michael Archer, "Second Chance for Tasmanian Tigers and Fantastic Frogs" (Washington, D.C.: TEDxDeExtinction, 2013), http://reviverestore.org/events/tedxdeextinction/.

19. Don Colgan and Mike Archer, "The Thylacine Project," *Australasian Science* 21, no. 1 (2000): 21.

20. Amy Lynn Fletcher, "Bring 'Em Back Alive: Taming the Tasmanian Tiger Cloning Project," *Technology in Society* 30, no. 2 (2008): 194–201; Amy Fletcher, "Genuine Fakes: Cloning Extinct Species as Science and Spectacle," *Politics and the Life Sciences* 29, no. 1 (2010): 48–60.

21. Fletcher, "Genuine Fakes," 51–52.

22. Margolis, "A Real-Life Jurassic Park."

23. Craig D. Millar et al., "New Developments in Ancient Genomics," *Trends in Ecology and Evolution* 23, no. 7 (2008): 386–93.

24. Nicolas Wade, "Regenerating a Mammoth for $10 Million," *New York Times*, International Edition, November 19, 2008, www.nytimes.com/2008/11/20/*Science*/20mammoth.html?_r=0.

25. Philip Bethge and Johann Grolle, "Can Neanderthals Be Brought Back from the Dead?" *Der Spiegel*, January 18, 2013, www.spiegel.de/international/zeitgeist/george-church-explains-how-dna-will-be-construction-material-of-thefuture-a-877634.html.

26. Susan Young Rojahn, "Wanted: Surrogate for Neanderthal Baby," *MIT Technology Review*, January 17, 2013, www.technologyreview.com/s/510071/wanted-surrogate-for-neanderthal-baby/.

27. Fiona Macrae, " 'Adventurous Human Woman' Wanted to Give Birth to Neanderthal Man by Harvard Professor," *Daily Mail* (London), January 20, 2013, www.dailymail.co.uk/news/article-2265402/Adventurous-human-womanwanted-birth-Neanderthal-man-Harvard-professor.html.

28. "Neanderthal Baby Clone: George Church, Harvard Geneticist, Looks to Resurrect Extinct Species," *Huffington Post Canada*, January 21, 2013, www.huffingtonpost.ca/2013/01/21/neanderthal-baby-clone_n_2521027.html.

29. Svante Paabo, "Neanderthals Are People, Too," *New York Times*, April 24, 2014, www.nytimes.com/2014/04/25/opinion/neanderthals-are-people-too.html.

30. "Surrogate Mother (Not Yet) Sought for Neanderthal," *Der Spiegel*, January 23, 2013, www.spiegel.de/international/spiegel-responds-to-brouhaha-over-neanderthal-clone-interview-a-879311.html.

31. Dorothy Nelkin, *Selling Science: How the Press Covers Science and Technology* (New York: W. H. Freeman, 1995), 162.

32. Quoted from Nelkin, *Selling Science*, 82.

33. Sharon Dunwoody, "Science Journalism: Prospects of the Digital Age," in *Routledge Handbook of Public Communication of Science and Technology*, 2nd edition, ed. Massimiano Bucchi and Brian Trench (London: Routledge, 2014), 32.

34. Martina Franzen, *Breaking News: Wissenschaftliche Zeitschriften Im Kampf Um Aufmerksamkeit* (Baden-Baden, Germany: Nomos, 2011).

35. Sally Gregory Kohlstedt, *The Formation of the American Scientific Community: The American Association for the Advancement of Science, 1848–1860* (Champaign: University of Illinois Press, 1976); Sally Gregory Kohlstedt, Michael Sokal, and Bruce V. Lewenstein, *The Establishment of Science in America: 150 Years of the American Association for the Advancement of Science* (New Brunswick, N.J.: Rutgers University Press, 1999); Melinda Baldwin, *Making "Nature": The History of a Scientific Journal* (Chicago: University of Chicago Press, 2015).

36. Peter Weingart, "The Lure of the Mass Media and Its Repercussions on Science," in *The Sciences' Media Connection–Public Communication and Its Repercussions*, ed. Simone Rodder, Martina Franzen, and Peter Weingart (Dordrecht, Netherlands: Springer, 2012), 29.

37. Michael B. Shermer, "This View of Science: Stephen Jay Gould as Historian of Science and Scientific Historian, Popular Scientist and Scientific Popularizer," *Social Studies of Science* 32, no. 4 (2002): 490. See also Keay Davidson, Carl Sagan: A Life (New York: Wiley, 1999).

38. Graeme Turner, *Understanding Celebrity* (London: SAGE, 2004), 3.

39. Neil Hall, "The Kardashian Index: A

Measure of Discrepant Social Media Profile for Scientists," *Genome Biology* 15, no. 424 (2014): 1–2.

40. Nelkin, *Selling Science*, 13.

41. Massimiano Bucchi, "When Scientists Turn to the Public: Alternative Routes in *Science* Communication," *Public Understanding of Science* 5, no. 4 (1996): 375–94.

42. Bruce V. Lewenstein, "From Fax to Facts: Communication in the Cold Fusion Saga," *Social Studies of Science* 25 (1995): 403–36; Bart Simon, *Undead Science: Science Studies and the Afterlife of Cold Fusion* (New Brunswick, N.J.: Rutgers University Press, 2002).

43. Angela Cassidy, "Popular Evolutionary Psychology in the UK: An Unusual Case of *Science* in the Media?" *Public Understanding of Science* 14 (2005): 115–41; Angela Cassidy, "Evolutionary Psychology as Public *Science* and Boundary Work," *Public Understanding of Science* 15 (2006): 175–205.

44. Felicity Mellor, "Colliding Worlds: Asteroid Research and the Legitimization of War in Space," *Social Studies of Science* 37, no. 4 (2007): 499–531; Felicity Mellor, "Negotiating Uncertainty: Asteroids, Risk and the Media," *Public Understanding of Science* 19, no. 1 (2010): 16–33.

45. Rae Goodell, *The Visible Scientists* (Boston: Little, Brown, 1977); Jane Gregory, *Fred Hoyle's Universe* (Oxford: Oxford University Press, 2005); Declan Fahy, *The New Celebrity Scientists: Out of the Lab and into the Limelight* (Lanham, Md.: Rowman and Littlefield, 2015).

46. Fletcher, "Genuine Fakes," 49.

47. Rodder, Franzen, and Weingart, eds., *The Sciences' Media Connection.*

48. Zimov, "Pleistocene Park."

49. Sharon M. Friedman, Sharon Dunwoody, and Carol L. Rogers, eds., *Scientists and Journalists: Reporting Science as News* (New York: Free Press, 1986), xiii.

50. シャロン・ダンウッディはこのアイデアをブラムラーとグレヴィッチのものとしている。See Sharon Dunwoody, "The Scientist as Source," in Friedman, Dunwoody, and Rogers, eds., *Scientists and Journalists*, 13. See also Jay G. Blumler and Michael Gurevitch, "Politicians and the Press: An Essay on Role Relationships," in *Handbook of Political Communication*, ed. Dan D. Nimmo and Keith R. Sanders (Beverly Hills, Calif.: Sage, 1981), 467–93.

51. Peter Broks, *Understanding Popular Science* (Maidenhead, U.K.: Open University Press, 2006), 144.「ポピュラー・サイエンス」という言葉の使用には賛否両論の歴史がある。最近では、ジェームズ・セコードがこの言葉を捨てるべきだと主張している。See James A. Secord, "Knowledge in Transit," *Isis* 95, no. 4 (2004): 654–72. ブロクスは私たちがポピュラー・サイエンスについてどのように考え、語っているかを見直すことで、この言葉を再考している。

52. Broks, *Understanding Popular Science*, 107, 149.

53. Nelkin, *Selling Science*, 145.

54. "Media Frenzy," *Nature* 459, no. 7246 (2009): 484.

終章　セレブリティ科学としての古代DNA研究

1. Alida M. Bailleul et al., "Evidence of Proteins, Chromosomes and Chemical Markers of DNA in Exceptionally Preserved Dinosaur Cartilage," *National Science Review* 7, no. 4 (2020): 815–22.

2. Josh K. Elliott, "Bingo? Possible Dinosaur 'DNA' Found in 75-Million-Year-Old Fossil," *Global News* (Canada), March 4, 2020, https://globalnews.ca/news/6625164/dinosaur-dna-found-fossil/#:~:text=The%20Jurassic%20Park%20dream%20has,belonged%20to%20a%20baby%20dinosaur.
3. Michael Greshko, "Hints of Fossil DNA Discovered in Dinosaur Skull," *National Geographic*, March 3, 2020, www.nationalgeographic.com/*Science*/2020/03/hints-of-dna-discovered-in-a-dinosaur-fossil/.
4. Ludovic Orlando et al., "Recalibrating Equus Evolution Using the Genome Sequence of an Early Middle Pleistocene Horse," *Nature* 499, no. 7456 (2013): 74–78.
5. Joe Hansen, "700,000-Year-Old Horse Genome Shatters Record for Sequencing of Ancient DNA," *Wired*, 2013, www.*Wired*.com/2013/06/ancient-horse-genome/.
6. Robin McKie, "Prehistoric DNA Sequencing: Jurassic Park Was Not So Wide of the Mark," *The Guardian* (London), July 6, 2013, www.theguardian.com/*Science*/2013/jul/07/prehistoric-horse-dna-genome-sequence.
7. Kate Wong, "Mammoth Genomes Shatter Record for Oldest DNA Sequences," *Scientific American*, February 17, 2021, www.scientificamerican.com/article/mammoth-genomes-shatter-record-for-oldest-dna-sequences/.
8. Tom van der Valk et al., "Million-Year-Old DNA Sheds Light on the Genomic History of Mammoths," *Nature* 591, no. 7849 (2021): 265–69.
9. Belinda Smith, "Million-Year-Old DNA from Mammoth Teeth Found in Siberia Is Oldest Genome Ever Sequenced," ABC *Science*, February 17, 2021, www.abc.net.au/news/*Science*/2021-02-18/mammoth-woolly-dna-siberia-russia-palaeogenetics-permafrost/13160930.
10. Rae Goodell, *The Visible Scientists* (Boston: Little, Brown, 1977); Jane Gregory and Steve Miller, *Science in Public: Communication, Culture, and Credibility* (Cambridge, Mass.: Basic, 1998); Peter Broks, *Understanding Popular Science* (Maidenhead, U.K.: Open University Press, 2006); Declan Fahy, *The New Celebrity Scientists: Out of the Lab and into the Limelight* (Lanham, Md.: Rowman and Littlefield, 2015).
11. William S. Pretzer, *Working at Inventing: Thomas A. Edison and the Menlo Park Experience* (Dearborn, Mich.: Henry Ford Museum and Greenfield Village, 1989); John D. Barrow, "Einstein as Icon," *Nature* 433, no. 7023 (2005): 218–19.
12. Keay Davidson, *Carl Sagan: A Life* (New York: Wiley, 1999); Jane Gregory, Fred Hoyle' s Universe (Oxford: Oxford University Press, 2005).
13. Patricia Fara, *Newton: The Making of a Genius* (New York: Columbia University Press, 2003).
14. Sharon M. Friedman, Sharon Dunwoody, and Carol L. Rogers, eds., *Scientists and Journalists: Reporting Science as News* (New York: Free Press, 1986); Gregory and Miller, *Science in Public*; Broks, *Understanding Popular Science*.
15. Goodell, *The Visible Scientists*, 264. グッデルは、姿の見える科学者は、大衆に魅力を感じさせる個人的、専門的特性を備えているとする。彼らは話がわかりやすく、華やかなイメージがあり、信用できるとの評判を得ており、注目の話題や物議をかもす話題について語る人たちであるという。
16. Sean Connor, "Boy from Bingley 'Lobbed Intellectual Grenades' at *Science*," *The*

Independent (London), August 23, 2001, 11; N. Martel, "Mysteries of Life, Time and Space (and Green Slime)," *New York Times*, September 28, 2004, E5; "Popularizer Greenfield Is Blackballed by Peers," *Nature* 429 (2004): 9; J. Bohannon, "The Baroness and the Brain," *Science* 310, no. 5750 (2005): 962; Declan Fahy and Bruce Lewenstein, "Scientists in Popular Culture: Making Celebrities," in *Routledge Handbook of Public Communication of Science and Technology*, 2nd edition, ed. Massimiano Bucchi and Brian Trench (London: Routledge, 2014), 87.

17. Fahy and Lewenstein, "Scientists in Popular Culture," 86, 93.
18. Fahy, *The New Celebrity Scientists*, 3.
19. Chris Rojek, *Celebrity* (London: Reaktion, 2001); Jessica Evans and David Hesmondhalgh, eds., *Understanding Media: Inside Celebrity* (Maidenhead, U.K.: Open University Press, 2005); Graeme Turner, *Understanding Celebrity* (London: Sage, 2004).
20. Turner, *Understanding Celebrity*, 9.
21. Quoted in Turner, *Understanding Celebrity*, 5.
22. Rojek, Celebrity, 10, 17–18.
23. 私がイギリスの「大衆の科学理解運動（*Public Understanding of Science* [PUS] movement)」に着目したのは、それが当時、科学技術の普及を促す最初の動きだったからである。だがこれがこの種の運動のすべてというわけではない。詳細については以下参照。Gregory and Miller, *Science in Public*. 古代DNA研究のようなセレブリティ科学の発展が可能となった、また実際に発展した背景を十分に理解するには、国際的な科学コミュニケーション運動を分析する必要がある。ここでは、興味深い点として、国（イギリス、アメリカ、カナダ、ドイツ、デンマーク、オーストラリア）によって、古代DNA研究者が直面している政治的圧力、また科学と科学コミュニケーションの伝統が違うことに触れておく。だがこのように違いがあるにも関わらず、彼らはいずれも自身の科学を社会一般に宣伝しなければならないと感じていたし、それは現在も変わらない。これは、古代DNA研究者の多くがアングロサクソン系の伝統に由来し、そのためイギリスとアメリカの科学コミュニケーション運動の影響を受けるネイチャー誌やサイエンス誌といった雑誌に論文を発表して注目を得ようとするためである可能性が高い。これらの運動の影響がどれほどのものであったかについてはさらなる研究が必要である。
24. Walter Bodmer, "The Public Understanding of Science," report published by the Royal Society, London, 1985, 1–41; Gregory and Miller, *Science in Public*, 1–18; Broks, *Understanding Popular Science*, 96–117.
25. Gregory and Miller, *Science in Public*, 19–45.
26. Broks, *Understanding Popular Science*, 107.
27. Gregory and Miller, *Science in Public*, 2.
28. John C. Burnham, *How Superstition Won and Science Lost: Popularizing Science and Health in the United States* (New Brunswick, N.J.: Rutgers University Press, 1987); Jan Golinski, *Science as Public Culture: Chemistry and Enlightenment in Britain*, 1760–1820 (Cambridge: Cambridge University Press, 1992); Evans and Hesmondhalgh, eds., Understanding Media; Simone Rodder, Martina Franzen, and Peter Weingart, eds., *The Sciences' Media Connection–Public Communication and Its Repercussions* (Dordrecht, Netherlands: Springer, 2012); Sharon Dunwoody, "Science Journalism: Prospects of the Digital Age," in Bucchi and Trench, eds., *Routledge Handbook*

of Public Communication of Science and Technology, 27–39.

29. Rodder, Franzen, and Weingart, eds., *The Sciences' Media Connection.*
30. Evans and Hesmondhalgh, eds., *Understanding Media*, 12.
31. Broks, *Understanding Popular Science*, 107, 149.
32. Elisabeth S. Clemmens, "Of Asteroids and Dinosaurs: The Role of the Press in the Shaping of Scientific Debate," *Social Studies of Science* 16 (1986): 421–56; Elisabeth S. Clemmens, "The Impact Hypothesis and Popular *Science*: Conditions and Consequences of Interdisciplinary Debate," in *The Mass-Extinction Debates: How Science Works in a CrIsis*, ed. William Glen (Stanford, Calif.: Stanford University Press, 1994), 92–120; Bruce V. Lewenstein, "From Fax to Facts: Communication in the Cold Fusion Saga," *Social Studies of Science* 25 (1995): 403–36; Angela Cassidy, "Popular Evolutionary Psychology in the UK: An Unusual Case of *Science* in the Media?" *Public Understanding of Science* 14 (2005): 115–41; Angela Cassidy, "Evolutionary Psychology as Public *Science* and Boundary Work," *Public Understanding of Science* 15 (2006): 175–205; Felicity Mellor, "Colliding Worlds: Asteroid Research and the Legitimization of War in Space," *Social Studies of Science* 37, no. 4 (2007): 499–531; Felicity Mellor, "Negotiating Uncertainty: Asteroids, Risk and the Media," *Public Understanding of Science* 19, no. 1 (2010): 16–33; Stephen Hilgartner, "Staging High-Visibility *Science*: Media Orientation in Genome Research," in *The Sciences' Media Connection—Public Communication and Its Repercussions*, ed. Simone Rodder, Martina Franzen, and Peter Weingart (Dordrecht, Netherlands: Springer, 2012), 189–215; Rodder, Franzen, and Weingart, eds., *The Sciences' Media Connection.*

◆著者　エリザベス・D・ジョーンズ　Elizabeth D. Jones

科学史学者。ノースカロライナ州立大学森林環境資源学部ポスドク研究員及びノースカロライナ自然科学博物館研究員。古生物学及び古代 DNA 研究の歴史に関する研究に従事。

◆訳者　野口正雄（のぐち・まさお）

1968 年、京都市生まれ。同志社大学法学部卒業。医薬関係をはじめ、自然科学系の文献の翻訳に従事している。訳書に、『自然は脈動する－－ヴィクトル・シャウベルガーの驚くべき洞察』（日本教文社)、『50 の名機とアイテムで知る図説カメラの歴史』、『地球の自然と環境大百科』、『生殖危機：化学物質がヒトの生殖能力を奪う』（いずれも原書房）等。京都市在住。

こうして絶滅種復活《ぜつめつしゅふっかつ》は現実《げんじつ》になる
古代《こだい》 DNA 研究《けんきゅう》とジュラシック・パーク効果《こうか》

2022 年 6 月 27 日　第 1 刷

著者……………………エリザベス・D・ジョーンズ
訳者……………………野口正雄《のぐちまさお》
ブックデザイン………永井亜矢子（陽々舎）
発行者…………………成瀬雅人
発行所…………………株式会社原書房

〒 160-0022 東京都新宿区新宿 1-25-13
電話・代表　03(3354)0685
http://www.harashobo.co.jp/
振替・00150-6-151594

印刷……………新灯印刷株式会社
製本……………東京美術紙工協業組合

ISBN 978-4-562-07185-2 Printed in Japan